새겨 보는 숲

새겨 보는 숲

박종민 지음

전북대학교
출판문화원

머리말

나는 지금 근무하는 대학의 학과에 임용을 받으면서 바로 전교생을 대상으로 한 일반 교양과목으로 〈숲과 인류문화〉를 개설하여 20여 년 동안 강의를 진행하였다. 또 1999년 산림청에서 숲해설가 제도를 운영하기 시작한 첫해부터 무주 덕유산자연휴양림에서 숲해설을 해 왔다. 관련 법령이 정비되어 산림교육인증제도가 확립된 뒤부터는 (사)전북생명의숲 등에서 운용하는 숲해설가 양성교육에 참여해 왔다.

학생들에게 숲과 관련된 문화를 한 학기 동안 강의하려다 보니, 많은 공부를 해야 했고 자료도 폭넓게 수집해야 했다. 숲해설가와 문화관광해설사 등의 양성 과정 강의에서는 자기만의 독창적인 해설 방법으로, 현상 속에 내재되어 있는 내용으로 꾸며진 스토리텔링을 하라고 강조해 왔다. 그러기 위해서는 많은 구슬

(관련자료)들을 모아야 하고, 필요에 따라 그 구슬들을 적절히 꿰어 쓸 줄 알아야 한다고 가르쳤다.

이런 강좌들과 숲해설을 위해 내가 솔선하여 그렇게 하다 보니, 산림공학 분야를 전공하는 사람으로서 자칭 부전공을 〈산림문화론〉이라고 할 정도로 그 분야에 관심이 많아지고 매력을 느끼게 되었다. 식견 좀 있는 분들을 대상으로 숲해설을 할 때는 가끔씩 "꿈보다 해몽이 좋다.", "그런 이야기들을 책으로 써 볼 생각은 없느냐?" 등의 이야기를 듣기도 하였다.

하지만, 책을 쓴다는 것이 마음먹는다고 다 되는 것도 아니고, 문자로 찍어서 남긴다는 것이 얼마나 부담스러운 일인지를 생각하니, 감히 덤빌 수가 없었다. 더구나, 숲에 관한 단편적 지식들만 가지고 있을 뿐 이 분야에 대한 전문가도 아니고, 문장력이 좋은 것도 아니어서 망설여 왔다. 책을 찍어 내는 데에 쓰이는 나무만 허비하는 것이 아닌가 하는 생각도 들었다. 그러다 보니, 상당히 많은 주제를 설정하고, 각 주제와 관련된 자료들을 모아 대충의 얼개를 짜고, 자료를 보충하면서 보낸 세월이 칠팔 년이다.

최근에 와서 단편들로 모아진 자료들을 그냥 구슬로만 쌓아두지 말고, 일단 주제별로 꿰어서 정리하는 것이 좋겠다는 생각을 하게 되었다. 그래서 그 팔찌와 목걸이들이 숲과 관련된 공부를 하는 학생들에게는 교과서에서는 배울 수 없는 숲의 이면을 좀 더 넓게 이해할 수 있게 도와주고, 숲해설가 등에게는 스토리텔링의 참고자료가 되어 준다면, 그런대로 쓸 만한 작업이지 않을까 하고 용기를 내었다.

더불어 자연에 대한 관심과 숲 활동이 증가하고 있는 시점에서 나무와 숲에 관심이 있는 일반인들에게 '나무란 것에, 숲이란 것에, 산이란 것에 이런 것들이 숨어 있단 말이야?' 하면서 호기심과 관심을 가지게 하는 데에 도움을 주고 싶다는 생각도 하게 되었다.

책에 실은 글들은 숲과 관련된 수필도 아니고, 기행문도 아니고, 그렇다고 전문 연구 결과도 아니다. 주제별로 기왕의 여러 자료들에 내 생각을 조금씩 곁들인 스토리텔링 원고라고 할 수 있겠다. 그래서 식물도감과 관련 도서들에서 쉽게 정보를 얻을 수 있는 나무, 숲, 산의 형태적 · 생리적 · 생태적 · 물리적 현상과 사진은 최대한 배제하였다. 주제와 관련된 자료들은 원문을 그대로 인용하기도 하고 각색하기도 하였다.

요즈음 숲에 대한 인문학적 접근이 많아지고 있다. 산림 분야의 사람들보다 인문사회학 분야의 사람들이 나무, 숲, 산과 관련된 글을 많이 쓰고, 책도 많이 발간하고 있다. 그 저술들에 비하면 부족함이 많다. 쫀쫀하게 엮어 보려고 애썼으나, 결과는 전체적으로 장황하고 산만하게 풀어헤쳐진 꼴이 되고 말았다. 글을 쓰면서 내 재주가 날다람쥐의 나는 재주만도 못하다는 사실을 새삼 깨닫게 되었다. 또, 현장에서 해설하는 것에 비해 감칠맛도 많이 떨어진다.

책을 엮어 놓은 마당에서 바라는 것은, 숲을 좋아하는 사람들이 숲에 접근하고 숲을 활용하는 방식을 바꾸고, 숲을 바라보는 시각을 다양하게 하고, 숲의 숨은 뜻을 찾아 제대로 느끼고자 하는 데에 희미한 불빛 같은 길잡이가 되었으면 좋겠다는 것이다.

2016년 12월 박종민

차례

제1부

식물 이야기

제2부

숲 이야기

제3부

동물 이야기

제4부

산 이야기

제5부

산림문화

제1부

식물 이야기

1. 나무 이름 짓기
2. 헌화와 화전놀이의 진달래
3. 여인들의 염원을 담은 원추리
4. 미인의 상징, 춘풍세류
5. 귀신 쫓는 복숭아나무
6. 춘희와 점순의 서로 다른 동백꽃
7. 사람을 구한 나무와 풀
8. 꽃으로 환생한 억울한 영혼들
9. 진실의 뽕나무
10. 덕성과 충절의 대나무
11. 나무뿌리의 역할과 미학
12. 효자보다 나은 굽은 소나무
13. 쓸모없는 나무의 미학, 무용지용

나무 이름 짓기

사람은 사회적 동물이다. 달리 표현하면 서로 다른 특성을 지닌 사람들이 모여 사회, 즉 인간 생태계가 형성되고, 개인은 그 속에서 삶을 영위해 나간다. 때문에 사람들은 인간 생태계 속에서 끊임없이 경쟁하고, 동시에 협조의 관계를 유지한다. 경쟁이든 협조이든 관계 맺기이다. 이 관계 맺기를 잘 끌어가기 위해서는 상대방을 잘 알아야 한다. 상대를 잘 알아야 경쟁도 잘할 수 있고, 협조도 잘할 수 있다.

상대방을 알고 나를 알리는 첫 단계는 이름알기이다. 그래서 사람들은 처음 만나면 자기를 어필할 내용이 적힌 명함을 건네면서 통성명을 하는 것이다. 그리고 이름을 잘 기억하기 위해서 그 사람의 외모나 말씨 등의 특징을 잡아낸다.

마찬가지로 숲을 이해하고 숲에 관심을 가져 가는 첫 단계는 숲에 살면서 숲 생태계를 구성하고 있는 식물들의 이름을 아는 것이다. 식물의 이름이 지어진 연유를 아는 것은 식물의 이름을 쉽게 알고, 또 그들이 지닌 특징을 이해하는 데에 도움이 된다.

나무에 이름을 붙이는 방법은 다른 생물종들과 마찬가지로 두 가지가 있다. 하나는 각 나라에서 자기 땅에 살고 있는 생물에 대해 자기 언어로 이름을 짓는 방법으로서 이것을 향명鄕名(Common name) 또는 속명俗名이라고 한다. 같은 생물종에 대한 향명 또는 속명은 최소한 언어만큼 다양하고, 나아가 한 나라 안에서도 지역마다 다른 경우도 많다. 그래서 혼란이 생긴다.

다른 하나는 세계 공통으로 불리는 이름으로서 학명學名(Scientific name)이라고 한다. 학명은 만국 공통의 이름이기 때문에 표기하는 언어는 기본적으로 죽은 언어라고 하는 라틴어를 쓰고, 라틴어화한 단어를 쓰기도 한다. 학명은 속명屬名과 종명種名을 기본적으로 표기하고, 끝에 명명자의 이름을 표기하는 방식으로서 이것을 이명법二名法이라고 한다. 속명이란 분류학적으로 그 생물종이 속해 있는 무리의 이름으로서 사람의 성명으로 치면 성姓 또는 본관本官에 해당하고, 종명은 그 생물종의 고유한 이름으로서 사람 개개인의 이름에 해당한다. 속명의 첫 글자는 대문자로 쓰고, 종명은 모두 소문자로 쓴다.

예를 들면, '소나무'는 우리나라에서 부르는 향명이고, 이것의 학명은 *Pinus densiflora* Siebold *et* Zuccarini이다. 이때 *Pinus*는 소나무가 속한 무리인 소나무속의 표기이고, *densiflora*는 소나무의 고유 이름이며, Siebold *et* Zuccarini는 소나무에 학명을 붙인 사람이 독일의 식물학자들인 지볼트와 주카리니라는 뜻이다.

이명법은 스웨덴의 식물학자 린네(Linne)가 1753년에 그의 저서 『식물의 종』에서 처음 사용하였고, 1821년 독일의 스토이델에 의해 정착되었다. 그리고 1867년 파리에서 열린 제1회 국제식물학회의에서 식물명명규약(International Code of Botanical Nomenclature ; ICBN)을 채택하여 린네의 이명법을 정식 학명 표기법으로 정하였다.

학자들이 생물종의 이름을 붙일 때에는 학명과 함께 향명을 부여한다. 학명의 속명이나 종명, 그리고 향명에는 식물이 가지고 있는 고유한 특징이 담겨 있다. 즉 학명과 향명이라는 이름이 지어지는 데에는 나름대로의 연유가 있는 것이다.

식물분류학자가 아닌 나는 라틴어로 기재되어 있는 학명의 연유까지 거론하기는 어렵다. 그래서 나무에 대한 얕은 지식을 바탕으로 우리나라에서 자라는 나무의 향명이 지어진 연유를 내 나름대로 다음과 같이 유형별로 구분해 보았다. 그리고 각 유형에 해당되는 나무들의 사례와 이름에 담겨 있는 특징을 간략하게 설명하였다.

첫째, 어떤 나무가 잘 자라는 장소와 관련지어 이름이 지어지는 유형이다.

- 육송陸松 ; 내륙의 산에서 주로 자라는 소나무

- 해송海松 ; 바닷가의 산과 모래 언덕에서 주로 자라는 소나무(곰솔)
- 섬잣나무 ; 섬(울릉도)에서 자라는 잣나무 종류
- 갯버들 ; 개울(시내)에서 자라는 버드나무
- 산수국 ; 산속에서 자라는 수국 종류
- 바위수국 ; 산속 바위틈에서 자라는 수국 종류
- 담쟁이 ; 돌담에 붙어 자라는 덩굴식물

둘째, 자라는 습성(모습)을 따서 이름이 지어지는 유형이다.

- 눈주목, 눈향나무, 눈잣나무 ; 바람이 많이 부는 높은 산 바닥에 낮게 누워서 자라는 주목, 향나무, 잣나무
- 등수국 ; 숲속에서 등나무처럼 다른 나무를 타고 올라가면서 자라는 수국 종류
- 층층나무 ; 1년에 한 마디씩 분명한 층을 이루면서 자람

눈향나무(한라산)

- 수양벚나무 ; 가지가 수양버들처럼 아래로 처져서 자라는 벚나무(이런 형태의 나무에는 '수양, 처진'의 수식어가 붙음)
- 백일홍나무 ; 백일 동안 붉게 꽃이 피는 나무
- 이깔나무 ; 매년 잎을 갈무리하는 나무(낙엽송의 우리말 이름)

셋째, 나무의 고유한 특성(생김새, 색깔, 냄새, 맛, 소리 등)을 따서 이름이 지어지는 유형이다.

1) 줄기, 가지, 잎, 꽃, 열매의 모양이나 무늬 또는 색깔

- 작살나무 ; 가지 마디마디의 생김새가 물고기를 잡는 작살의 모양임
- 화살나무 ; 가지에 화살의 깃이 달려 있음
- 말오줌때 ; 줄기와 가지에 생긴 마디가 수말의 성기를 닮음
- 반송 ; 밑둥치에서 많은 가지가 나와 자라서 전체적인 수형이 쟁반같이 둥근 모습을 가짐
- 옥향 ; 전체적으로 구슬같이 둥근 모습을 가진 향나무
- 삼지닥나무 ; 가지가 세 갈래로 나뉘어 자라는 닥나무
- 버즘나무 ; 줄기 껍질이 벗겨진 자국이 피부에 생기는 버즘과 같음(플라타너스 종류의 우리말 이름)
- 노각나무 ; 매끈하고 밝은 갈색의 줄기가 백로의 다리 또는 사슴 뿔(녹각)을 닮음

- 팔손이나무 ; 긴 잎자루에 달린 잎이 여덟 조각으로 깊게 갈라짐
- 자귀나무 ; 잎의 한 쪽이 없는 것이 짝귀를 닮음
- 칠엽수 ; 하나의 잎자루에 일곱 개로 갈라진 잎이 달림 (마로니에의 우리말 이름)
- 이팝나무 ; 나무 가득히 핀 흰 꽃이 마치 이밥(쌀밥)을 소복이 담아 놓은 것 같은 모습임
- 조팝나무 ; 좁쌀 또는 조로 지은 밥처럼 작은 꽃이 무수히 핌
- 병꽃나무 ; 꽃의 생김새가 유리병을 닮았음(한 나무에 세 가지 색의 꽃이 피는 것을 삼색병꽃나무라 함)
- 병솔꽃나무 ; 붉은 꽃이 핀 꽃자루가 병 속을 닦는 솔처럼 생겼음(열대지방에서 도입하여 재배하는 수종)
- 쥐똥나무 ; 검은색으로 익은 열매가 마치 쥐똥 같음
- 팥배나무 ; 붉게 익은 열매의 모양이 팥을 닮은 배나무
- 미선나무 ; 종자를 싸고 있는 포의 모양이 손잡이가 달린 꼬리부채(尾扇)를 닮은 우리나라 특산식물
- 협죽도(유도화) ; 잎은 버드나무 잎을 닮고 꽃은 복숭아 꽃을 닮은 난대 및 열대 수종
- 장구밥나무 ; 붉게 익는 열매가 장구통처럼 생겼음

2) 줄기의 속 모양 또는 색깔

- 주목朱木 ; 수피와 줄기의 속이 붉은색을 띠고 있음
- 국수나무 ; 줄기의 목질부를 벗겨내면 속에 하얀 국수 가닥이 들어 있음

3) 줄기, 잎, 꽃의 색깔

- 물푸레나무 ; 가지를 꺾어 물에 넣으면 물을 푸르게 함
- 사철나무 : 잎이 사시사철 푸른색을 띠고 있음
- 단풍나무 ; 가을에 잎이 붉게 물드는 나무
- 홍단풍 ; 사시사철 붉은 잎을 가지는 단풍나무(일본 도입 수종)
- 붉나무 ; 가을에 잎이 유난히 붉게 물듦
- 백목련, 자목련 ; 각각 흰색, 자주색 꽃을 피우는 목련

4) 잎, 꽃, 열매의 냄새 또는 맛

- 소태나무 ; 잎을 찢어서 혀에 대면 바다에서 나는 소태같이 짜고 쓴 맛이 있음
- 생강나무 ; 잎에서 생강 냄새가 남(향신료로 쓰임)
- 누리장나무 ; 꽃에서 송장 썩는 냄새가 남

누리장나무

- 백리향, 천리향 ; 꽃의 향기가 백리까지 또는 천리까지 전

해짐

- 계요등 ; 꽃에서 닭 오줌 냄새가 나는 덩굴식물
- 오미자五味子 ; 단맛, 신맛, 짠맛, 매운맛, 쓴맛의 다섯 가지 맛이 나는 열매를 맺는 나무

5) 소리

- 꽝꽝나무 ; 줄기를 잘라 불 속에 넣으면 잎에서 '꽝꽝' 하고 요란한 소리를 냄
- 자작나무 ; 물 묻은 얇은 나무껍질이 불에 탈 때 '자작 자작' 소리를 냄

넷째, 특별한 쓰임새가 있어서 그 쓰임새에 따라서 이름이 지어지는 유형이다.

- 향나무 ; 장례를 치르는 동안 시신이 부패하는 냄새를 막기 위해 나무 조각으로 향을 피웠음
- 오리나무 ; 옛날에 길가에 오리五里마다 심어서 거리를 알리는 이정표로 삼았다고 함
- 피나무 ; 껍질을 벗겨 갈라서 실이나 새끼를 만듦
- 염주나무 ; 열매로 염주를 만들어 썼음
- 호랑가시나무 ; 잎 끝의 뾰족한 가시로 호랑이의 등을 긁었다고 함
- 약밤나무 ; 열매를 약용으로 쓰는 밤나무의 일종

- 옻나무 ; 줄기에서 수액을 뽑아 옻칠을 생산하는 나무
- 황칠나무 ; 줄기에서 수액을 뽑아 황칠을 생산하는 나무
- 조릿대 ; 곡식을 거르는 조리를 만드는 대나무 종류
- 고리버들 ; 고리짝을 만드는 데 쓰이는 버드나무 종류

다섯째, 특정 서식 지역의 이름을 따서 이름이 지어지는 유형이다.

- 우산고로쇠 ; 울릉도의 옛 지명 우산국을 수식어로 붙인 울릉도에만 사라는 고로쇠나무 종류
- 봉동떡갈나무 ; 전라북도 완주군 봉동 지역에서 서식하는 떡갈나무의 종류
- 전주신나무 ; 전라북도 완주군 고산 지역에서 서식하는 단풍나무과의 신나무 종류

여섯째, 나무에 얽힌 전설이나 설화를 따서 이름이 지어지는 유형이다.

- 나도밤나무 ; 율곡 이이의 탄생과 성장의 전설에서 호환을 면하게 해준 나무
- 너도밤나무 ; 울릉도에서 산신에게 바치는 처녀 제물을 밤나무로 대체한 전설에서 유래한 이름으로서 울릉도에만 자람
- 맹종죽 ; 어머니의 병환을 낫게 한 효자 맹종의 전설에서

유래된 대나무 종류

- 말채나무 ; 마을 사람들을 해치는 왕지네를 죽인 무사의 말채가 뿌리를 내어 자란 나무

일곱째, 한자에서 유래되어 이름이 지어지는 유형이다.

- 호두나무 ; 호도胡桃(오랑캐 땅에서 들어온 복숭아를 닮은 열매)에서 유래
- 마가목 ; 새싹 피기 전의 겨울눈이 마치 말의 앞니처럼 생겼다고 해서 붙여진 한자어 마아목馬牙木에서 유래(한자로 馬價木, 馬檟木이라고도 썼음)
- 철쭉 ; 척촉躑躅에서 유래
- 모란 ; 목단牧丹에서 유래
- 배롱나무 ; 백일홍百日紅이라는 한자어에서 유래(백일홍 → 배기롱 → 배롱)
- 고로쇠 ; 줄기에서 나오는 수액이 뼈에 이로운 나무라는 골리수骨利樹에서 유래
- 모과나무 ; 나무참외라고 부르는 목과木瓜에서 유래
- 가중나무, 참중나무 ; 각각 한자어 가승목假僧木과 진승목眞僧木을 우리말로 바꾸어 부르게 된 것
- 오갈피나무 ; 오가피목五加皮木에서 유래
- 분꽃나무 ; 분화목粉花木에서 유래
- 노각나무 ; 노각鷺却 또는 녹각鹿角에서 유래

- 물푸레나무 ; 물을 파랗게 한다는 수청목水青木을 우리말로 풀어 쓴 것

여덟째, 한자 이름을 그대로 사용하는 유형으로서 여기에 속하는 나무의 종류는 대단히 많다.

- 낙우송 ; 새의 깃털처럼 생긴 잎이 낙엽으로 떨어지는 것(落羽)을 표현한 한자어
- 반송盤松 ; 나무의 형체가 쟁반같이 둥글게 생긴 소나무라는 한자어
- 오죽烏竹 ; 줄기가 까마귀처럼 검은색을 띠고 있는 대나무의 종류
- 만병초萬病草 ; 만 가지 병을 낫게 하는 나무
- 목련木蓮 ; 연꽃을 닮은 꽃을 피우는 나무(나무에 피는 연꽃)
- 산사나무 ; 열매를 산사자山査子라고 하는 데서 유래
- 기타 ; 매화, 은행, 비자, 동백, 석류, 금송, 측백, 편백, 박달, 수국, 두충, 해당화, 목서, 오동, 인동, 능소화, 분단 등

아홉째, 외국에서 부르는 이름을 그대로 사용하는 유형이다.

- 포플러 ; 속명인 포플루스(Poplus)에서 유래한 것으로서 미류나무, 사시나무, 황철나무, 양버들, 이태리포플러 등의 총칭임

- 플라타너스 ; 버즘나무의 외국 이름으로서 속명인 Platanus에서 유래
- 아카시나무(아카시아) ; 학명인 *Robinia pseudoacacia*의 종명 뒷부분에서 유래
- 마로니에 ; 칠엽수의 외국 이름으로 밤이란 뜻의 '마농'에서 유래
- 가이스까향나무 ; 일본에서 조경수로 육종된 향나무 종류
- 메타세쿼이아 ; 속명 Metasequoia를 그대로 부르는 외국 이름

위에서 나누어 놓은 아홉 가지 유형과 각 유형에서 예로 든 나무들의 이름에 담겨 있는 특징(연유)은 다른 사람들의 의견과 다를 수 있다. 다만, 나무를 배우는 학생들과 나무에 관심 있는 사람들이 이런 특징이나 연유들을 연상함으로써 나무의 이름을 쉽게 알아 가는 데에 길잡이가 되기를 바란다.

헌화와 화전놀이의 진달래

우리나라 산록에서 봄의 화신은 진달래와 철쭉이다. 들판의 꽃구경이 산수유라고 한다면, 산에서의 꽃구경은 진달래와 철쭉이라고 할 수 있다. 진달래는 한자로 산척촉山躑躅이라 하고, 잎보다 꽃이 먼저 핀다. 아마 철쭉이라는 이름은 한자어 척촉이 변한 것이 아닌가 생각된다.

진달래 무리에 속하는 것으로 산철쭉(개진달래)과 철쭉 등이 있는데, 이것들은 진달래가 지고 난 뒤에 잎과 꽃이 함께 핀다. 그래서 밀양 지방에서는 철쭉을 진달래가 피고 난 뒤에 연이어 피는 꽃이라 하여 연달래라고 부르기도 한다.

박해조는 『내가 죽거든 나를 묻고 그 위에 나무 한 그루 심어다오』(1992)에서 진달래 꽃잎의 색깔을 다음과 같이 여성에 비유하기도 하였다. 가장 붉은 달래는 진달래인데 이것은 처녀를 상징하고, 분홍 달래는 번달래로 중년부인을 가리키며, 보랏빛 달래는 막달래인데 할머니를 상징한다.

철쭉은 한자로 척촉蹢躅(躑躅) 또는 양척촉羊躑躅이라고 한다. 새끼 양이 철쭉 꽃봉오리를 어미 양의 젖꼭지로 착각하고 젖을 빨러 다가갔다가 머뭇거린다는 뜻이다. 산철쭉의 꽃받침 부위에는 끈적끈적한 액체가 묻어 있는데, 여기에 독성이 있는 듯하다.

철쭉 군락으로 이름난 전라북도 남원시 운봉 지리산 자락의 바래봉 언저리에는 오래된 면양 목장이 있다. 이 면양 목장 안에 상당한 넓이의 철쭉 군락이 있는데, 이것은 바로 양이 철쭉을 제외하고 풀과 다른 나무들을 모두 뜯어 먹었기 때문에 생겨난 결과이다.

중국에서는 진달래를 두견화杜鵑花라고 하는데, 이것은 전설에서 유래된 이름이다. 촉蜀나라의 4대 임금인 망제望帝 두우杜宇가 나라를 다스리고 있을 때에 벌령이라는 사람이 물에 빠져 죽었는데, 촉나라 땅까지 거슬러 올라와 소생하였다. 두우는 벌령을 범상치 않게 여겨 정승으로 중용하였다. 옥산玉山 주변에 대홍수가 나서 임금은 벌령을 보내 옥산을 뚫어 홍수를 다스리게 하였다. 벌령이 없는 사이에 임금은 그의 아내를 유혹하여 밀통하였다. 벌령이 돌아온 뒤 이를 부끄러이 여겨 왕위를 벌령에게 선양하고 서산西山에 들어가 숨어 살았다. 다른 설은 벌령의 배반으로 두우가 위나라와의 전쟁에서 패하여 죽었다고 한다.

아무튼 나라를 잃고 죽은 두우의 원혼은 새(두견새, 두우조, 귀촉도)가 되었다. 그리고 매년 봄이 오면 '귀촉 귀촉(촉나라로 돌아가고파)' 하고 피눈물을 흘리며 온 산천을 날아다녔다. 두우가 울 때 이 피눈물이 땅에 떨어져 핀 꽃이 바로 두견화(진달래꽃)라는 것이다. 서정주 시인은 이 전설을 바탕으로 두견새가 된 두우의 한을 〈귀촉도歸蜀途〉라는 시로 읊었다.

눈물 아롱 아롱
피리 불고 가신 님의 밟으신 길은
진달래 꽃비 오는 서역西域 삼만 리.
흰 옷깃 여며 여며 가옵신 님의
다시 오진 못하는 파촉巴蜀 삼만 리.

신이나 삼아 줄걸, 슬픈 사연의
올올이 아로새긴 육날 메투리.
은장도 푸른 날로 이냥 베혀서
부질없는 이 머리털 엮어 드릴걸.

초롱에 불빛, 지친 밤하늘
굽이굽이 은핫물 목이 젖은 새,
차마 아니 솟는 가락 눈이 감겨서
제 피에 취한 새가 귀촉도 운다.

그대 하늘 끝 홀로 가신 님아.

우리나라에서 진달래가 문헌에 처음 등장한 것은 『삼국유사』 권2 「수로부인」 편에 나오는 〈헌화가獻花歌〉일 것이다. 본문에는 진달래를 촉화蠋花로 뽕나무벌레 촉蠋 자를 쓰고 있는데, 아마 머뭇거릴 촉躅 자의 오기로 보인다.

성덕왕 대에 순정공純貞公이 강릉(지금의 명주溟洲) 태수로 부임하여 가다가 바닷가에서 점심을 먹었다. 옆에는 바위가 마치 병풍처럼 둘러쳐져 있었는데, 높이가 천 길이나 되었고 위에는 진달래(蠋花)가 활짝 피어 있었다. 순정공의 부인 수로水路가 그것을 보고서 주위 사람들에게 말하였다. "누가 내게 저 꽃을 꺾어 바치겠소?" 따르던 사람이 말하였다. "사람이 오를 수 없는 곳입니다." 다들 나서지 못하였으나 옆에서 암소를 끌고 지나가던 노인이 부인의 말을 듣고는 그 꽃을 꺾어 와서 가사歌詞도 지어 함께 부인에게 바쳤다. 그 노인이 어떤 사람인지는 아무도 몰랐다. (중략) 노인이 바친 헌화가獻花歌는 이렇다.

紫布岩乎邊希 執音乎手母牛放敎遣
吾肹不喩慚肹伊賜等 花肹折叱可獻乎理音如
자줏빛 바위 가에
암소 잡은 손 놓고

나를 아니 부끄러워하신다면

꽃을 꺾어 바치오리다

헌화가의 상황을 보면, 젊은 하인들이 마치 "마님, 저기 올라갔다가 떨어지면 뼈도 못 추리는데요. 그냥 보고만 가시지요." 하면서 감히 주인마님의 소원을 묵살한다. 그런 와중에 시골 노인이 미모의 귀부인에게 한눈에 반해서 목숨을 걸고 천 길 바위벼랑에 올라가 신달래꽃을 꺾어 바친 것이다. 그것도 남편이 곁에 있는 수로부인의 입장을 배려하여 '나를 아니 부끄러워하신다면' 하고 남녀유별의 예의를 갖추어서 말이다. 은근한 사모의 마음이 담긴 헌화가이다.

이에 비한다면 김소월의 시 〈진달래꽃〉에서 진달래꽃을 한 아름 따다가 임의 가시는 발길에 뿌려 주는 것은 이별하는 임에게 "이래도 나를 버리고 갈 수 있어?" 하는 비통하고도 애절한 헌화가라 할 수 있다. 마치 이 도령의 이별 통보를 들은 춘향이가 "젊은 년의 몸이 되어 살자 살자 하오리까? 아들 없는 노모를 두고 자결은 못할망정 독수공방 수절하다 노모당고 당허오면 초종장시 삼년상을 정성대로 지낸 후에 요천수 맑은 물에 풍덩 빠져서 죽을런지……" 하면서 떠나는 임의 마음에 오금을 박는 식이다.

꽃은 사랑하는 마음, 감사하는 마음의 표현으로 주고받을 때 아름답다. 서양에서는 남편들이 아내에게 꽃 선물 하는 것이 일

청룡의 등에 앉은 수로부인
(삼척 수로부인헌화공원)

상이지만, 우리나라에서는 특히 중년 남자들이 아내에게 꽃 선물 하는 것은 무척 어색한 일이다. 그러니 아내들도 꽃 선물 받는 것이 생뚱하다. 기념일에 혹은 출장 다녀오는 길에 뒤통수 간지러움을 무릅쓰고 모처럼 꽃다발을 사들고 와서 건넨다. 아내는 눈 희뜩하게 뜨고 "살다보니 별일이네! 저것이 무슨 켕기는 게 있는 모양이지?" 하는 반응을 보인다. 이러면 꽃 선물이 부부싸움의 씨앗이 되고 만다.

직장에서, 친구들 사이에서, 부모와 자식 사이에서 사랑과 존경과 우정을 담은 꽃다발은 잘도 주고받으면서 유독 부부 사이에는 어색해 한다. 남편에게 켕기는 일이 있든 없든 우리나라 중년 이상의 부부들에게 있어서 꽃 선물이 스스럼없는 일상이 되었으면 좋겠다. 서류 들고 법원에 갈 때 김소월의 꽃길을 만들지 말고, 평소에 헌화가의 사랑하는 마음의 표현으로 주고받자.

진달래는 먹을 수 있기 때문에 참꽃이라고도 한다. 진달래꽃을 먹는 여러 가지 방법 가운데 가장 운치 있는 것은 '화전놀이'

일 것이다. 화전花煎은 진달래, 개나리, 국화 따위 꽃을 붙여 만든 부꾸미를 가리키는 말이다. 삼월 삼짇날에는 진달래꽃을 붙여 만든 두견화전을, 구월 구일 중양절에는 국화전을 만들어 먹는다. 화전놀이는 꽃잎을 따서 전煎을 부쳐 먹으며 춤추고 노는 놀이를 싸잡아 이르는 말이다.

화전놀이는 음력 삼월 무렵 날씨 좋고 산과 들에 온갖 꽃들이 피어날 때 남녀노소가 각자 무리를 지어 경치 좋은 산으로 나가 하루를 즐기는 데서 생겨난 것으로서 화류花柳놀이, 꽃놀이, 꽃달임이라고도 한다. 이날은 화전을 부치고 여러 가지 음식을 만들어 먹고 놀기도 하지만, 서로 담소를 즐기면서 웃어른을 공경하고 아랫사람을 존중하는 예의를 배우는 사교모임으로서의 의미도 있었다.

다음 한시에는 화전놀이 현장의 정취가 담겨 있다. 『해동죽지海東竹枝』에 수록되어 있는 최영년崔永年의 〈자화회煮火會〉란 시이다. 마치 혜원 신윤복의 풍속도 〈춘색야희도春色野戲圖〉의 장면을 옮겨 놓은 듯하다.

婢娟天氣感韶華 金色垂楊萬縷斜
處處煮紅春味好 滿山開放杜鵑花
날씨 곱고 따스한 가운데 봄빛을 느끼고
금빛 수양버들은 수만 가지로 늘어졌네
곳곳에 꽃전 부치는 봄 향기 그득하고

온 산 가득 진달래가 활짝 피었네

이은상 선생은 시조 〈조선, 풍미의 진달래〉에서 진달래를 우리 땅의 대표적인 꽃으로 표현하고 있으며, 진달래와 연결된 민족의 정서와 생활민속인 화전놀이도 담고 있다.

산의 꽃 진달래 산마다 피는 진달래
우리나라 산의 나라 진달래 피는 나라
봄이면 남북강산에 이어 피는 진달래

저 산에 접동새 우네 접동새 울면 진달래 피네
바위틈 모래 흙이 거칠어도 메말라도
웃으며 봄 앞장 서서 먼저 피는 진달래

진달래 꽃잎 따다 전 지지고 시 짓고
목동들 나무꾼들 입에 물고 등에 꽂고
마을로 봄바람 따라 내려오는 진달래

화전놀이, 특히 여성들에게 있어서 이날은 가사와 시집살이로부터 해방되는 일 년 중에 가장 즐거운 날로 여겨졌다. 화전놀이의 이러한 의미를 최명희의 『혼불』에 나오는 매안 이씨 집안 며느리 사리반댁이 지은 〈화전가〉에서 찾아볼 수 있다. 다음은 그 일부이다.

어화 세상 사람들아, 이내 말씀 들어보소. 부유浮游 같은 천지간에 초로草露 같은 인생이라. 세상사를 생각허니 우습고도 고이하다. 저 건너 저 산 우에 높고 낮은 저 무덤은 천고영웅 몇몇이며 절대가인 그 누군고. 우리들도 죽어지면 저러이 될 인생인데. 노세 노세 젊어 노세. 늙어지면 못 노나니. 십일 붉은 꽃이 없고 달도 차면 기울어라. 일장춘몽 우리 인생 아니 놀고 무엇하리. 놀음 중에 좋은 것은 화전밖에 또 있는가.

어화 우리 벗님네야 화전놀이 가자스라. 단오 명절 좋다 해도 꽃이 없어 아니 좋고, 추석 명절 좋다 해도 단풍들어 낙엽 지니 마음 슬허 아니 좋고, 설 명절 좋다 하나 낙목한천 잔설 빛이 스산엄동 역력하니. 꽃도 피고 새도 울어 양춘가절 화개춘花開春 삼월이라 삼짇날에, 강남 갔던 제비들이 꽃 따라서 돌아온가. 제비 날개 훈풍 따라 작년 진 꽃 돌아온가. 천지상봉 새 기운이 만화방창 흐드러진 산천초목 금수강산, 비단 같은 골짜기에 우리들도 꽃이 되어 별유천지 하루놀음, 화전 말고 무엇 있소. 화전놀이 하러 가세.
(중략)

백년 금고 시집살이 빠져나기 어럽기로, 꽃은 피어 화신이요, 잎은 피어 청산인데 무르녹은 봄 날씨에 하루 소풍 못할소냐. 가자스라 가자스라 화전놀이 가자스라. 사시가절 언제던고 삼월 하기 제일이며, 인생 행락 어느 때냐 이팔 청춘 으뜸인데, 소문 없이 오는 백발 귀밑머리 재촉한다. 서러워라 흰 터럭이 이리 올 줄 내 몰랐네. 무정세월 원망하며 돌아 앉아 울지 말고, 옥수홍안玉手紅顔 고울 적에 꽃놀이를 가고지고. (중략)

노소동락 오늘 하루 시집살이 잊은 하루, 내기 붙여 이긴 떡을 머리 위에 고이 얹고, 못다 먹은 화전 떡은 긴 수건에 꼭꼭 싸고, 둥실둥실 엉덩춤에 사람마다 요절이요. 하루 종일 먹고 놀고 일어서며 하는 말이, 삼 년 묵은 현기증이 화전으로 골을 막고, 시집살이 썩은 속이 오늘이라 거풍했네. 어화 춘풍 좋을씨고, 오늘 우리 화전이라. 별유천지 비인간이 이외에도 또 있는가.

진달래와 철쭉은 상층부에 키 큰 나무가 숲을 이루지 않는 곳에 군락을 이루어 자라기 때문에 꽃이 피면 장관을 이룬다. 그래서 대규모 철쭉 군락이 있는 곳에서는 다투어 축제를 연다. 철쭉은 남쪽부터 북쪽으로 올라가면서 개화기가 조금씩 다르기 때문에 순차적으로 철쭉제를 열고 즐길 수 있다.

진달래와 철쭉이 피고 축제가 열리면 산등성이는 철쭉보다 더 화려한 복장의 사람 물결이 끊임없이 일렁인다. 좋은 자리 찾아 사진 찍느라 철쭉 군락은 몸살을 앓는다. 지금 우리에게는 진달래의 멋과 낭만이 없다. 진달래와 엮인 문화도 없다. 오로지 진달래와 철쭉을 향한 막무가내만 있을 뿐이다. 왜 이렇게 되었는지 되새겨 볼 일이다.

여인들의 염원을 담은 원추리

높은 산이든 낮은 산이든 한여름 숲속의 양지바른 곳에 가면 노란 원추리꽃을 볼 수 있다. 무덤이 있는 곳은 숲속에서도 트인 곳이라 무덤가에서도 쉽게 볼 수 있다. 원추리는 한자로 훤초諼草(萱草)라고 하는데, 원추리라는 말은 한자어 훤초에서 원초, 원초리, 원추리 등으로 변화된 것이 아닌가 생각된다. 우리가 잘 아는 역사인물 가운데 후백제의 왕이었던 견훤甄萱의 이름에 이 원추리가 들어간다.

어린 시절 초여름이면 어김없이 큰집 뒤뜰 장독대에서 무성하게 피는 참나리꽃을 본 적이 있다. 키가 크고 잎사귀 사이에 검은 구슬이 달리고 꽃봉오리가 탐스러워 보였다. 내 키보다 더 큰 줄기도 있었고, 알록달록 점박이 꽃잎은 뒤로 발랑 젖혀지고, 암술과 수술은 길게 뻗어 나와 있어서 날아드는 나비라도 잡을라치면 옷에 꽃가루가 달라붙기 일쑤였다. 이 참나리꽃이 원추리의 대체식물로서 장독대에 심긴 것이라는 사실을 알게 된 것은 식물에 대한 공부를 한 뒤에도 많은 세월이 흐른 때였다.

중국과 우리나라에서는 오래전부터 수복강녕부귀다남壽福康寧富貴多男을 행복의 이상 또는 필요조건으로 여겨 왔다. 이 가운데서 아들을 낳느냐 낳지 못하느냐는 것은 여염집에서부터 왕가에 이르기까지 개인 삶의 차원을 넘는 무거운 조건이었다. 그만큼 여인들은 책임이 컸고, 자손이 귀한 집안일수록 중압감도 컸다.

원추리 원예품종

원추리꽃은 피기 전의 봉오리가 마치 어린 사내아이의 고추처럼 생겨서 의남초宜男草 또는 의남화宜男花라고도 한다. 동양화 가운데 바위 옆에 핀 원추리꽃을 그린 그림은 생남生男을 기원하는 부적의 일종으로 쓰였다고 한다. 또 원추리 꽃봉오리를 머리에 꽂으면 아들을 낳는다고 믿었다. 하지만, 여인들이 노란 꽃봉오리를 머리에 꽂고 집 안이든 집 밖이든 돌아다니는 것은 좀 남우세스럽지 않았을까.

그래서 집안의 대를 이어야 할 막중한 책무를 지고 있는 가임

연령대의 여인들은 장독대나 우물가 등 자주 드나드는 곳에 원추리를 심어 두고, 오며 가며 그 꽃봉오리같이 생긴 자손을 점지해 달라고 칠성님께 빌었다. 아침이면 장독대에 정화수를 떠놓고 두 손을 비벼 집안의 평온과 번창을 간절히 기원하였다. 집안이 번창하기 위해서는 대를 잇는 것이 근본이니 아들 없는 어머니는 "터줏님, 칠성님, 저것 닮은 놈 하나 점지해 주세요."라고, 아들 있는 어머니는 "서넛 닮은 놈 하나 더 점지해 주세요."라고 손바닥에서 닭똥 냄새가 나도록 빌고 또 빌었다.

그러니 원추리는 여인들의 간절한 염원이 서린 꽃이다. 원추리를 심지 않은 집에서는 꽃봉오리가 원추리와 비슷한 참나리꽃을 심었을 터이다. 원추리와 참나리는 모두 백합과에 속하는 사촌지간이라 서로 닮은 점이 많은데, 옛날 어머니들은 이런 점까지 꿰고 있었으니 지혜가 대단하다.

최근에는 원추리가 심긴 장독대를 본 적이 없다. 2016년 늦여름 경주 교동의 최부자 고택에 갔을 때 안채의 장독대에는 씨 꼬투리가 맺힌 모란 한 포기와 눈부시게 하얀 옥잠화 한 포기가 있었고, 안채 넘어 별채 자리로 보이는 빈터의 담장 밑에 꽃이 다 진 여러 포기의 원추리가 있는 것을 보았다. 옥잠화 꽃봉오리도 원추리, 참나리 꽃봉오리와 비슷해서 그 뜻을 알고 심은 것인지는 모르겠으나, 모란은 부귀와 영화를 상징하는 꽃이니 뜰 안에 많이 심었던 꽃이다.

또한 경북 안동 하회마을에 있는 서애 유성룡 선생 고택인 충효당 안뜰에는 가지가 무성한 반송 한 그루가 심겨 있다. 이 반송의 이름은 만지송萬枝松이다. 설명문에 따르면 13대 종부宗婦 무안 박씨가 선산에 갔다가 이 소나무를 보고 자손들이 이 소나무 가지와 같이 번창하라고 안뜰에 옮겨 심었다고 한다. 이 나무는 엘리자베스 여왕이 방문 기념으로 심은 구상나무보다 더 귀한 나무이다.

옥잠화, 모란, 반송 등을 여성의 공간인 장독대와 안뜰에 심은 뜻은 원추리와 매한가지로 간절하다. 석류는 다산을 상징하므로 석류나무를 뜰 안에 심는 것도 같은 의미이다.

있는 집안의 전통적인 가옥구조를 보면, 배산임수의 남향을 기본으로 하고, 남쪽인 맨 앞은 남자들의 공간인 사랑채, 가운데는 어른들과 아이들이 거주하는 안채, 맨 뒤편 북쪽에는 마님의 거처인 북당北堂이 자리한다. 그리고 이 북당에는 염원을 담아 원추리를 심는다. 그래서 친구의 어머니를 부를 때 자당慈堂, 북당北堂, 훤당萱堂이라는 호칭을 쓴다.

경남 하동군 토지면 평사리에 박경리 대하소설 『토지』의 최 참판댁을 복원해 놓아 많은 사람들이 이곳을 방문하고 있다. 내가 이곳에 갔을 때 둘러보니, 주인공 최서희의 거처에서는 보이지 않던 원추리가 최 참판의 몰락을 불러온 간악한 조준구가 거처한 사랑채 담벼락 밑에 심겨 있었다. 집안에 원추리 심은 뜻을 아는 사람이라면, 이곳을 조성할 때 조경 설계를 한 사람의 문화 수준에 아쉬움을 가지지 않을 수 없을 것이다. 기왕 원추리를 심으려면 그에 담긴 뜻을 알고, 제자리에 심어 주고, 해설판까지 세워 두었으면 얼마나 좋을까 하는 아쉬움.

원추리 · 참나리 · 옥잠화처럼 벌어지지 않은 꽃봉오리의 생김새가 어린 사내아이의 고추를 닮아서 아들 낳기를 기원하는 매개물이 되고, 석류와 같이 열매 안에 수백 개의 씨앗이 들이 있어서 다산의 상징이 되는 것들은 유감주술類感呪術의 일종이다. 유감주술은 생김새가 비슷한 것들은 같은 효과를 나타낸다고 믿는 의식이다.

마치 교미 시간이 긴 개와 물개의 수컷 성기(狗腎, 海狗腎) 또는 뱀을 먹으면 정력이 좋아진다, 쇠무릎풀이 무릎관절에 좋다, 선바위 · 촛대바위 · 남근석 등에 기도하면 아들을 낳는다, 돌부처의 코를 떼어다 갈아 만든 비고산鼻膏散을 먹으면 아들을 낳는다, 비둘기는 모이를 먹고 물을 먹지 않기 때문에 입에 침이 적은 노인들이 비둘기 손잡이 지팡이를 짚고 다니면 음식으로 목이 메지 않는다고 해서 임금이 70세 이상 노신하들에게 구장鳩杖을 선물했다 등등이 비슷한 유감주술에 해당된다.

중국에서는 고대로부터 원추리를 망우초忘憂草라 하여 이것을 집안에 심거나 나물로 먹으면 근심걱정을 잊는다고 하였다. 이러한 인식은 『시경詩經』의 「위나라 노래(衛風)」 편에 실려 있는

〈백혜伯兮(내 님)〉라는 시 속에서 엿볼 수 있다. 이 시에는 전쟁에 나가 있는 남편을 걱정하는 아내의 마음이 담겨 있다. 시의 마지막 연에 원추리를 얻어다 뒤뜰에 심어 두고 원추리의 힘을 빌려서라도 남편에 대한 걱정을 잊고자 하는 아내의 애절함이 나타나 있다.

그대는 씩씩한 나라의 영걸이라네
그대는 창을 잡고 임금 위해 앞장서네

그대가 동쪽으로 간 뒤 내 머리카락 쑥대 같네
어찌 머리 감고 기름 바르지 못하랴만
누굴 위해 꾸미겠는가

비올 듯 비올 듯 하더니만 햇빛만 쨍쨍하네
그대 생각에 머리 아프지만 누구를 탓하랴

어디서 원추리(諼草)나 얻어다 뒤뜰에 심어 볼까
그대 생각에 내 마음만 병이 드네

오병훈의 『사람보다 아름다운 꽃 이야기』(2005)에서 슬픔을 잊게 해 주는 원추리 이야기를 옮겨 본다.

옛날 어느 마을에 부모를 일찍 여읜 형제가 살았다. 어린 동생은 부모님이 그리워 울며 지내는 일이 많았다. 형은 동생이 걱정되어 생각한 끝에 점쟁이를 찾아가 동생이 부모님 생각에서 벗어날 방도를 물었다. "원추리는 슬픔을 잊게 하는 꽃이지요. 어머니 무덤가에 원추리를 심으면 모든 슬픔을 날려 보낼 수 있어요." 형은 동생 몰래 밤마다 어머니 무덤가에 원추리를 심었다.

동생은 동생대로 형이 걱정되었다. '어머니가 없다고 생각하면 형이 얼마나 쓸쓸할까?' 그래서 점쟁이를 찾아가 어머니를 잊지 않으려면 어찌해야 하는지를 물었다. "무덤가에 난초를 심으면 부모님의 기억을 오래 간직할 수 있단다." 동생은 형 몰래 무덤가에 난초를 심었다.

그런데 이상한 일이 일어났다. 형은 슬픔을 잊어 갔지만, 동생은 점점 더 슬픔이 심해져서 몸져눕게 되었다. 어느 날 동생의 꿈속에 어머니가 나타나서 "얘야! 이제 그만 슬픔을 잊어버려야지. 이것을 받아라." 하면서 꽃을 건네주었다. 깜짝 놀라 잠을 깬 동생의 손에는 꿈속에서 어머니가 준 원추리가 들려 있었다.

형은 동생의 꿈 이야기를 듣고는 그 원추리를 달여 동생에게 먹였다. 동생은 입맛을 찾고 기력도 회복하였다. 형제는 어머니의 무덤을 찾아갔다. 그곳에는 노란 원추리꽃이 가득 피어 있었다.

우리나라에 자생하고 있는 원추리 종류는 원추리, 애기원추리, 각시원추리, 큰원추리, 노랑원추리, 홍도원추리 정도이다. 이

가운데 홍도원추리만이 남부 바닷가에 서식하고, 나머지는 우리 나라 전역의 산지에서 자란다. 꽃이 피는 특징은 애기원추리와 노랑원추리는 오후나 저녁 무렵에 피어 다음날 오전 중에 지는 데에 비해 나머지 것들은 아침에 피어 저녁에 이운다. 다른 것들과 구별되는 특징으로는 각시원추리는 꽃대가 잎 길이와 비슷하고 꽃이 작고 연한 노랑색이며, 애기원추리는 잎에 깊은 골이 있고 꽃은 연한 노랑색으로 향기가 있다. 노랑원추리는 황록색의 꽃이 핀다.

지금은 외국에서 여러 종류의 원예종(품종)들을 들여다 심고 있는데, 그 가운데 대표적인 것을 왕원추리라고 부른다. 왕원추리는 자생 원추리에 비해 잎도 크고 꽃도 크며, 꽃은 주황색을 띤다.

오래전에 작고하였지만, 식물을 좋아하여 독신으로 살면서 외국에서 많은 식물들을 들여와 개인 식물원을 가꾸던 김운초 선생께서 우리 대학에 수목원을 만들 수 있도록 여러 해에 걸쳐 많은 종류의 수목을 제공해 주셨다. 1995년 처음 직원들을 데리고 서울 역삼동에 자리한 그분의 식물원으로 나무를 가지러 갔을 때, 내가 직접 나무를 캐고 뿌리 분을 짓는 것을 보고는 가져간 나무들을 잘 키울 수 있겠다는 확신이 들었단다.

이런 인연 덕분에 2003년경 그분이 보유하고 있던 경남 통영 미륵도 식물원에서 십여 품종의 원추리를 용달 트럭으로 1대 가득 캐어다 전주시 우아동 승마장 주변 도로의 은행나무 가로수 아래에 심었다. 그곳에 원추리를 심은 이유는 그 도로의 명칭이 '견훤로'였기 때문이다. 그것을 계기로 전주시에서는 곳곳의 가로수 밑 공간과 도로 주변에 원추리를 심게 되었다.

원추리의 대용이었던 참나리는 그것을 심은 뜻이야 알든 모르든 지금도 집안 화단에 많이 심고 있다. 다음은 김지수의 『들꽃 이야기』(1998)에서 따온 참나리의 전설이다.

옛날에 얼굴은 별로 예쁘지 않지만 아주 착한 처녀가 있었다. 어느 날 그 마을에 멋진 왕자가 들어왔다. 그 처녀는 왕자를 보자마자 사모하게 되었지만 왕자는 용모가 떨어지는 그 처녀를 전혀 마음에 두지 않았다.

몇 십 년 후에 나라는 망하고 왕자는 이제 늙고 초라한 나그네가 되어 신분을 속이고 다시 그 마을을 지나가게 되었다. 가뭄이 계속되던 때라 집집마다 인심들이 별로 후하지 않았다.

나그네는 기진해서 쓰러졌는데 웬 할머니가 그를 데려다가 극진히 거두었다. 몸이 회복된 왕자는 다시 길을 떠났고 그날 밤 할머니는 먼지처럼 사그라지듯 눈을 감았다. 그 자리에서 피어난 꽃이 참나리이다. 참나리는 바로 왕자를 사모했던 처녀의 화신이다.

우리 선조들은 집안에 나무와 꽃을 심을 때 들이지 않을 것들과 들일 것들을 구분하였다. 그리고 들이고 들이지 않는 이유도

참나리

분명하였다. 다른 나무를 감고 올라가는 등나무는 집안일을 꼬이게 한다고 해서 들이지 않았고, 능소화는 아이들의 눈앓이를 염려해서 들이지 않았다. 대신에 부귀영화와 다남을 상징하는 나무와 꽃을 집안에 들였다. 생물과의 유감설이든 어떻든 이렇게 정서적 의미를 부여하고 문화적 가치를 만들면서 식물들과 교감하고 또 그것들을 즐겼던 것이다.

지금 우리는 집 안에서 식물을 기를 때 대부분 화려한 꽃을 감상하거나, 향기 나는 허브 식물이나, 공기를 정화시키는 외국산 관엽식물이나, 이런 것을 기준으로 삼는다. 식물 한 포기를 기르면서도 그 속에 담겨 있는 의미를 음미할 일이다.

미인의 상징, 춘풍세류春風細柳

한자사전에 보면 미인美人은 용모가 썩 아름다운 여자, 인품과 덕성이 뛰어난 사람, 임금의 비유, 한漢나라 때 비빈妃嬪의 칭호 등으로 풀이하고 있다. 하지만, 일반적으로는 첫 번째의 용모가 썩 아름다운 여자를 미인이라고 부른다. 그리고 미인을 지칭할 때 쓰이는 말이 너무도 다양한 것을 보면, 미인의 종류랄까 기준이 매우 다양하였음을 알 수 있다.

요조숙녀窈窕淑女(얌전하고 조용하고 예쁜 여자), 섬섬옥수纖纖玉手(가냘프고 예쁜 손을 가진 미인), 옥지소완玉指素腕(옥처럼 아름다운 손가락과 흰 피부의 팔을 가진 미인), 빙기옥골氷肌玉骨(뼈가 들여다보일 정도로 얼음같이 흰 피부의 미인), 세요설부細腰雪膚(가는 허리에 백설 같은 피부의 미인), 부여응지膚如凝脂(피부가 비계로 빚은 것처럼 부드러운 미인), 옥류녹경玉流鹿頸(목소리가 예쁘고 목이 사슴처럼 긴 미인), 명모호치明眸皓齒(눈이 영롱하게 맑고 이가 흰 미인), 단순호치丹脣皓齒(입술이 붉고 이가 흰 미인), 만리호치曼理皓齒(살결이 아름답고 이가 흰 미인), 미목수려眉目秀麗(눈썹과 눈이 빼어나게 아름다움), 순미비예洵美睥睨(흘겨보는 모습이 아름다운 여인), 곡미풍협曲眉豊頰(반달처럼 휘어진 눈썹과 도톰한 뺨을 가진 얼굴), 세미옥안細眉玉顔(가는 눈썹에 얼굴선이 아름다운 미인), 함담지모菡萏之貌(연꽃 봉오리와 같은 자태를 지닌 미인), 교소천혜巧笑倩兮(웃으면 보조개가 들어가는 예쁜 모습), 침어낙안沈魚落雁(서시 · 왕소군과 같은 미인, 서시가 강둑에서 물을 내려다보니 물고기가 놀라서 깊이 숨었다 하고, 왕소군이 악기를 타는 모습을 날아가는 기러기가 보고 미모에 반해 날갯짓을 잃고 땅으로 떨어졌다 함), 폐월수화閉月羞花(초선이 하늘에 기원하는 모습을 본 달이 부끄러워서 구름 속으로 숨었음), 화간무접花間舞蝶(꽃 속에 춤추는 나비 같은 자태), 화용월태花容月態(꽃같이 예쁜 얼굴과 달같이 고운 자태), 미개연화未開蓮花(반쯤 핀 연꽃 봉오리 같은 얼굴), 풍유비둔豊乳肥臀(풍만한 젖가슴과 살찐 엉덩이를 가진 여인), 고목생화枯木生花(나이 든 여자가 세련되고 품위 있게 가꾼 미모), 장옥매향葬玉埋香(죽어서도 땅에 묻기 아까운 미인) 등.

이러한 미인들 가운데는 나라를 무너뜨리게 한 경국지색傾國之色도 있었고, 성을 무너뜨리게 한 경성지색傾城之色도 있었으며, 본인과 남편이 비운을 겪게 한 미인도 있었다. 중국 역사에서 대표적인 경국지색의 한 명으로 서시西施를 꼽는다. 당나라 말기의 시인으로 주로 역사와 관련된 시를 많이 지었던 나은羅隱의 시를 보자. 서시의 잘못이 아니라 그녀에게 빠져서 국정을 망친 임금의 책임이라는 논리이다.

> 國家興亡自由時 吳人何故怨西施
> 西施若解傾吳國 越國亡來又是誰
> 국가흥망은 본래 나름의 때가 있는데
> 오나라 사람들은 어찌 서시를 원망하는가
> 만약에 서시가 오나라를 기울게 했다면
> 월나라가 망한 것은 누구 탓이라 할 것인가

중국에서는 이렇게 다양한 미인의 기준 가운데서도 그 으뜸은 가는 허리였을 것이다. 물론 양귀비와 같이 풍유비둔형 또는 부귀모란형의 미인도 있었지만, 대세는 버들가지처럼 가는 허리를 가진 날씬한 스타일이었다. 수양버들은 가지가 가늘기 때문에 세류細柳라고도 하는데, 수양버들 가지처럼 가는 여인의 허리를 유요柳腰라 하였다. 그래서 허리 가는 미인의 자태를 봄바람에 하늘거리는 버들가지에 빗대어서 춘풍세류春風細柳라 한다.

한비자韓非子에 따르면, 춘추시대 초나라의 영왕靈王은 허리가 가는 여자를 좋아하였는데, 그러자 허리를 가늘게 하여 왕의 총애를 받으려다가 굶어 죽은 궁녀들이 줄을 이었다고 하며, 이후

초왕의 후궁을 세요궁細腰宮으로 부르게 되었다고 한다. 서초패왕 항우의 애첩 우미인 우희虞姬와 후한 성제의 후궁이었던 조비연趙飛燕은 허리가 가는 대표적인 미인으로 꼽힌다. 우희는 가냘픈 몸매에도 불구하고 항우의 힘을 다 받아낸 유일한 여자였다고 한다.

이러한 인식은 후대에도 이어져서 당나라 시인 두보杜甫는 〈만흥漫興〉이란 시에서 "隔戶楊柳弱嫋嫋 恰似十五女兒腰(창밖에 하늘거리는 수양버들 열다섯 살 아가씨의 허리 같구나)"라고 하였다. 당나라의 대표적인 시인 백거이白居易는 사랑하는 기생의 이름을 아예 '유지柳枝'라고 하였는데, 그 뒤부터 기녀를 유지라고 부르기도 하였다.

또 당나라 후기의 시인 두목杜牧은 〈견회遣懷〉라는 시에서 "초나라의 허리 가는 미인은 손바닥 위에서도 가볍다"고 읊은 바 있고, 〈증별지일贈別之一〉이라는 시에서는 "娉娉嫋嫋十三餘"라 하여 바람에 나부끼는 버들가지처럼 야들야들하고 간들간들한 열세 살 아가씨의 몸매를 읊었다.

落魄江湖載酒行 楚腰纖細掌中輕
十年一覺揚州夢 贏得青樓薄倖名
한때는 실의에 빠져 술을 싣고 강호를 떠돌았네
초나라의 가는 허리 미인들은 손바닥에서도 가벼웠다네
양주에서의 십년 꿈 한 번 깨고 보니

술집에서도 관시받는 인사가 되었네

미인의 눈썹을 버들잎에 비유하여 유미柳眉 또는 유엽미柳葉眉라고 한다. 당나라 유우석劉禹錫의 〈심춘시深春詩〉에는 "人眉新柳葉(미인의 눈썹은 새로 핀 버들잎 같다)"이라 하였다. 또 '유미를 거꾸로 세운다'는 말이 있는데, 미인이 화가 나서 가는 눈썹이 위로 치켜 올라간 모습을 가리키는 말이다. 그 밖에 미인의 아름다운 자태를 유태柳態라 하고, 아름다운 용모를 유용柳容이라고 하였다.

우리 선조들도 버드나무를 날씬한 몸매의 미인 또는 여성의 상징으로 인식하였다는 것이 문학에 나타나고 있다. 고려 강종康宗 때 사람 최자崔滋가 교방과 기생에 대해 지은 시에서 "한 줌 되는 가는 허리는 오히려 띠가 거추장스럽고 쌍쌍이 도는 걸음걸이는 신을 이기지 못하네(一搦腰輕猶困帶 雙回步足多不勝靴)"라고 묘사하였다.

또 미인을 그린 그림에서도 배경으로 버드나무가 등장하고 있는 것을 볼 수 있다. 하지만, 한복이라는 복식 때문인지 가는 허리가 중국만큼 회화적으로 표현되지는 않았던 것 같다.

버드나무는 이렇게 미인 또는 여인의 상징이면서 한편으로는 춘정春情을 발동시키는 매개체이기도 하였다. 조선시대 김낙기金洛耆의 〈춘유곡春柳曲〉을 보면 버들의 두 가지 상징성이 잘 나타나 있다. 다산 정약용의 〈수류隨柳〉라는 시에도 버들가지의 상징성이 숨어 있음을 볼 수 있다.

> 여자는 버들이요 남자는 춘풍이라
> 춘풍이 부는 대로 버들가지 넘놀건만
> 바람이 정심定心 없어 왕래가 무상하네
>
> \- 김낙기, 〈춘유곡〉

> 楊柳千萬絲 絲絲得青春
> 絲絲露好雨 絲絲惱殺人
> 늘어진 천만 개 버들가지는
> 가지마다 푸르고 싱그럽구나
> 늘어진 가지마다 봄비 젖으면
> 실실이 사람 마음 흔드는구나
>
> \- 정약용, 〈수류〉

서포 김만중의 『구운몽九雲夢』에는 주인공 양소유楊少遊가 과거길에 올라 화주 땅 화음현에 이르러 어느 집 울안에 서 있는 버드나무를 보고 미인을 연상하며 춘정을 느끼는 내용이 있다.

> 문득 보니 그윽한 곳에 집이 있는데, 수풀이 보기 좋게 무성하고 늘어진 수양버들이 그림자를 엉기고 연기는 비단을 깐 듯하고,

그 속에 조그만 다락집이 있는데 단청이 찬란하며, 깨끗하고 시원하고 그윽하여 맑은 경치가 매우 사랑스럽기에, 이에 채찍을 끌며 천천히 더듬어 가 보니, 긴 가지 짧은 가지가 땅에 얽혀 하늘거리는 품이, 미녀가 머리를 감고 바람을 맞으며 빗질하는 것 같기에 가히 아름답고 구경할 만하므로, 손으로 버들가지를 휘어잡고 머뭇거리며 더 나아가지 못하고 탄식하기를 ……

그리고 양생楊生은 그 집 딸인 진채봉과 서로 양류사楊柳詞를 주고받으면서 인연을 맺는다. 먼저 것은 진 소저의 시이고, 나중 것은 양생의 시이다.

다락머리에 수양버들 심었음은
낭군의 말 매어 머무르게 함이거늘
어찌하여 꺾어 채찍을 만들어
서울 길을 재촉하여 향하시는고

수양버들 늘어진 천만 갈래 실에
올마다 애틋한 심정 맺혀 있더라
바라건대 달 아래 노끈을 꼬아
좋이 봄소식을 맺으리라

조선 선조 때의 명기 홍랑洪娘이 고죽孤竹 최경창崔慶昌(1539~

1583)과 이별할 때 버드나무 가지를 꺾어 보내면서 지은 이별의 시에서도 세류미인의 사례를 볼 수 있다. 홍랑은 함경도 홍원의 관기였는데, 절세가인에다가 시서화가무를 겸비한 예기였다. 고죽은 문신이자 이달, 백광훈과 더불어 후대에 삼당시인三唐詩人으로 문학사에 이름을 올리는 당대 시단을 대표하는 풍류 문장가였다. 그가 34세 되던 해(1573) 북도평사로서 함경도 경성으로 부임해 갈 때 홍원에 들러 관기 홍랑과 만나게 되고, 두 사람은 경성에서 2년여를 함께 지내면서 깊은 사랑에 빠진다.

고죽과 홍랑의 사랑은 지방관과 관기의 관계로서가 아니라, 부안의 관기 매창과 유희경의 관계처럼, 문학적 동질감으로 엮인 애절한 관계였을 것이다. 홍랑이 처음으로 사랑한 고죽이 임기를 마치고 한양으로 돌아갈 때, 그녀는 관기로서 더 이상 넘어갈 수 없는 경계인 함관령까지 동행하였다. 마침내 이별을 하면서 길옆에 서 있는 버드나무 가지를 꺾어 그의 손에 쥐어 주면서 다음의 시로서 애틋한 사모의 정을 표시한다. 홍랑이 꺾어 보낸 버들가지는 홍랑 자신의 화신이자 미인을 의미하는 나무가 아닐까 한다.

> 멧버들 가려 꺾어 보내노라 님의 손에
> 주무시는 창밖에 심어 두고 보소서
> 밤비에 새잎 곧 나거든 나인 줄로 아소서.

고죽을 한양으로 떠나보내고 혼자 남은 홍랑은, 이 도령을 한양으로 떠나보낸 춘향이처럼, 시름상사 눈물로 세월을 보냈을 것이다. 다음은 그 와중에 홍랑이 남긴 시이다. 서리를 맞고도 잎이 시들지 않는 버들잎이 방초 짙어지는 계절에 시들어 간다는 것은 버들을 홍랑 자신의 처지에 빗댄 것이 아닐까?

임은 한양에 있고 첩은 양주에 있네
날마다 임을 사모하여 푸른 누각에 오른다네
방초는 짙어지는데 버들은 시들어 가고
석양에 서쪽으로 흐르는 물만 멍하니 바라보네

물론 홍랑이 고죽에게 멧버들 가지를 꺾어 보낸 것은 사랑하는 사람이나 벗과 이별할 때 버들가지를 꺾어 주면서 재회를 기원한 중국의 절양折楊 또는 절류折柳의 풍속에서 유래한 것이다. 우리나라에서도 그 풍속과 정서가 일반화되어 있었음을 여러 시가에서 볼 수 있다.

離人日日折楊柳 折盡千枝人莫留
紅袖翠娥多少淚 煙波落日古今愁
이별하는 사람들이 날마다 버들을 꺾지만
천 가지 다 꺾어도 가는 임 못 잡겠네
어여쁜 아가씨들 하많은 눈물인 양

해질녘 부연 물결 시름에 잠겨 있네

- 임제林悌, 〈패강가浿江歌〉

入馬溪橋夕 悤悤酒一巵

臨分欲有贈 楊柳已無枝

해질녘 다리 난간에 말을 세우고

바삐 술 한 잔을 서로 나누었네

헤어지며 선물을 주려 했더니

버드나무엔 이미 남은 가지가 없네

- 이수광, 〈송객送客〉, 『지봉집』

또 옛날에 술과 몸을 파는 최하급 기생(창기)을 비유한 말로 노류장화路柳墻花가 있다. 아무나 쉽사리 꺾을 수 있는 길가의 버들가지와 담장 밑에 핀 꽃이라는 뜻이다. 신분은 천하지만, 자존심만은 세류미인이요, 서리 맞고 피어 있는 담장 밑의 국화에 견주고 있다.

선인들은 버들가지를 보면 미인을 생각했고, 미인을 두고는 버들에 빗대었으니, 참 낭만적이기도 하고 나무와 교감하는 방식이 너무 멋지다는 생각이 든다.

지금 여성들은 초등학생이나 청소년들까지도 '미인이다'든지 '예쁘다'든지 하면 시큰둥하고, '섹시하다'고 해야 좋아한단다. 그래서 자신의 매력을 이야기할 때 스스럼없이 '섹시한 여자'라고

들 한다. 그 뜻을 제대로 알면 그렇게 쉽사리 쓸 말은 아닌 것 같고, 또 지향할 만한 가치도 아닌 것 같은데 말이다.

귀신 쫓는 복숭아나무

모든 사람들의 삶의 목표는 행복일 것이며, 불행하고 싶은 사람은 없을 것이다. 행복은 밖에서 오는 것이 아니라 찻잔 속에서 차가 우러나듯이 마음으로부터 우러나는 것이라고 했다. 그래도 행복하기 위해서는 기본적인 조건을 갖추어야 되지 않을까 싶다. 그 가운데 하나가 생활을 꾸려 나가는 데에 불편하지 않을 정도의 경제력인 것은 분명하다. 그런데, 우리나라 국민들은 상당한 경제적 부유함을 누리고 있음에도 불구하고 국민행복지수는 조사 대상 국가들 가운데 중하위권에 속하고, 청소년 자살률과 노인 자살률이 OECD 국가 중에서 으뜸을 차지하고 있는 것은 무엇 때문일까?

2011년 KBS-TV 스페셜 〈행복해지는 법〉에서 밝힌 우리나라 국민들의 행복조건 의식을 보면 1위는 돈(40.6%), 2위는 건강

(28.44%), 3위는 화목한 가족(20.3%)으로 나타났다. 우리나라 국민들은 경제력을 중시하지만, 월 소득 400만 원까지는 행복지수가 꾸준히 증가하다가 400만 원을 넘게 되면 행복지수가 상승하지 않거나 오히려 이전보다 감소하는 경우가 많아져서 소득과 행복지수가 반드시 정비례하지는 않는 것으로 나타났다. 그러면 여기에 건강과 가족의 화목이라는 요소가 복합적으로 영향을 미친 것일까?

『서경書經』의 「주서周書」〈홍범洪範〉 편에는 하늘이 내린 다섯 가지 복(五福)과 여섯 가지 형벌(六極)이 나와 있다. 오복은 수壽, 부富, 강녕康寧, 유호덕攸好德, 고종명考終命이고 육극은 흉단절凶短折, 질疾, 우憂, 빈貧, 악惡, 약弱이다. 즉, 오복은 부유함 속에서 건강하게 오래 살면서 덕을 많이 쌓고 죽음을 잘 맞이하는 것이고, 육극은 가난함 속에서 몸이 허약하고 질병과 근심걱정이 끊이지 않으며 제 명대로 살지 못하는 것이다.

그렇다면 행복이란 결국 '건강하게 오래 살면서 좋은 꼴 많이 보고 깔끔하게 죽는 것'이라고 단정해도 무리는 아닐 듯싶다. 재물을 잃는 것은 조금 잃는 것이고 건강을 잃으면 모든 것을 잃는 것이라는 말과 같이 행복의 조건은 돈보다 건강이 최우선인 것 같다. 그리고 건강은 육신과 정신이 모두 건강하다는 것을 의미한다.

그런데, 행복의 최우선 조건인 사람의 육신과 정신의 건강을 해치는 것들이 있다. 기본적으로는 타고난 체질과 생활 속에서 오는 여러 가지 근심걱정과 스트레스 등이 있을 것이다. 옛날에는 사람의 육신과 정신에 병이 생기는 원인을 영靈적인 문제로 취급하였고, 현대에도 이 부분을 전혀 무시할 수 없는 경우가 많이 있다.

이렇게 사람에게 병을 유발하는 영에는 잡귀와 역귀가 있다. 잡귀雜鬼는 저승에 가지 못하고 이승과 저승 사이를 떠돌아다니면서 사람에게 붙어 질병과 재해를 끼치는 사령邪靈의 총칭이다. 역귀疫鬼는 주로 돌림병을 일으키는 귀신이다. 옛날에는 이들 잡귀와 역귀를 물리치는 데에 주술적 방법이 주로 활용되었지만, 나무를 이용하는 방법도 있었기 때문에 그 내용들을 살펴보고자 한다. 미신으로서가 아니라 전통생활 속에 살아 있었던 문화적 요소로서의 의미를 새겨 보자는 것이다.

먼저 복숭아나무를 활용한 방법이다. 중국과 우리나라에서는 복숭아나무 널빤지 위에 잡귀와 역귀를 막아 주는 신神(신도神荼와 울루鬱壘)의 이름이나 길상吉祥한 문자를 새겨 대문 양쪽에 내거는 습속이 있었다. 이렇게 복숭아나무로 만든 부적을 도부桃符라고 한다. 도부에 신도와 울루의 이름을 새긴 것은 고대 중국의 지리서인 『산해경山海經』의 다음 이야기에서 유래한 것이다.

> 옛날 동해에 떠 있는 도삭산度朔山에 커다란 복숭아나무 한 그루가 서 있는데 그 가지와 잎이 사방 3천 리에 달하였다. 낮게 드

리워진 가지의 동북방을 귀문鬼門이라 하였는데, 이곳으로 여러 귀신들이 출입하였다. 귀문 위에는 신인이 있는데 한쪽은 신도神荼이고 다른 한쪽은 울루鬱壘라 했다. 두 신의 임무는 천제의 명에 따라 이 문을 지키면서 출입하는 귀신들을 통제하는 것이었다. 만약 인간에게 위해를 가하는 악귀가 있으면 갈대 끈으로 묶고 복숭아나무로 만든 활을 쏘아 사살하여 호랑이 먹이로 주었다.

또 『회남자淮南子』에는 하나라 때에 예羿라는 사람이 힘이 세고 활을 잘 쏘아 패도를 일삼았는데, 한착寒浞이라는 사람이 복숭아나무로 만든 큰 방망이로 그를 후려쳐서 죽였으며, 그 뒤로 귀신들은 복숭아나무를 무서워하게 되었다는 이야기가 실려 있다.

도부는 이렇게 복숭아나무의 벽사辟邪(잡귀와 역귀를 물리치는 것) 능력을 이용한 것으로서 도탕桃湯, 도열桃茢, 도고桃弧, 도경桃梗, 도인桃人, 도문桃門, 도판桃板 등으로도 불리면서 중국에서는 아주 옛날부터 벽사에 사용하였다고 한다. 후대에 와서는 종이에 글씨를 쓰거나 그림을 그려서 대문에 붙이는 형태로 바뀌었다. 이것이 입춘날 문이나 기둥에 주련을 써 붙이는 춘련春聯의 전신이라고 한다.

이렇게 잡귀와 역귀를 물리치는 도부는 설날 아침이 되면 묵은 것을 떼어내고 새것으로 갈아 걸었다. 그 흔적을 송나라의 개혁정치가이자 시인이며 문필가인 왕안석王安石의 〈원일元日〉이란 시에서 찾아볼 수 있다.

폭죽 소리 요란한 가운데 새해가 오고
봄바람에 대지의 따스함이 술독에 스며드네
집집마다 눈부시게 햇살이 밝고
앞다투어 복숭아나무 부적을 새것으로 바꾸어 거네

또한, 『본초강목本草綱目』에는 "옛날에 귀신의 두목이 복숭아나무로 맞아 죽은 일이 있어 귀신은 복숭나무를 무서워한다."고 하였고, 복숭아나무 말뚝뿐만 아니라 가지 · 뿌리 · 열매까지도 귀신을 물리치는 효력이 있다고 하였다. 그래서 '귀신에 복숭아나무 방망이'라는 속담도 생겨났다. 이것은 『회남자淮南子』의 이야기를 원용한 것으로 볼 수 있다.

우리나라에서는 도부보다는 복숭아나무 가지를 활용하여 잡귀와 역귀를 쫓는 풍습이 일반화되었던 것 같다. 복숭아나무 가지의 벽사력은 기본적으로 중국의 영향을 받았겠지만, 가지가 붉은 것으로부터 유래한 것이 아닌가 싶다. 배롱나무의 붉은 꽃, 동지팥죽, 동물의 피 등과 같이 붉은 것들은 벽사 기능을 가지고 있기 때문이다.

동지팥죽의 경우를 보면 붉은색으로써 귀신을 쫓는다는 것을 알 수 있다. 동지팥죽의 유래는 중국 공공씨共工氏의 망나니 아들이 동짓날에 죽어 역귀가 되었는데, 이 역귀는 살았을 때 팥죽을 싫어했기 때문에 동지에 팥죽을 쑤어 그 귀신을 쫓는 풍습이 생겼다고 한다. 또한, 팥의 색깔이 붉기 때문에 축귀의 기능을 가지고 있는 것으로 여겨 중국에서는 일찍부터 잡귀를 쫓고자 할 때 사용되었다고 전해진다. 이렇게 팥죽이 액을 막고 잡귀를 없애 준다는 연유로 동지팥죽은 먼저 사당에 올려 차례를 지낸 다음 방·마루·광에 한 그릇씩 떠다 놓고, 대문과 벽에도 죽을 뿌린 뒤에 먹는다. 특히, 민간에서는 감기가 유행하면 팥죽을 쑤어서 길 위에 뿌렸는데, 이것을 '얼음심'이라 불렀다고 한다.

경기지역 진오기굿에서 복숭아나무 동쪽 가지로 좌시하여 잡귀를 쫓는 장면 (출처: 한국민족문화대백과사전, 제7권)

복숭아나무 가지로 귀신을 쫓는 경우에는 붉은 복숭아나무 가지 중에서도 동쪽으로 뻗어서 양의 기운이 강한 가지(東桃枝)가 특히 효험이 있다고 믿었다. 성현의 『용재총화』에는 방매귀 放枚鬼 풍속에 대한 내용이 실려 있다. 방매귀란 섣달 그믐날에 푸른 대나무 잎, 엄나무 가지, 익모초 줄기, 동쪽으로 뻗은 복숭아나무 가지를 모아 빗자루를 만들어 북을 치고 발을 구르며 문짝마다 쓸고 다니면서 악귀를 문밖으로 쫓아내는 것이다. 또한, 민간에서는 정신병, 말라리아, 인병(장티푸스) 등을 예방하거나 치료할 때에 동쪽으로 뻗은 복숭아나무 가지를 금줄에 달아 문에 걸어 두고, 이 역귀들을 막았다고 한다.

복숭아나무 가지를 활용한 벽사의 한 가지로 볏짚으로 귀신화상을 만들거나, 종이에 귀신화상을 그려 붙여 두고 복숭아나무 가지로 만든 화살을 쏘아 액厄을 막는 방식이 있다. 이것은 앞에서 나온 『산해경』의 내용에 뿌리를 두고 있는 방도이다. 이때 화살을 쏘는 방법은 왼손으로 활을 잡고 오른손으로 화살을 잡는 일상적인 방법이 아니다. 오른손으로 활을 잡고 왼손으로 복숭아나무 가지로 만든 화살을 시위에 걸어 잡는 좌시左矢를 한다.

좌시는 액막이뿐만 아니라 옛날 궁중의 비빈들 사이에서 권력투쟁이나 질투 때문에 어떤 특정인의 지푸라기 인형이나 화상에 활을 쏘아 해코지를 하는 방법으로도 활용되었다. 좌시를 하는 이유는 도깨비하고 씨름할 때 왼다리를 걸어야 한다는 것, 금줄을 칠 때는 왼새끼를 꼬아 쓰는 것, 당산제를 지내고 동아줄을 감아 주는 당산 옷 입히기를 할 때 왼쪽으로 감아 올라가는 것, 무당이 굿을 할 때 왼쪽으로 맴돌이를 하는 것 등과 같이 일상에서 벗어난 방식이기 때문이다.

이렇게 복숭아나무를 벽사에 이용하는 것은 복숭아 과일의 생김새가 여음女陰을 닮았기 때문이라는 속설이 있다. 그 외에도 꽃이 잎보다 일찍 피고, 열매가 많이 열려 다산의 상징이며, 꽃의 양기로 음기를 쫓는 힘이 있으며, 특유의 향미가 흉한 기운을 쫓는 힘이 있기 때문이라는 등의 여러 설이 있다.

복숭아는 이름만 가지고도 귀신을 쫓는 효험이 있었던가 보다. 『삼국유사』 권1 「도화녀와 비형랑」의 내용을 보자. 신라의 진지왕眞智王이 여염의 여인으로 얼굴이 고운 도화녀桃花女를 탐내었다. 도화녀를 여러 차례 회유하였으나, 그녀의 남편 때문에 뜻을 이루지 못하고, 폐위되어 죽었다. 2년 후 도화녀의 남편이 죽었다. 어느 날 죽은 진지왕이 생전의 모습으로 도화녀를 다시 찾아와 이레 동안 합궁하여 아들 비형鼻荊을 낳았다. 비형은 귀신들과 노닐고 귀신들을 통솔하였다. 그래서 귀신들은 비형의 이름만 듣고도 무서워 도망쳤다. 그때 사람들이 다음과 같은 노래를 지어 불렀고, 민간에서는 이 가사를 써 붙여 귀신을 쫓곤 하였다. 비형이 복사꽃(도화녀)의 아들이어서 이런 귀신 쫓는 능력을 가지게 된 것일까?

> 성스러운 임금의 넋이 아들을 낳았으니
> 비형랑의 집이 여기로세
> 날뛰는 온갖 귀신들이여
> 이곳에는 함부로 머물지 말라

이와 같이 복숭아나무와 복숭아의 벽사력 때문에 제사를 받는 조상 귀신도 물리칠까 봐서인지, 음색陰色의 상징이라서인지, 털이 있는 과일이어서인지, 복숭아는 조상의 제사상에 오르지 못하는 과일에 속한다. 또한, 복숭아나무는 아예 집안에 심지도 않았다.

복숭아나무로 나쁜 귀신을 쫓는 풍습 외에 가시가 달린 나무의 가지를 대문이나 방문의 문지방 위에 매달아 두고 귀신을 쫓는 풍습도 있었다. 아마도 가시의 무서움을 벽사에 이용한 것으로서 음(엄)나무 · 탱자나무 · 주엽나무 등이 해당되었을 터이다. 그 가운데 대표적인 것이 음(엄)나무였던 것 같다. 앞에서 본 『용재총화』의 방매귀 풍속에서도 엄나무 가지를 썼다고 했으니까. 그와 관련된 내용을 홍명희의 『임꺽정』에 나오는 무당의 액막이 주사에서 볼 수 있다.

> 주산의 안해(아내)는 동향하고 서더니 "물 우에 김첨지 물 아래 김낭청 동무들과 같이 가소. 걸게 먹고 빨리 가소. 가지 않고 지체하면 엄나무 말뚝 무쇠 두멍에 세상구경 못하리니. 여율령 어서 가소." 하면서 바가지에 담은 묽은 조죽을 내끼얹고, 또 왼발을 구르면서 식칼을 세 번 내던지고, 그리하고 돌아서 들어온다.

복숭아나무(꽃, 열매 포함)는 사람에게는 아름다움의 상징이요, 도교의 이상향(무릉도원)이다. 하지만, 귀신들에게는 좋아하는 것에 범접할 수 없도록 하는 벽사의 힘을 가지고 있다. 이것은 비단 복숭아나무에만 해당되는 것이 아니라, 많은 사물들이 지니고 있는 다면성을 보여 주는 한 사례에 불과하다.

복숭아나무와 엄나무 같은 가시나무로 귀신을 쫓았던 전통문화는, 나무를 신으로 섬겼던 것과 마찬가지로, 사람이 생활 속에서 나무를 활용하고 나무와 교감했던 방식들 가운데 하나이다.

춘희와 점순의 서로 다른 동백꽃

동백나무는 상록활엽교목으로서 우리나라, 일본, 중국에 분포한다. 우리나라에서는 영남과 호남 지역 따뜻한 곳의 바닷가와 섬에서 자란다. 섬에서는 서해 대청도를 동백의 자연분포 북한계로 보고 있다. 내륙에서는 전북 고창 선운사를 자연분포의 북한계로 보고 있고, 그래서 이곳 군락이 천연기념물로 지정되어 있으나, 인공 식재된 것으로 추정되고 있다.

해남 대흥사, 강진 백련사, 구례 화엄사 등 큰 사찰 주변에 대면적의 동백나무 숲이 있는 것을 보면, 사찰에서 등불을 켜는 데에 필요한 동백기름을 얻을 목적으로 집단적으로 심어 기른 것으로 보인다. 선운사 동백숲도 그렇게 조성된 것이 아닌가 싶고, 또 하나는 산불로부터 사찰을 보호하기 위해 띠 모양의 방화수림으로 사찰 뒤편 산록에 심어 가꾼 것으로 보인다.

꽃이 피는 시기는 대체로 지역에 따라 늦가을에서 초봄이지만 개화 시기에 차이가 많다. 그래서 예로부터 늦가을에 피는 것을 추백秋栢, 겨울에 피는 것을 동백冬栢, 이른 봄에 피는 것을 춘백春栢으로 구분하여 부르기도 하였다.

꽃의 가루받이는 바람에 의존하는 것(風媒花)과 곤충에 의존하는 것(蟲媒花)이 대부분인데, 동백꽃은 동박새가 꽃가루받이를 돕는 조매화鳥媒花이다. 동백은 열매도 아름답고 귀하게 쓰였다. 녹색의 호두처럼 생긴 열매가 성숙하여 갈색이 되어 세 갈래로 벌어지면, 그 속에서 잣보다 조금 더 큰 종자가 터져 나온다.

이 열매에서 짜낸 기름을 동백기름이라 하여 머릿기름, 등유, 식용유로 사용하였다. 특히, 쉬나무 열매 기름과 함께 여성들의 머리 맵시를 다듬는 데에 애용되어 왔다. 지금 오십대 이상이라면 어린 시절에 두 홉들이 소주병이나 박카스병에 담겨 있는 동백기름과 거울 앞에 앉아 동백기름을 발라 머리를 정갈하게 빗어 쪽을 짓는 할머니와 어머니의 모습을 본 기억이 있을 것이다.

동백나무는 꽃의 색깔과 꽃잎의 구성 상태에 따라 세계적으로 600여 종류의 원예 품종이 있는데, 이 가운데 상당수는 일본에서 개발한 품종이다. 원예 품종들은 각양각색의 꽃잎을 자랑할 뿐이며, 노란 수술들이 자아내는 아름다움이 없고 생식 기능도 없다. 그래서 우리나라에서 자라고 있는 홑겹의 붉은 꽃잎에 노란 수술을 달고 있는 토종의 동백꽃이 단아하면서도 가장 아름답다고 하겠다. 동백꽃은 꽃잎이 낱장으로 지는 것이 아니라 꽃송이가 한 덩이리로 떨어지기 때문에 동백의 낙화는 '진다'고 하지 않고 '뚝뚝 떨어진다'고 표현한다.

많은 동백꽃 종류 중에서 가장 특이한 것은 일본 지장원地藏院이라는 절에 있는 '오색팔중산춘五色八重散椿'이라는 나무이다. 이름대로 한 나무에서 다섯 가지 색깔의 꽃이 피고, 꽃잎은 여덟 겹이며, 다른 동백처럼 꽃송이째로 한꺼번에 떨어지는 것이 아니라 꽃잎이 한 장씩 지는 여러 가지 특징을 가지고 있는 세계적으로 희귀한 돌연변이종이다. 이 동백은 원래 우리나라 울산의 학성이란 곳에 있던 것이었다.

임진왜란 때 이 동백꽃을 기이하게 여긴 가토 기요마사(加藤淸正)가 도요토미 히데요시에게 가져다 바쳤고, 도요토미는 이것을 다도회를 즐기기 위해 자주 다니던 지장원에 기증하였다고 한다. 지장원은 일명 동백나무절이라는 뜻의 '춘사椿寺'로 불리기도 한다. 타국으로 끌려갔으나, 400년 동안이나 뿌리를 내리고 노거목이 된 이 나무의 후손 세 그루가 1992년 5월 27일에 지장원에서 모국으로 돌아왔다. 1989년 당시 한국예총 울산 지부장과 일행이 일본에서 이 동백을 발견한 뒤에 울산의 민간단체와 일본 약탈 문화재 반환에 힘쓰던 박삼중 스님이 후손인 어린 나무로 되들여온 것이다. 환국한 동백은 울산시청 마당, 천안 독립기념관, 사천 귀무덤에 각각 한 그루씩 심었는데, 자생지였던 울산에서만 건강하게 자라고 있다고 한다.

울산시 농업기술센터에서 울산시청의 나무로부터 가지를 채취하여 삽목으로 번식시킨 100여 그루의 묘목도 건강하게 자라고 있다고 한다. 울산시는 5년 동안 개체수를 늘려 야외에서 적응시킨 다음 울산의 각 지역에 나누어 심을 계획이다. 울산시 중구에서는 광복 70주년을 맞아 2015년 5월 21일에 경기도 의왕시의 한 식물원이 일본에서 직접 수입해 키우고 있던 것 가운데 11그루를 옮겨와 학성공원과 중구청 뜰에 심었다. 앞으로는 3월 하순에 울산에 가면 이 희귀한 동백꽃을 쉽게 감상할 수 있을 것 같다.

동백꽃은 여수 오동도 동백섬의 전설 말고도 다른 전설을 가지고 있다. 오병훈의 『사람보다 아름다운 꽃 이야기』의 내용을 간추리고 각색하였다.

옛날 중국의 어느 작은 나라에 포악하고 욕심 많은 왕이 있었다. 그에게는 대통을 이을 자식이 없어 왕위 계승을 두고 걱정이 많았다. 왕에게는 어질고 현명하여 신하와 백성들의 존경을 받는 동생이 있었다. 그에게는 총명하고 용맹한 두 아들이 있었다. 왕은 동생이 자신의 왕위를 찬탈할 것이라고 의심을 가지게 되었고, 결국 역모죄를 씌워 동생을 잡아 가두고, 두 아들을 처형하였다.

처형된 두 아들은 양자들이었다. 그 사실을 알게 된 왕은 숨겨둔 동생의 두 아들을 찾아내어 처형하였다. 동생은 아들들을 구하기 위해서 진짜 아들이 아니라고 우겼다. 그러자 왕은 "그렇다면 네 손으로 저들을 쳐라." 하면서 칼을 건넸다. 더 이상 빠져나갈 수 없게 되자 동생은 아들들에게 다가가 "이것이 우리의 슬픈 운명이구나. 저 세상에서 다시 만나 행복하게 살자." 하고 말한 뒤에 칼을 높이 쳐들어 내리쳤다. 그 순간 천둥번개가 내리치면서 땅에 엎드려 있던 두 아들은 작은 새가 되어 하늘로 날아갔다. 그리고 왕의 동생은 한 그루 나무가 되었다.

세월이 흘러 그 나무에서는 핏빛 붉은 꽃이 피어났다. 그때 어디선가 작은 새 두 마리가 날아와 나무를 떠나지 않았다. 그 후부터 사람들은 그 나무를 동백이라 했고, 새는 동박새라고 불렀다.

유치환 시인은 〈동백꽃〉에서 "목놓아 울던 청춘이/꽃 되어/천년 푸른 하늘 아래/소리 없이 피었나니/그대 위하여서는/다시도 다시도 아까울 리 없는/아, 나의 청춘의 피꽃……"이라고 노래하였다. 동백꽃 전설과 닮은 시이다. 또 서정주 시인은 〈선운사 동구〉에서 "선운사 골째기로/선운사 동백꽃을 보러 갔더니/동백은 아직 일러 피지 않았고/막걸리집 여자의/육자배기 가락에/작년 것만 상기도 남었습니다/그것도 목이 쉬어 남었습니다"라고 노래하였다.

동백은 예수회 선교사 카멜(Kamell)에 의해 18세기 말에 유럽에 전해졌고, 그래서 동백의 학명은 카멜리아(Camellia)가 되었다. 동양의 꽃이지만 유럽에 소개되어 많은 인기를 모았고, 정열의 붉은색으로 많은 노래와 시와 소설의 소재가 되기도 하였다. 대표적인 것으로 뒤마 피스의 소설 『춘희椿姬』와 이를 변형하여 오페라로 작곡된 베르디의 〈라 트라비아타〉가 있다.

소설에서는 '마르그리뜨'로, 오페라에서는 '비올레타'로 나오는 스무 살짜리 여주인공은 한 달 가운데 25일은 흰 동백꽃을, 5일은 붉은 동백꽃을 들고 사교계에 나오는 창녀이다. 연이어 붉은 동백을 들고 다니는 5일은 그녀가 손님을 받을 수 없는 날들을 의미한다. 그녀와 젊은 귀족청년 아르망과의 진실한 사랑과 이별, 그리고 결핵으로 인한 그녀의 죽음을 그린 내용이다. 마르그리뜨는 여인들의 선망의 대상이 되었고, 당시 파리 여자들은 그녀처럼 결핵으로 죽는 것이 소원이었다고 한다.

서양에서 불기 시작한 동백꽃에 대한 사랑의 열풍은 거꾸로 일본에 상륙하여 낭만적인 사랑의 꽃이 되었다. 일본에서 동백나무를 한자로 춘椿(쓰바키) 자를 쓰기 때문에 이 소설과 오페라의 제목을 『춘희椿姬』라고 번역하였다. 여자들은 '쓰바키'라는 말만 들어도 사랑에 감전되는 전율을 느낄 정도였다고 한다. 그런 분위기는 우리나라에까지 전염되어 『춘희』는 젊은이들의 필독서가 되었다.

고등학생 시절 한글 제목의 『춘희』를 읽고 나서도 제목에 있는 춘희가 무슨 뜻인지, 소설에서 누구를 지칭하는지 알지 못하였던 기억이 난다. 지금의 청소년들뿐만 아니라 어른들도 한글 제목이든 한자 제목이든 제목과 내용을 연결시키기 쉽지 않을 것

동백꽃의 낙화(강진 백련사)

김유정 소설집 『동백꽃』 표지
(춘천 김유정문학촌 전시관)

같다. 그러니 일본에서는 『춘희』라고 하더라도 우리말 제목으로는 『동백꽃 아가씨』라고 해야 좋을 듯하다.

이제 점순의 동백꽃을 보자. 김유정의 단편소설 『동백꽃』의 여주인공 점순이다. 같은 나이 또래이지만 주인공 '나'라는 총각은 숙맥인 데 반해, 점순은 정신적으로 성숙한 아가씨이다. 점순은 닭싸움을 통해 가슴에 있는 사랑을 우회적으로 표현하지만, 총각은 그것을 닭싸움으로만 생각한다. 그래서 매번 점순네 장닭에게 쪼이고 뜯긴 자기 닭에게 고추장까지 먹여 가면서 전의를 불태운다. 그래도 안 되자 점순네 장닭을 패대기쳐 죽이고 만다. 그런 상황에서 점순은 화해의 손길을 내민다. 소설의 마지막 절정 부분이다.

나는 비슬비슬 일어나며 소맷자락으로 눈을 가리고는 얼김에 엉, 하고 울음을 놓았다. 그러나 점순이가 앞으로 다가와서 "그럼 너 이담부텀 안그럴 테냐?" 하고 물을 때에야 비로소 살 길을 찾은 듯싶었다. 나는 눈물을 우선 씻고 뭘 안그러는지 명색도 모르건만, "그래!" 하고 무턱대고 대답하였다. "요담부터 또 그래봐라, 내 자꾸 못살게 굴 테니." "그래 그래 이젠 안그럴 테야!" "닭 죽은 건 염려마라, 내 안 이를 테니."

그리고 뭣에 떠다 밀렸는지 나의 어깨를 짚은 채 그대로 퍽 쓰러진다. 그 바람에 나의 몸뚱이도 겹쳐서 쓰러지며 한창 피어 퍼드러진 노란 동백꽃 속으로 폭 파묻혀 버렸다. 알싸한 그리고 향긋한 그 냄새에 나는 땅이 꺼지는 듯이 온 정신이 고만 아찔하였다. "너 말 마라!" "그래!" 조금 있더니 요 아래서, "점순아! 점순아! 이년이 바느질을 하다 말구 어딜 갔어?" 하고 어딜 갔다 온 듯싶은 그 어머니가 역정이 대단히 났다. 점순이가 겁을 잔뜩 집어먹고 꽃 밑을 살금살금 기어서 산알로 내려간 다음 나는 바위를 끼고 엉금엉금 기어서 산위로 치빼지 않을 수 없었다.

이 소설에서 동백꽃은 이 대목에서 단 한 차례 등장하는데, 소설의 제목이 『동백꽃』이다. 이 대목에 등장하는 점순이 화자인 '나'를 안고 넘어진 '한창 퍼드러진 노란 동백꽃'은 앞에 나온 『춘희』의 동백꽃이 아니다. 꽃 모양이 산수유와 비슷한 생강나무 꽃이다. 강원도 지방에서는 생강나무를 동백나무 또는 산동백으로 부르다. 그래서 강원도 춘천에서 이십여 리 떨어진 산골의 실레 마을 태생인 작가는 이 꽃을 동백꽃으로 쓰고 있는 것이다.

산기슭과 밭두렁에 산수유 꽃이 피는 시기에 맞추어 산등성이에는 생강나무 꽃이 핀다. 그래서 사람들은 "어, 산속에서도 산수유 꽃이 피네!" 하면서 반가움과 의아스러움을 자아내곤 한다. 멀리서 보면 잎이 피지 않은 상태로 색깔까지 노랗게 피어 있으니, 그렇게 착각하는 것은 당연하다.

오래전에 전남 담양의 추월산으로 동문 교수 테니스동호회 가족 봄나들이를 간 적이 있다. 능선의 전망 좋은 너럭바위에 앉아 쉬고 있는데, 그때 은은한 향기가 전해졌다. 어느 사모님께서 근처에 있는 향기의 주인공을 발견하고는 "저게 무슨 꽃이래요?" 했다. 어느 선배 교수께서 산수유 꽃이라고 하자, "어머, 산에도 산수유가 피는구나!" 하는 반응이 나왔다.

그 순간 내가 나서야 되나 말아야 되나 갈등을 느꼈다. 선배의 체면을 생각하면 나서지 말고 그냥 넘어가야 하고, 묻는 분을 비롯해서 그 자리에 있는 모든 이의 알 권리를 생각하면 나서야 되는 상황이었으니까. 잘못 알고 가면 계속 그렇게 알고 있을 터이니 나서기도 하였다. 선배의 마음이 상하지 않는 표현으로 그 꽃이 생강나무 꽃이라는 것을 알린 다음, 김유정의 『동백꽃』 이야기를 덧붙였다. 마지막 대목을 "알싸한 그 향기에 나는 정신이 고만 빼리리하였다."로 각색하였다. 그 일이 있고 난 뒤로 나는 원

생강나무 꽃

생강나무 잎

로 선배와 사모님들로부터 '삐리리 교수'로 불리고 있다.

『동백꽃』을 읽는 독자들 대부분은 작품의 무대에 관심이 없고, 또 작가의 표현대로 깊은 산골에 노란 동백꽃이 피었다는 것에도 별로 신경 쓰지 않는다. 몰라도 상관없다. 그런데, 출판사에서 발행한 작품집의 표지에 점순의 노란 동백꽃이 아니라 춘희의 붉은 동백꽃을 그려 넣은 것은 큰 잘못이 아닐 수 없다.

소설의 내용과 배경도 모른 채 제목만 보고 표지 디자인을 한 것이다. 그것으로 인해 독자들로 하여금 점순의 동백꽃을 춘희의 동백꽃과 같은 꽃으로 인식하도록 하였으니, 분명한 잘못이다. 꽃잎의 색깔을 노랗게 하였으면 애교로라도 봐 주겠지만.

생강나무는 분류학적으로는 녹나무과에 속하고, 꽃이 비슷한 산수유나무는 층층나무과에 속하니 두 나무는 거리가 너무나 멀다. 생강나무는 잎에서 생강 향이 난다고 해서 붙여진 이름이고, 실제로 산촌에서는 생강나무 잎을 김치속이나 생선탕에 넣는 향신료로 쓰고 있다. 꽃은 향기가 진해서 꽃차로 만들어 음용하기도 한다. 이제는 이런저런 경로를 통해서 점순의 노란 동백꽃이 생강나무 꽃이라는 것이 많이 알려져 있다.

사람을 구한 나무와 풀

세상에는 산, 나무, 꽃에 대한 이야기가 참 많다. 대개는 신화 · 설화 · 전설 · 민담 등을 뿌리로 삼아 그 원형을 유지하면서 전승되지만, 그 내용들이 시 · 소설 · 동화 · 우화 등으로 재생산되는 경우도 헤아릴 수 없을 정도로 많다. 그리고 그런 이야기들로부터 나무와 식물(꽃)의 이름이 지어진 것들도 많다.

여기에서는 우리 땅에 자라고 있는 나무와 풀들 가운데서 사람의 생명을 구한 전설을 가지고 있는 것들의 이야기를 살펴보고자 한다. 전설과 민담이란 것이 본디 전하는 사람에 따라 각색되고, 또 전하는 사람은 이야기의 내용에 대해 책임이 없는 것이므로, 여기에서도 그 핵심은 유지하되 관련된 이야기의 내용은 나름대로 각색하였다.

먼저 어린 율곡 이이의 목숨을 구한 '나도밤나무'의 전설이다.

율곡 선생의 아버지 덕수 이씨 원수 공은 느지막이 벼슬에 나가 당시 인천지방 수운판관(선박운항을 관리하는 벼슬)으로 근무하고 있었다. 휴가를 얻어 부인 사임당 신씨가 살고 있는 강원도 강릉으로 돌아오던 중에 대관령쯤 주막에서 하룻밤 머물렀다. 밤에 그 주막의 주모는 청룡이 여의주를 물고 품안으로 들어오는 아주 좋은 태몽을 꾸었다. 주막에 있는 남자라고는 이 공뿐이었기에 주모는 태몽을 헛되이 버리지 않기 위해서 이 공에게 동침을 사정했다. 하지만, 이 공은 주모의 청을 들어 주지 않았다. 그러자 주모는 섭섭해 하면서도 이 공에게 자기의 꿈 이야기를 해 주었다. 꿈 이야기를 들은 이 공은 행장을 꾸려 강릉으로 발길을 재촉하였다.

공교롭게도 같은 시각에 강릉의 언니 집에 머물고 있던 사임당 신씨도 주막의 주모와 같은 꿈을 꾸었다. 주모의 꿈 이야기를 들은 이 공이 자리를 털고 일어나 140리 길을 재촉하여 날이 새기 전에 집에 돌아온 덕택에 부부는 꿈땜을 할 수 있었다.

이 공이 휴가를 마치고 임지로 돌아가는 길에 그 주막에 묵게 되었다. 주모가 이 공을 보더니 "당신은 장차 훌륭한 아들을 얻을 터이나 어려서 호랑이에게 물려 갈 운명입니다." 하고 예언을 했다. 그러자 이 공이 "당신이 예언을 할 줄 아니 변을 피할 방법도 알 게 아니오? 그 방법을 가르쳐 주시오." 하고 부탁했다. 그러자 주모는 마을 뒷산에 밤나무 1천 그루를 심어 두라고 했다. 그래서 집에 연락해서 밤나무 천 그루를 심도록 하였다.

5~6년이 지난 어느 날 한 험상궂은 노승이 율곡의 집 문간에 와

서 마당에서 놀고 있는 현룡(율곡)을 보더니, "장차 큰 인물이 될 아이인데 호랑이에게 잡혀 먹힐 운명이로다." 하고 말했다. 어머니 신씨가 나와서 "어찌하면 호환虎患을 면할 수 있겠습니까?" 하고 묻자, 노승은 "내게 밤나무 1천 그루를 시주하면 아들의 호환을 면하게 해 드리겠소. 허나 1천 그루가 되지 못하면 호환을 면치 못할 것이오."라고 했다. 이미 뒷산에 심어 놓은 밤나무가 있어서, 사임당은 그것을 시주하겠다고 자신 있게 말했다. 식구들은 노승과 함께 뒷산에 올라가서 시주할 밤나무를 헤아리기 시작했다. 헤아려 보니 한 그루가 부족한 구백구십아홉 그루뿐이었다. 두 번째 다시 세었는데도 역시 한 그루가 부족하였다. 삼시세판 한 번만 더 세어 보자고 애원하여 마지막으로 세었는데, 역시 한 그루가 모자랐다.

아이의 호환을 면치 못할 상황이 되었기 때문에 가족들은 모두 어찌할 도리가 없이 안절부절못하였다. 그때 숲속에서 나무 한 그루가 "**나도 밤나무요.**" 하고 외쳤다. 그러자 그 노승은 호랑이로 둔갑하여 멀리 도망쳐 버렸고, 이 밤나무로 인해 현룡은 호환을 면하게 되었다.

"나도 밤나무요!" 하고 외쳐서 밤나무 1천 그루의 아귀를 맞추어 율곡의 생명을 구한 이 나무는 잎사귀의 모양새가 진짜 밤나무와 닮은 점이 많다. 그리고 그 나무는 '나도밤나무'라는 이름을 얻게 되었다. 하지만, 나도밤나무의 꽃과 열매는 밤나무와 전혀 닮은 점이 없고, 분류학적으로도 밤나무(참나무과)와 거리가 먼 나도밤나무과에 속한다.

사임당 신씨는 33세 때 태몽을 꾸었는데, 동해 근처 어느 바다 속에서 선녀가 백옥 같은 옥동자를 안고 나와서 사임당의 품에 안겨주고 갔다고 한다. 또 강릉 친정인 오죽헌에서 율곡을 낳던 날 밤 꿈에 검은 용이 동해로부터 날아와 침실 문 앞에 머물러 있었다고 한다. 그런 연유로 그 방을 '몽룡실'이라 하였고, 아이의 이름을 '현룡見龍'이라 하였다고 전해진다. 뒤에 이름을 '이珥'로 바꾸었다.

꿈 이야기야 어찌되었든 율곡은 1536년 강릉의 오죽헌에서 덕수 이씨 원수 공과 사임당 신씨의 셋째 아들로 태어났다. 오죽헌烏竹軒이란 그 집 뜰에 검은 대나무가 많이 있어서 붙여진 이름이다. 외가인 오죽헌에서 태어난 현룡은 경기도 파주에 있는 본가로 옮겨 성장하였다. 율곡栗谷이라는 호는 경기도 파주의 율곡촌栗谷村이라는 동네 이름을 딴 것이니까, 위의 전설에서 밤나무 천 그루를 심은 곳은 본가가 있는 경기도 파주였던 모양이다.

밤나무로 하여 생명을 구한 율곡은 3세 때 글을 깨우쳤고, 13세에 진사 초시에 장원급제한 후 아홉 차례의 과거에 모두 장원하여 구도장원공九度壯元公이라 불릴 만큼 보기 드문 천재로 성장하였다. 29세에 호조좌랑으로 첫 벼슬길에 나선 이래 병조판서에 이르기까지 여러 관직을 두루 거치면서 당파로 소용돌이

친 선조 임금 시기에 개혁적 사상가요 정치가로 살다가 49세에 세상을 떠났다.

사람을 살린 나무의 두 번째 사례는 바로 이런 남성 신격에게 바치는 처녀들을 구한 나무 이야기이다.

옛날에 울릉도의 한 마을에서는 해마다 처녀를 제물로 해서 산신령에게 제사를 지냈다. 십오륙 세 즈음의 딸을 둔 부모들은 해마다 가슴을 조였고, 마을에는 걱정이 쌓여만 갔다. 어느 해 견디다 못한 마을 사람들은 회의를 해서 처녀가 아닌 다른 제물을 바치기로 결정하였다. 그해의 제사를 지내면서 마을 대표가 산신령에게 "다음부터는 처녀 대신 다른 제물로 바꾸어 바치고자 합니다. 좋아하시는 제물이 있는지요?" 하고 간청하였다. 그러자 산신령은 "내가 밤을 좋아하니 돌아오는 제삿날까지 밤나무 1백 그루를 심어 내게 바치도록 하라. 그렇지 않으면 큰 재앙을 내릴 것이니라."라고 했다.

마을 사람들은 힘을 합해서 마을 산에 밤나무 1백 그루를 심었다. 다음 해 제사를 준비하고 밤나무 1백 그루를 제물로 바친다고 고했다. 산신령이 나타나서 마을 사람들과 함께 밤나무를 헤아렸다. 세어 보니 한 그루가 모자라는 아흔아홉 그루뿐이었다. 마을 사람들이 애원하여 다시 세어 보니 역시 아흔아홉 그루뿐이었다. 그러자 옆에 서 있던 어린 나무가 "나도 밤나무요."라고 외쳤다.

산신령이 "너도 밤나무냐?" 하고 물었더니, 그 나무는 "예, 틀림없이 나도 밤나무입니다."라고 분명하게 대답했다.

이 나무의 지혜로 마을 사람들은 위기에서 벗어났고, 더 이상 제물로 딸들을 바치지 않게 되었다. 그리고 그때부터 이 나무의 이름은 '너도밤나무'가 되었다. 너도밤나무는 우리나라에서는 울릉도에만 자라고 육지에는 자라지 않는 특산수종이다. 밤나무와 함께 참나무과에 속하고, 일본산 너도밤나무(Fagus japonicus)의 변종으로 분류된다. 잎은 밤나무와 닮은 점이 많으며, 긴 자루에 어설프긴 하지만 작은 밤송이가 달리고, 열매는 세모진 모양이다.

다음은 부모님의 목숨을 구한 전설을 가지고 있는 식물들의 이야기이다. 옛날 효자 효녀들은 부모님의 병을 낫게 하기 위해서 허벅지의 살을 떼어 봉양하기도 하고, 무명손가락을 물어뜯어 선혈을 봉양하기도 하였다. 지금도 가끔 부모님의 난치병을 고치기 위해서 간 · 콩팥 · 골수를 이식해 주는 효자들의 이야기가 세상에 알려지고 있다. 부모로부터 받은 신체발부身體髮膚를 훼상하지 않는 것이 효의 시작이라고 하였는데, 이런 경우들은 효의 극치가 아닐까 싶다.

다음 이야기들은 자신의 몸을 떼어 부모를 살린 것은 아니지만, 제헌이 아닌 음식을 지성으로 구해서 봉양함으로써 부모님의 생명을 구한 경우들이다.

먼저 '맹종죽' 이야기이다. 맹종죽은 중국 원산으로 대나무 가운데서 가장 크게 자라는 왕대를 부르는 이름이다. 이 대나무의 죽순은 식용과 약용으로 많이 쓰인다. 우리나라에도 도입되어 일부 지역에서 재배하고 있다. 이 대나무를 맹종죽이라고 부르는 데에는 다음과 같은 전설이 있다.

옛날 중국의 어느 고을에 홀어머니를 모시고 사는 맹종이라는 총각이 있었다. 그런데 어머니가 병이 들어 약도 듣지 않고 음식도 먹지 못하였다. 춥고 눈이 많이 쌓인 겨울에 어머니는 죽순이 먹고 싶다고, 죽순을 먹으면 병이 나을 것 같다고 했다. 엄동설한에 대밭에 죽순이 날 것이 만무한 줄 알면서도, 맹종은 마을 주변에서부터 멀리까지 대나무가 있는 곳이라면 어디든 아랑곳하지 않고, 날마다 죽순을 찾아 헤매었다.

그러던 어느 날 눈이 소복이 쌓여 있는 한 대나무 밭에서 김이 모락모락 올라오는 것이 보였다. 다가가 보니 쌓인 눈이 녹아 있고, 그곳에 거짓말처럼 여러 개의 죽순이 나 있었다. 그 죽순을 따다가 어머니를 봉양하여 어머니의 병환을 낫게 해 드렸다. 그 후 사람들은 그 효자의 이름을 따서 그 대나무를 맹종죽이라고 이름 지었다.

다음은 이와 비슷한 우리나라 이야기이다. 노루발과에 속하는

노루발풀

'노루발풀'에 얽힌 이야기이다. 노루발풀은 동백나무 잎처럼 빤질빤질하게 윤기가 나는 상록성의 여러해살이풀로서 녹제초鹿蹄草라고도 불린다. 숲속 그늘에서 자라는데, 다른 식물이 잘 자라지 못하는 솔숲에서도 자주 볼 수 있다. 6~7월에 한 포기에서 한 개씩 약간 자주색을 띤 꽃대가 올라와 여러 송이의 황백색 꽃이 핀다.

옛날 어느 고을에 홀어머니와 딸이 살았다. 어머니가 병으로 앓아눕게 되었는데, 여러 약을 써도 효험이 없었고 야위어만 갔다. 그러던 중 한겨울에 어머니는 산나물이 먹고 싶다고 했다. 소녀는 날마다 산으로 나가 무릎까지 쌓인 눈을 헤치면서 산나물을 찾아 헤매었다.

어느 날 소녀는 지친 몸을 끌고 집을 나섰는데, 산 어귀에 이르자 노루 한 마리가 소녀를 향해 꼬리를 흔들었다. 소녀가 다가가자 노루는 숲을 향해 한 걸음씩 들어갔다. 소녀는 노루의 발자국을 따라 숲속으로 들어갔다. 한참을 들어가더니 노루가 걸음을 멈추었다. 주변을 바라보니 눈이 녹아 있고, 그곳에 싱싱한 나물들이 돋아 있었다.

소녀는 바구니에 가득 산나물을 뜯어서 노루발자국을 따라 집으로 돌아와 어머니를 봉양하여 어머니의 병환을 낫게 해 드렸다. 이듬해 봄 노루가 밟고 지나갔던 발자국마다 파란 풀이 돋아났고, 눈 속에서도 자랐다. 그 후 사람들은 이 풀을 노루발 또는 노루발풀이라고 불렀다.

어떤 이는 눈 속에서도 푸르게 살아남아 겨울을 나는 노루를 먹여 살린다고 해서 노루발풀인지, 뒤로 살짝 젖혀진 계란형의 잎이 노루발처럼 생겼다고 해서 붙여진 이름인지 모르겠다고 한다. 노루발풀의 꽃말이 '소녀의 기도'라고 하니, 어머니의 생명을 살린 효녀의 간절한 바람이 담겨 있는 풀임은 분명한 것 같다.

이번에는 남편을 살린 아내들의 사연이 담긴 '닭의장풀(달개비)' 이야기이다. 닭의장풀은 약간 습한 곳에 자라는 1년생 풀로서 줄기에 굵은 마디가 있다. 김지수의 『들꽃 이야기』(1998)에는 달개비에 대해서 다음과 같은 이야기를 전하고 있다.

어떤 마을의 두 남정네가 서로 힘자랑을 하기로 했다. 처음에는 멀리 바위 들어 던지기를 했는데 한 치도 차이가 없어 승부가 나지 않았다. 그 다음에는 누가 더 높은 바위 위에서 뛰어내릴 수 있는가를 겨뤘는데, 이번에도 둘이 똑같이 비겼다. 두 사람은 이번에는 바위를 안고 물속으로 깊이 가라앉기를 겨루기로 했다. 날이 새면 시합이 벌어지고 자칫하면 둘 중의 하나가, 혹은 둘 다 죽을 수도 있는 일이었다.

그래서 두 사람의 부인들은 닭이 울어 날이 새지 않도록 닭장 옆을 지키고 앉아 닭이 울지 못하도록 껴안고 모가지를 비틀었다. 그럼에도 불구하고 닭들이 홰를 치고 날이 밝자 부인들은 애가 타서 그만 그 자리에서 죽고 말았다. 거기에서 달개비꽃들이 피어났다.

닭의장풀에는 이와 다른 이야기도 있다.

마을의 남정네들이 성을 쌓는 노역에 나가게 되었다. 내일 동이 트면 출발하여 모이는 장소로 가야 했다. 마을 아낙들이 지혜를 짜냈다. 그리고 아낙들은 모두 자기 집 닭장을 지키고 앉아 새벽에 닭이 울지 못하도록 목을 비틀어 죽였다. 모이는 시각에 지체되어 동네 남정네들은 노역에 나가지 않게 되었고, 닭들이 죽은 동네의 닭장 밑에는 일제히 지금까지 보지 못했던 꽃이 피어났다. 사람들은 죽은 닭들의 넋이 꽃으로 변한 것이라 하여 닭의장풀이라고 이름 지었다

'하룻밤 인연으로 만리장성을 쌓는다' 또는 '하룻밤에 만리장성을 쌓는다'는 속담이 있다. 이 속담은 보통 잠시 만난 사람이라도 정의(인연)를 깊이 맺어 둔다는 의미로 사용되고 있다. 하지만,

그 연유를 보면, 이 속담의 비유가 전혀 다르다는 것을 알 수 있다. 중국에서 만리장성을 쌓을 때 막 결혼한 신랑이 징발되어 갔는데, 돌아올 기약이 없었다. 신랑을 그리워하던 색시는 수소문 끝에 남편 있는 곳으로 찾아가 면회를 청했다. 감독관은 자기하고 하룻밤만 지내 주면 남편을 보내 주고 자기가 그의 노역을 대신하겠노라고 했다. 조건이 너무 좋았기 때문에 색시는 이를 허락하였고, 남편을 데리고 왔다. 약속을 지킨 감독관은 평생 만리장성 쌓는 노역을 감당해야 했으리라.

그러니 '하룻밤에 만리장성을 쌓는다'는 속담은 남녀 간의 짧은 인연의 대가로 무한히 큰 고통을 감내해야 하는 경우를 비유하는 것이다. 남녀 사이에 있어서 경계의 메시지이다.

중국이나 우리나라에서 군역은 일반적으로 복무 기간이 정해져 있었지만, 성 쌓는 노역은 기약 없는 일이었다. 닭의장풀 전설에서 아낙네들은 이것을 알았기 때문에 남정네들을 성 쌓는 노역에 보내지 않으려 했던 것이다.

닭의장풀의 꽃은 닭의 목이 비틀어져 생긴 검붉은 멍 자국의 색깔에 닭 벼슬 모양을 하고 있다. 꽃의 모습대로라면, 달개비꽃은 아내들의 넋이 아니라 죽은 닭들의 넋이 환생한 꽃이라고 해야 더 설득력이 있을 듯하다.

꽃으로 환생한 억울한 영혼들

어느 나라를 막론하고 꽃과 나무들에는 대부분 사연이 담겨 있다. 신화이든, 설화이든, 전설이든 수많은 이야기가 담겨 있다. 꽃과 나무로 사람들이 이야기를 지어낸 것이다. 그리고 그 이야기들은 다시 시가 되고, 노래가 되고, 소설이 되고, 연극이 되고, 동화가 되어 사람들의 가슴을 울린다. 이것은 인간과 식물 사이의 뗄 수 없는 정서적 교감을 표현하는 방법들 중의 하나이다.

그리스 신화에서 가장 유명한 꽃 이야기는 나르키소스가 죽어서 환생한 수선화이다. 자신의 아름다움에 도취되어 누구의 사랑도 받아들이지 않았던 나르키소스 때문에 그를 사랑했던 요정 에코도 죽고 말았다. 에코의 죽음을 불쌍히 여긴 헤라는 그녀의 목소리만을 남게 하여 남의 말을 되받아 메아리로 울려 주도록 하였다. 다음은 '아네모네'에 얽힌 그리스 신화 속 이야기이다.

퀴프로스 섬의 임금이었던 키뉘라스와 왕비 켄크레이스 사이에 스뮈르나라는 아주 예쁜 딸이 있었다. 왕 부부는 딸을 볼 때마다 "아프로디테 여신이 곱다 한들 우리 스뮈르나만큼 고울랴고?" 하였다. 그 말을 엿들은 아프로디테의 저주를 받아 스뮈르나는 에로스의 황금화살을 맞고, 처음 보는 남성을 사랑하게 되었다. 그 남자는 바로 아버지였으나, 어쩔 수 없는 일이었다. 상사병이 깊어진 스뮈르나는 아프로디테 축제날 밤 유모를 시켜 왕을 취하게 한 다음 동침하여 아기를 갖게 되었다.

뒤늦게 이 사실을 알게 된 왕이 딸을 죽이려 하자, 이 광경을 지켜본 아프로디테는 이 아가씨를 몰약나무(스뮈르나)로 변신시켜 주었다. 스뮈르나가 변신한 몰약나무는 둥치 안에 아기를 품은 채였다. 아프로디테는 나무껍질을 찢고 달이 덜 찬 아기를 꺼내 상자에 넣어 저승의 왕비 페르세포네에게 보냈다. 아무 날 아무 시까지 절대로 상자를 열어서는 안 된다는 금기와 함께. 페르세포네는 금기를 깨고 상자를 열어 보니 덜 자란 사내아이가 들어 있었다.

이 나무상자에서 나온 아이 아도니스는 미남 청년으로 성장하여 아프로디테의 애인이 되었다. 전쟁의 신 아레스는 틈만 나면 아프로디테와 잠자리를 같이 했는데, 아도니스에게 애인의 마음을 빼앗겼으니 두고 볼 수가 없었다. 아레스는 멧돼지로 둔갑하여 사냥 나온 아도니스의 옆구리를 엄니로 찍어 죽게 하였다. 아프로디테는 죽은 아도니스를 불쌍히 여겨 아도니스의 피에 신들이 마시는 술 넥타르를 뿌려 꽃으로 피어나게 하였다. 이 꽃이 바로 바람꽃 아네모네이다.

프리지아의 아름다운 아가씨 이아는 아티스라는 양치기와 사랑하는 사이였다. 그러나 두 사람의 사랑을 시샘한 아프로디테는 에로스에게 둘을 갈라놓으라고 했다. 에로스는 어머니를 위로하기 위해 아티스와 이아의 가슴에 각각 납화살과 황금화살을 쏘았다. 황금화살을 맞은 이아는 아티스에 대한 사랑이 더욱 불길처럼 솟아올랐고 늘 그를 찾아 헤매면서 사랑을 호소했다. 하지만 납화살을 맞은 아티스는 이아에게 냉담해진다. 그 슬픔을 견디지 못하고 이아가 죽자 아프로디테는 그 불쌍한 여자를 오랑캐꽃으로 변하게 하였다. 아프로디테의 행위는 병 주고 약 준 격이다.

그리스 신화의 대표적인 갈등 메이커는 제우스와 아프로디테이다. 절대적 힘을 가진 제우스는 온갖 방법으로 헤라의 눈을 피해서 거인신(Titan) 중의 하나로 고모뻘인 무네모쉬네로부터 여신, 요정, 인간 여성에 이르기까지 이성편력을 벌이고, 상대 여성은 헤라의 저주를 받는다. '미세스 올림포스'인 아프로디테는 최고의 아름다운 육체를 가지고 남신에서 인간 총각들까지 두루 섭렵하였고, 질투와 시기를 일삼기도 하였다.

그리스 신화에서 꽃이 아니라 나무로 화한 경우도 있다. 판과 보레아스가 동시에 피튀스를 사랑했다. 보레아스는 북풍의 신이다. 피튀스가 자기보다 판 신을 더 사랑한다는 사실을 안 보레아스는 질투에 사로잡혀 피튀스를 절벽 아래로 밀어 버린다. 판 신은 죽어 가는 피튀스를 찾아내어 검은 소나무가 되게 하였다.

또, 트라키아의 공주인 필리스는 트로이 전쟁에 출정한 애인을 기다린다. 그가 탄 배가 난파되는 바람에 귀환이 늦어지자 필리스는 슬픔을 이기지 못하고 죽어 버린다. 그녀를 가엽게 여긴 헤라는 그녀를 편도나무로 변하게 한다.

이렇게 신화 속에서 꽃과 나무들은 흔히 요정이나 인간들이 죽어서 변신한 것으로 나온다. 사람을 사랑하다 죽어서 꽃이나 나무가 된 사례들도 있지만, 신의 시샘이나 신들과의 삼각관계 때문에 죽은 경우가 많다. 못다 이룬 사랑 또는 잘못 맺어진 사랑 때문에. 신화에서 신들은 서로 다른 신이 한 일을 되돌릴 수 없기 때문에 억울하거나 불쌍하게 죽은 자들을 구제하는 방법은 고작 꽃이나 나무로 변신시켜 주는 것뿐이었다.

나팔꽃 이야기는 유럽에서 생겨났다. 신혼부부가 있었는데 색시가 매우 예뻤다. 영주의 눈에 띄어 색시를 빼앗아 성으로 데려가 버렸다. 남편은 매일 성으로 달려가 높은 성벽을 올려다보며 색시를 그리워했다. 그러다 성벽 아래에서 죽고 말았다. 그 자리에서 성벽을 타고 오르면서 꽃을 피우는 나팔꽃이 자라게 되었다. 부부의 짧은 신혼생활을 말해 주듯 나팔꽃은 동틀 녘에 피었다가 햇살이 피어나면 봉오리를 접고 만다.

색시가 너무 예쁘면 불행인 것은 동서의 구별이 없는 모양이다. 중국에도 비슷한 사연을 담은 꽃이 있다. 무궁화이다.

옛날, 어느 마을에 장님과 미모가 뛰어난 젊은 아내가 살고 있었다. 살림살이는 넉넉하지 않았지만 부부의 사랑은 깊었고, 아이와 함께 행복하게 살고 있었다. 어느 날 아내가 밭에서 일을 하고 있는데, 지나가던 고을 성주가 그녀를 보고 반해 버렸다. 풍경이 있으면 맑은 소리 울려나고, 궁노루가 있으면 사향 냄새가 풍기는 법이라, 남루한 옷차림으로도 미모를 감출 수 없었던 모양이다. 성주로부터 여러 차례 청이 들어왔지만 장님의 아내는 응하지 않았다. 화가 치민 성주는 그녀를 잡아들여 강제로 욕심을 채우고자 하였지만 그녀는 끄떡도 하지 않았다. 결국 성주는 그녀의 목을 치게 했다. 그녀는 죽으면서 집 앞에 묻어 달라는 유언을 남겼다. 그 뒤 그녀가 묻힌 자리에서 한 그루 나무가 자라더니 뜨거운 여름날 예쁜 꽃이 피어났다. 꽃은 정개를 지킨 여인의 마음인 양 흰색 꽃잎에 붉은 무늬를 띠고 있다.

이러한 이야기는 우리나라의 나무와 꽃들에 얽힌 이야기들에서도 많이 볼 수 있다. 먼저 동백꽃의 사연을 보자. 우리나라에서 동백 숲의 대표적인 곳으로 손꼽히는 여수 오동도의 동백 숲에 내려오는 전설이다.

옛날 오동도에 신혼부부가 살았는데, 신랑이 고기를 잡으러 바다에 나간 틈에 도둑이 들었다. 도둑이 아리따운 신부를 겁탈하려 하자, 신부는 도망치다 바다에 빠져 죽었다. 그 신부를 묻은 자리에서 나무가 자라서 그녀를 닮은 아름다운 꽃을 피웠다.

목련꽃은 거의 예외 없이 봉오리가 북쪽을 향해 굽었다가 활짝 핀다. 목련의 이야기는 꽃봉오리가 북쪽으로 굽은 것과 관련이 있다.

옥황상제의 한 공주가 있었다. 공주는 상제를 방문한 멋진 북해의 신을 보자마자 사랑에 빠졌다. 하지만 북해의 신은 전혀 관심을 보이지 않았다. 공주가 북해의 신을 깊이 사모한다는 것을 눈치 챈 옥황상제는 공주의 혼인을 서둘렀지만, 그럴수록 공주의 북해 신에 대한 그리움은 깊어만 갔다. 혼인을 피할 수 없게 되자 공주는 궁전을 빠져나와 북해의 신이 살고 있는 곳으로 찾아갔다. 도착해 보니 북해의 신은 이미 혼인한 상태였다. 공주는 북해의 신에게 왕비가 있다는 것을 알고는 절망에 빠져 얼음바다에 몸을 던지고 말았다. 뒤늦게 공주의 죽음을 알게 된 북해 신은 공주의 시신을 거두어 장사를 지냈다. 그리고는 공주가 죽은 이유가 왕비 때문이라고 생각한 북해 신은 왕비에게 독약을 먹여 죽게 하여 장사 지냈다.

공주와 왕비의 관은 바다에 떠다니다가 어느 따뜻한 남쪽 나라의 마을에 닿았다. 마을사람들은 두 개의 관을 거두어 양지바른 곳에 묻어 주었다. 이듬해 봄 두 무덤가에서 각각 한 그루의 나무가 돋아나 꽃을 피웠다. 공주의 무덤가 나무에서는 하얀색의 꽃이 피었고, 왕비의 무덤가 나무에서는 진한 보라색 꽃이 피었다. 공주의 북해 신을 사모하는 마음이 하얀 꽃으로 피고, 왕비의 피맺힌 원한이 짙은 보라색 꽃으로 피어난 것이다. 그런데 두 나무의 꽃봉오리는 모두 북쪽을 향하고 있었다. 사람들은 공주는 북쪽에 있는 신을 사모하는 마음에, 왕비는 북쪽에 있는 고향과 가족을 그리워하는 마음에 그런 것이라고 믿었다.

실은 목련꽃 봉오리가 북쪽으로 굽어 있는 것은 과학적 근거가 있는 생리적 현상이다. 목련꽃 봉오리는 두껍고 길쭉하게 커

북쪽으로 굽은 백목련 씨앗꼬투리

꽃봉오리가 굽은 자목련

지면서 햇빛을 받는 남쪽 부분이 먼저 부풀게 되고 햇빛이 적은 북쪽 부분은 늦게 부풀게 되기 때문에 봉오리의 중간 부분이 굽고 끝이 북쪽을 가리키게 되는 것이다. 전설과 관련이 없어서인지, 꽃봉오리가 상대적으로 작아서인지, 별이 많은 6월과 8월에 꽃이 피어서인지, 우리나라의 목련과 함박꽃 그리고 일본목련과 상록의 태산목은 꽃봉오리가 북쪽으로 구부러지지 않는다.

해오라비난초는 사랑을 이루지 못한 청춘 남녀의 슬픈 사연을 담고 있다. 그 사연을 오병훈의 『사람보다 아름다운 꽃 이야기』에서 간추려 본다. 경상도에서는 해오라비난초를 황새난초라고 한단다.

옛날 경상도 거창 어느 마을에 아름다운 처녀가 살았다. 그녀에게는 강 건너 이웃마을에 사랑하는 총각이 있었다. 둘은 너무나 서로를 사랑하여 하루라도 만나지 않으면 서로 보고 싶어 못 견딜 정도였다. 둘은 어떤 일이 있더라도 서로 마음 변치 말자고 맹세했다. 강가의 언덕에 앉아 수면을 날고 있는 황새를 바라보고 있던 총각이 말했다. “우리 죽을 때까지 함께 지냅시다. 그리고 죽더라도 황새가 되어 훨훨 자유롭게 날며 사랑합시다.” 처녀는 얼굴을 붉히며 고개를 끄덕였다. 그러나 처녀 아버지의 반대로 두 사람은 더 이상 만날 수 없게 되었다.

처녀는 슬픔 때문에 점점 야위어 갔고, 총각은 강가에 나와 처녀가 있는 이웃마을의 하늘만 바라보고 있었다. 처녀도 흐르는 강물을 바라보며 슬픔을 억누르고 있었다. 그러던 어느 날이었다. 총각은 처녀가 사는 마을을 향해 달려갔다. 강가에 다다랐으나 며칠 동안 내린 비로 외나무다리마저 끊어져 있었다. 흐르는 물길을 바라보며 발을 구르고 있는데 건너편 강가에서 처녀가 손을 흔들고 있는 것이 아닌가.

해가 기울자 초조해진 총각은 바지를 걷어 올리고 강물로 들어섰다. (중략) 그때 발을 헛디뎠는지 총각의 몸이 물살에 휩쓸려 떠밀려 갔다. 언덕배기에서 총각을 바라보던 처녀도 강물 위로 몸을 날렸다. (중략) 두 사람은 그렇게 꽃잎처럼 강물 속으로 사라졌다. 어느 해 여름 날, 그곳에서 얼마 떨어지지 않은 강가에 낯선 풀꽃이 피어났다. 가느다란 꽃줄기에 피어난 하얀 꽃은 강물 위를 나는 황새처럼 순결하고 자유로워 보였다. 사람들은 그 풀꽃을 처녀와 총각이 그토록 동경했던 황새를 닮았다고 하여 황새냉이라고 불렀다.

할미꽃은 애지중지 키워서 시집보낸 손녀들로부터 천대받고 배신당한 할머니의 억울한 영혼이 되살아난 것이고, 뻐꾹채(풀국채)는 계모에게 천대와 박해를 당한 소녀의 억울한 영혼이다. 꽃며느리밥풀은 가난한 집안의 며느리가 시어머니로부터 구박을 받다가 밥주걱으로 맞아 죽어서 환생한 꽃이다. 도꼬마리는 어머니와 떨어지기 싫은 어린 아들의 주검이 환생한 것이고, 몽골에 공녀로 간 언니 찔레가 그리운 동생 달래를 찾아 헤매다 기진하여 죽은 후 찔레꽃으로 피어났다. 양반집 자제와 혼약이 된 아가씨가 달구경을 하던 중에 우연히 만난 멋진 청년을 짝사랑해 잊지 못하고, 달이 뜨기만 하면 밖으로 나가 청년을 기다리다 깊은 산골짜기로 쫓겨나서 결국 주검이 되어 달맞이꽃으로 환생하였다.

남편의 명복을 빌기 위해 절에 온 젊은 미망인을 사랑하다 그리움에 지쳐 주검이 된 젊은 비구승의 넋은 법당 뜰에서 상사화(중꽃)로 피어났다. 상사화는 서로 원수지간인 집안의 처녀와 총각이 사랑하게 되었으나 혼인할 수 없어서 둘이 도망치기로 약속하였는데, 총각을 사모한 하녀의 장난으로 만나지 못한 넋이 꽃으로 피어나 지금까지도 서로 상봉하지 못한다는 이야기도 있다. 눈 속에 길이 막혀 돌아오지 못하는 노스님을 기다리다 싸늘하게 식어 간 동자는 동자꽃으로 환생하였다.

연약하고 아리따운 아가씨가 마음에 차지 않는 총각에게 시집가서 다섯 쌍둥이를 낳았는데, 남편을 버리고 도망치던 엄마를 따라가던 쌍둥이들이 세상을 등지게 되었고, 그들 넋이 다섯 장의 꽃잎을 가진 패랭이꽃으로 환생하였다. 송희 아가씨를 사랑했던 무사와 선비는 사랑을 이루지 못한 채 주검이 되어 한곳에 묻혀 두 사람의 넋이 합쳐져서 칼날 같은 잎과 붓촉 같은 꽃대를 지닌 붓꽃으로 피어났다.

공주와 혼인하기 위해 화룡과 싸워 이긴 뒤에 상처투성이가 되어 죽은 용사의 핏방울과 공주의 눈물방울이 섞여서 조롱조롱

은방울꽃이 되었다. 한 청년을 함께 사랑한 자매가 청년의 전사 소식에 서로 껴안고 못에 몸을 던져 두 그루의 등나무로 환생하였다.

이렇게 꽃들은 다 슬프고 억울하다. 배신당해서 억울하고, 질투를 받아 사랑을 이루지 못한 채 죽어서 억울하고, 힘으로 사랑을 빼앗겨서 억울하다. 사랑을 이루지 못해서 슬프고, 가난해서 슬프고, 한없는 그리움과 기다림 때문에 슬프다. 세상에 있는 모든 슬프고 억울한 꽃들의 이야기를 어찌 다 할 수 있겠는가? 나라마다 고을마다 이야기를 가지고 있고, 글재주 있는 사람들이 계속 지어내기도 하니, 꽃 이야기는 이루 다 헤아릴 수 없다.

이런 이야기들은 허무맹랑하여 믿을 것이 못되지만, 사람들의 감성을 자극하고 상상력을 키우고, 여러 형태의 문화로 재생산되는 소중한 기능을 하는 것은 확실하다. 그리고 이런 이야기들을 아는 것이야말로 숲을 겉으로만 보지 않고 숲의 속살을 더듬어 느끼는 한 가지 방법이다.

진실의 뽕나무

이탈리아의 로마에 가면, 고대 로마시대 대전차경기장 옆길 모퉁이에 있는 그리스정교회 성당 산타 마리아 인 코스메딘(Santa Maria in Cosmedin)의 회랑 벽에 걸려 있는 '진실의 입'이라는 커다란 원형 조형물을 볼 수 있다. 로마를 여행하는 사람들이 반드시 방문하여 손을 넣어 보고 추억을 만드는 장소이다. 이 조형물은 고대 로마시대에 가축시장의 하수구 뚜껑이었다고도 하고, 팍스로마나에서 테베레강으로 흘러 들어가는 하수도의 배수구 뚜껑이었다고도 한다.

이것은 중세 때부터 정치적으로 악용되었다. 사람을 심문할 때 심문받는 사람의 손을 이 조형물의 입안에 넣고 진실을 말하지 않으면 손이 잘릴 것이라는 서약을 받은 것에서부터 '진실의 입'이라는 이름을 얻게 되었다고 한다. 실제로는 벌을 주겠다고 이미 결정되어 있고, 무조건 뒤에서 팔을 자르도록 각본이 짜여 있었기 때문에, 죄가 있든 없든 피고인이 진실을 말하든 거짓을 말하든 상관없이 대부분 팔을 잘렸다고 한다.

이 진실의 입은 아마도 1953년 윌리엄 와일러가 감독하고 오드리 헵번과 그레고리 펙이 주연한 영화 〈로마의 휴일(Roman Holiday)〉 덕분에 유명해진 것이 아닌가 싶다. 영화에서 유럽 여러 나라를 순방하던 앤 공주는 왕실의 규범과 빡빡하게 짜인 순방 일정에 싫증을 낸 나머지 로마 방문 중 밤중에 세탁물 운반 트럭을 타고 몰래 궁궐을 빠져나간다. 하지만, 수면제와 진정제를 맞은 탓에 거리에서 잠이 들고 마는데, 신문기자인 죠의 눈에 띄어 그의 집에서 하룻밤을 자고 난 뒤 다시 로마 거리로 나간다. 우연을 가장한 죠와 다시 만나 두 사람은 로마 거리를 돌아다니면서 평범한 데이트를 즐기며 여러 해프닝을 일으킨다. 그 가운데 하나가 산타 마리아 성당에 가서 죠가 진실의 입에 손을 넣었다 빼면서 소맷자락에 손을 감추고 손이 잘린 모습을 보여 주면서 앤 공주를 놀리는 장면이다.

로마에 진실의 입이 있다면 중국에는 '진실의 뽕나무'가 있다. 명나라 태조 고황제高皇帝인 주원장과 황후 마씨馬氏 그리고 개국공신인 상우춘常偶春 세 사람 사이에 있었던 일이라 한다.

어느 날 저녁에 이들 세 사람이 한자리에 모여 앉아 이런저런 이야기를 나누었다. 그러던 중에 황제가 "지금 우리들에게 다른 욕망이 더 있을까마는 그래도 마음에 무슨 욕망이 있는지, 서로

로마의 진실의 입

마음속에 있는 대로 양심을 속이지 말고 한 가지씩 이야기해 보자. 만약 말하는 것에 거짓이 없이 진실이라면 저 뽕나무가 흔들흔들할 것이니, 속임 없이 한 가지씩 이야기해 보세." 하면서 대궐 뜰 가운데 우뚝 서 있는 뽕나무를 가리켰다. 두 사람도 황제의 제안에 동의하였다.

대궐 뜰 안에 뽕나무가 있었던 것은 고대 중국으로부터 경제적으로 또 정치적으로 뽕나무는 중요한 위치를 가지고 있었기 때문이다. 경제적 측면에서 뽕나무는 누에를 쳐서 비단을 짜는 원재료이기 때문에 재산의 기준이 되었다. 정치적인 측면에서의 중요성은 은殷나라의 탕왕이 뽕나무밭을 만들어 놓고 백성들로 하여금 뽕나무밭에서 노래하고 춤추면서 나라의 부강을 기원하도록 하였다(桑林舞樂)는 고사에서 볼 수 있다.

황제가 먼저 말하기를 "나는 만백성의 으뜸이요, 천하를 손에 쥐고 있어 사람으로서 이만한 광영이 없으니, 더 이상 무엇에 욕심이 있겠는가? 하지만, 나를 만나러 오는 사람이 무엇을 가지고 오면 그것에 마음이 기뻐지니 사람의 욕심이란 한정이 없는가 보네."라고 하였다. 말이 끝난 뒤에 세 사람이 뜰에 서 있는 뽕나무를 바라보니 가지가 흔들거렸다. 보통사람들은 누군가를 방문할 때 빈손으로 가기가 민망스럽고, 손님을 맞이하는 사람도 은연중에 방문자의 손을 바라보는 것이 인지상정이다. 세상의 것이 나 자기 것인 황제도 범인의 마음을 떨쳐 버리지 못한 일면을 보여 주고 있다.

다음은 마 황후가 "내가 황후의 자리에 오른 것은 여자로서 더 오를 데 없는 가장 높은 자리로서 무엇이 부족하여 다른 욕심이 더 있겠소? 허나, 아침 조회할 때 만조백관이 둘러선 가운데 몸이 건장하고 얼굴도 잘 생기고 풍채가 좋은 남자를 보면, 나도 모르게 마음이 끌려 이런 남자를 한 번 가까이 해 보았으면 하는 생각이 일어나곤 합니다. 사람의 욕심은 정말 끝이 없는 모양입니다."라고 하였다. 역시 뽕나무가 흔들거렸다.

후궁을 아무리 많이 두어도 흠이 되지 않는 황제의 염장을 지르려 한 것인지도 모르지만, 뽕나무가 흔들거린 것을 보면 황후의 본 마음을 남편, 그것도 생사여탈권을 쥐고 있는 황제의 면전에 대고 감히 토로한 것이다. 아마도 뽕나무가 흔들거리면 각자 말한 내용에 대해 책망하거나 죄로 삼지 않기로 사전 약속이 있었으니 가능했을 것이다.

마지막으로 상우춘이 "소신은 황제폐화의 은덕을 입어 일인지하 만인지상의 재상 자리에 올랐으니 무엇을 바라겠습니까? 하지만, 폐하께서 앉아 계신 용상에 한 번 앉아 보았으면 하는 참담한 생각이 들 때가 가끔 일어난답니다. 참말로 사람의 욕심이란 무한한 듯합니다."라고 말을 마치자, 뽕나무가 흔들흔들하였다.

목숨이 달아날 욕심이요, 황제 면전에서 감히 입에 올릴 수 없는 대역죄임에도 불구하고, 다른 것을 말해서 뽕나무가 흔들거리지 않을 경우 진실로 마음에 담고 있는 욕망을 말하지 않은 것이 되니 어찌할 수 없었을 것이다.

우리나라에서는 국무총리를 하거나, 서울시장이나 도지사를 지내거나, 국회의원 2선 이상 하면 청와대를 바라본다고 한다. 상우춘이 말한 욕심은 권력지향적인 사람들의 성향을 보여 주는 것이리라.

이렇게 세 사람의 진실한 말에 궁궐 뜰의 뽕나무가 세 번 흔들흔들하였다고 해서 이것을 가리켜 '상삼진桑三振'이라고 한다. 나는 이것을 '진실의 뽕나무'로 부르고 싶다. 로마의 진실의 입은 생명이 없는 한낱 하수구 뚜껑을 가지고 사람이 사람을 잡기 위해 가공해 낸 허위의 도구라고 한다면, 이 진실의 뽕나무는 사람과 생명 있는 나무가 진실로써 교감한 것이라 하겠다.

한편, 뽕나무는 우리 선조들이 '세계수世界樹'로 생각했던 나무이기도 하다. 세계수란 우주수宇宙樹의 한 유형으로서 세계의 지붕이나 인류의 발상지를 의미하기도 하고, 지상세계의 중심이 되거나 천지만물을 주관하는 신들의 거처가 되는 나무를 의미한다. 우리 선조들이 세계수로 인식했던 나무의 이름은 정확히 '부상扶桑'이라는 상상의 나무로서 고대 중국의 지리서인 『산해경山海經』의 「해외동경海外東經」 편과 「해내동경海內東經」 편에 등장한다.

「해외동경」 편의 내용을 보면 "흑치국 북쪽에 탕곡湯谷이 있고, 탕곡에는 부상이라는 커다란 신수神樹가 서 있는데, 열 개의 태양이 목욕하는 곳이다. 부상은 반쯤 물에 잠겨 있고 가지는 물

밖에 있다. 아홉 개의 태양은 물 아래 나뭇가지에 머무르고, 태양 하나가 물 위로 솟은 가지에 머물고 있다."고 하였다.

또 「해내동경」 편의 내용을 보면 "대황 가운데 얼요군저산孼搖羝山이 있다. 이 산 위에 나무 한 그루가 있는데, 이름을 부상扶桑이라 한다. 이 나무는 높이가 삼백 리나 되고 잎은 겨자풀 같다. 온원곡이라는 계곡이 있는데 탕곡湯谷이라고도 한다. 탕곡에도 부상이 서 있다. 태양 하나가 막 돌아오고 다른 태양이 나가고 있는데, 모두 세 발 달린 까마귀 등에 실려 있다."라고 하였다.

또한, 『십주기十洲記』에 따르면 부상은 "잎은 뽕잎과 비슷하고 키가 수천 장丈, 둘레가 2천여 아름에 달한다."고 하였다. 이러한 내용으로 볼 때 부상은 신화적인 상상의 나무이다.

우리 선조들이 부상을 세계수로 인식하였다는 증거를 판소리 〈심청가〉의 다음 내용 중에서 찾아볼 수 있다.

잠이 깰까 염려되어 크게 울지도 못허고 속으로만 느끼는디 '아이고 아버지, 날 볼 날이 몇 날이며 날 볼 밤이 몇 밤이나 되리오. 지가 철을 안 후으 밥빌기를 놓았더니마는, 내일부터는 동네 걸인이 또 될 터이니 아버지를 어쩌고 갈꼬. 오늘 밤 오경시으 함지에 머무르고, 내일 아침 돋는 해를 부상으다 매량이면, 불쌍허신 우리 부친 일시라도 더 뵈련만은 인력으로 어이하랴. 천지가 사정이 없어 발서 닭이 꼬끼오. 닭아, 닭아 우지 마라. 반야진관 맹상군이 아니로구나. 니가 울면 날이 새고 날이 새면 나 죽는다. 나 죽기는

고구려 고분 각저총 벽화의 〈씨름도〉에 나타난 세계수

쉽잖으나 의지 없난 우리 부친을 어찌 잊고 가자는 말이냐.'

또한, 그림 속에서는 세계수의 흔적을 고구려 고분인 각저총 벽화의 〈씨름도〉와 조선시대 용상 뒤편에 있는 〈일월오악도日月五岳圖〉에서 찾아볼 수 있다. 일월오악도의 양쪽 귀퉁이에 그려진 나무는 소나무로 보이기 쉽지만, 우리 선조들의 세계수 인식과 연관 지어서 본다면, 이 나무는 소나무가 아니라 부상으로 보아야 맞을 것이다.

뽕나무는 동양과 서양에서 모두 오래전부터 신이 내려준 가장 귀한 선물 가운데 하나로 꼽혔다. 누에를 쳐서 실을 뽑아 옷감을 만들 수 있었기 때문이다. 그래서 뽕나무와 관련된 설화도 많이 생성되었던 것이고, 중국과 한국에서는 세계수로도 인식하였던 것이다. 우리나라에서도 누에를 쳐서 비단실을 뽑아 고급 옷감을 만들기도 하고 외화벌이도 한 것이 삼십여 년 전까지의 일이다. 지금은 누에 치는 것도 일부 지역에 한정되어 있고, 그 누에는 실을 뽑기도 전에 급속냉동 처리되어 건강식품으로 쓰인다. 뽕나무도 누에를 먹이는 뽕잎보다 오디를 생산하기 위해서 육종되고 있다.

조선시대까지 궁궐에서도 뽕나무밭을 가꾸고 누에를 치면서 백성들에게 양잠을 권장하고 독려하였는데, 지금 창덕궁 등 궁궐에 남아 있는 큰 뽕나무들은 그 흔적이다. 중국에서도 마찬가지였기 때문에 상삼진의 고사가 생겨난 것일 터이다. 옛날 중국에서는 재판관이 송사에 임할 때에는 반드시 회화나무 가지를 손에 들었다고 한다. 나라에 큰 사건이 터졌을 때 벌이는 국회 청문회나 재판정 등에서 진실과 거짓을 밝히는 잣대로 이 뽕나무 가지를 사용하면 어떨까 하는 엉뚱한 생각을 해 본다.

산의 골짜기 부근에서 우람한 산뽕나무를 보거든 세계의 중심이 되고, 인간의 의衣와 식食을 해결해 주며, 사람과 진실을 교감했던 뽕나무의 모습을 새겨 보자.

덕성德性과 충절忠節의 대나무

나는 대나무를 참 좋아하는데, 거기에는 사연이 있다. 나는 대학 4학년 때에 임업직 기술고시 2차시험을 준비하기 위해 남원 대복사라는 절에서 여섯 달 남짓 공부한 적이 있다. 중학교 진학도 무리였던 가정사정에도 불구하고 대학까지 다니고 있던 터라, 고3 때 정한 교수가 되겠다는 원대한 포부가 있었지만, 고시에 도전하여 양다리를 걸치고 있었던 상황이다. 공부방은 죽림선원竹林禪院이라 하여 불당 뒤쪽 대나무 숲을 육칠십 미터 올라가 고즈넉한 자리에 있었다. 원래 이 건물은 동안거冬安居나 하안거夏安居를 위해 이 절을 방문하는 스님들을 위한 공간이었다.

그곳에 있을 때 광주민주화운동이 일어났는데, 당시 주지 스님은 공교롭게도 그 세력에 속한 실력자였던 대구 출신 권모씨의 고모였다. 스님은 우리나라 최고 대학의 음악과를 나왔는데,

건강 문제로 불교에 귀의하였다고 했다. 연세가 칠순에 가까웠지만 참 단아한 용모에 조용한 분이었다. 시험일을 앞두고 절에서 나오기 전날에는 절에서 수확한 홍시와 맥주로 송별상을 차려 격려해 주기도 하였다.

공부하는 사람들은 끼니마다 본당에 내려와 식사를 하고 각자 자기 방으로 돌아간다. 그러니까 하루에 여섯 번은 대숲을 지나야 했다. 그때 나는 바람에 기울어지면서 쏴아 쏴아 소리를 내기도 하고, 사각거리기도 하는 대나무 숲을 여러 번 보았다. 한밤 적막 속에서는 모습은 보지 못하고 대숲의 출렁이는 소리만 들은 적이 더 많았다. 스산하기도 하고 무서운 생각이 들기도 하고, 책을 놓고 그 대숲 물결소리에 귀를 기울이기도 하였다.

나는 어느 날 밤 그 대숲의 물결소리에 귀를 기울이고 있다가, 문득 생각이 떠올라 '죽파竹波'라는 아호를 스스로 지었다. 항상 푸르며, 휘어지되 꺾이지는 않는, 그런 대나무의 성정을 닮고자 한 것이었다. 대나무를 그만큼만 이해할 때였다.

대나무는 사람의 생활 속에서 쓰임새가 참 많은 식물이다. 이른바 죽세품인 바구니, 조리, 소쿠리, 수저, 젓가락, 주걱, 옷장, 삼태기, 도리깨, 어망, 죽비, 효자손, 죽부인 등 이루 헤아릴 수 없을 정도이다. 그 가운데서 문화적인 면에서 볼 때 중요한 쓰임새는 문자를 기록한 것이다.

대나무를 쪼개어 일정한 크기로 매끈하게 다듬어 놓은 조각을 죽간竹簡이라 하고, 그것에 구멍을 뚫어 가죽 끈으로 엮어 놓은 것을 책冊이라 하였다. 그리고 이 대쪽에 글을 써서 묶어 놓은 기록용 책을 죽서竹書 또는 죽백竹帛이라 하였다. 공자님이 죽백의 가죽 끈이 세 번이나 끊어지도록 『주역』을 공부하였다고 해서 '위편삼절韋編三絶'이라는 말이 생겨났고, '공명功名을 죽백에 기록한다'고도 한다.

대나무는 매화, 난초, 국화와 함께 군자의 덕성을 상징한다. 대나무의 이런 상징성은 『시경』의 「위풍衛風」 편에 실려 있는 〈대나무(淇奧)〉라는 노래에서 처음 나타난다. 이 노래는 위나라 무공武公이 95세까지 공부와 수양을 게을리 하지 않았음을 찬양하는 것인데, 여기에서 '푸른 대나무'는 곧 군자인 무공을 비유한 것이다. 꾸준히 노력하여 학문이나 덕행을 연마하는 것에 비유하는 '절차탁마切磋琢磨'라는 말이 여기에서 유래되었다.

저 기수 물굽이를 보니 푸른 대나무 무성하구나
빛나는 군자여 자르는 듯 다듬는 듯 쪼아내는 듯
가는 듯 씩씩하고 꿋꿋하게 빛나고 드러나니
빛나는 군자를 끝내 잊을 수가 없네

저 기수 물굽이를 보니 푸른 대나무 우거졌구나
빛나는 군자여 귀막이는 옥돌로 하고

두건의 바느질은 별처럼 아름답네
씩씩하고 꿋꿋하게 빛나고 드러나니
빛나는 군자를 끝내 잊을 수가 없네

저 기수 물굽이를 보니 푸른 대나무 빽빽하구나
빛나는 군자여 황금인 듯 주석인 듯
규옥인 듯 벽옥인 듯
너그럽고 여유 있게 수레 위에 기대섰네
농담도 잘하시나 지나치진 않는다네

도연명은 정원에다 소나무, 대나무, 국화를 심어 두고 이들을 사랑하였다. 중국 북송시대의 학자인 동파거사 소식은 〈어잠 승려의 녹균헌(於潛僧綠筠軒)〉에서 대나무를 군자의 기상과 덕성에 비유하였다.

寧可食不肉 不可居無竹 無肉令人瘦 無竹令人俗
人瘦尙可肥 士俗不可醫 傍人笑此言 似高還似癡
若對此君仍大嚼 世間那有揚州鶴
차라리 고기 없는 식사는 할 수 있어도
대나무 없는 생활은 할 수 없네.
고기가 없으면 몸을 야위게 하지만
대나무가 없으면 사람을 속되게 하나니

사람이 야위면 다시 살찌울 수 있으나
선비가 속되면 고칠 수 없는 법
옆 사람 이 말을 비웃으면서
고상한 듯하나 어리석다 말하지만
대나무를 앞에 두고 고기 실컷 먹는다면
어찌 세상에 양주학揚州鶴이란 말 있겠나.

이 시는 항주抗州부에 속한 오잠 남쪽에 있는 적조사寂照寺의 혜각慧覺 스님이 질 안에 녹균헌綠筠軒을 짓고 대나무를 사랑하는 고결한 인품을 묘사한 것이다. 시의 마지막 연에 나오는 양주학揚州鶴이란 옛날에 친구들이 모여서 각자 소원을 말했는데, 그 중 어떤 이가 "나는 허리에 십만 관貫의 돈을 차고 학을 타고서 양주의 하늘을 오르고 싶다."라고 한 데서 유래한 말이다. 양주는 예로보터 살기 좋은 고을로 이름난 곳이니, 이 말은 양주자사라는 관직과 십만 관의 돈을 가지고, 학을 타고 하늘에 오르는 신선이 되겠다는 것으로서 실현 불가능한 욕심을 나타내는 말로 쓰인다. 또 시의 마지막에 나오는 '차군此君'은 대나무의 별칭이다. 4세기 중국의 진대晉代에 명필 왕희지의 아들로서 평생을 고고하고 단관의 자세로 살았던 왕휘지王徽之는 대나무를 아주 좋아하였다. 그가 친구의 집을 임시로 빌려 살게 되었는데, 하인을 시켜 그 집 정원에 대나무를 심게 했다. 이것을 본 어떤 사람이 그 까닭을 물으니, 그는 대나무를 가리키며 "이 친구(此君)가 없으면 어찌 하루라도 살 수 있을까?"라고 했다고 한다. 이후부터 문인들이 대나무를 고상하게 '차군'이라고 부르는 것이 유행처럼 되었고, 많은 문학작품에서 대나무가 사람의 친구로 등장하게 되었다.

이처럼 죽림칠현을 비롯하여 도연명, 왕휘지, 소동파 등과 같이 대숲 속에서 숨어 사는 고결한 선비들을 일러 죽중고사竹中高士라고 한다. 지금은 학문하는 사람들이 죽중고사가 되기를 바라지는 않지만, 학문을 기반으로 삼아 정치에 나서거나 권력의 언저리를 맴돌다가 망신당하는 부류들을 보면 안타깝다.

일반인들도 몸을 챙기는 데에 비해 마음 챙기는 데에는 인색하다. 몸을 위해서 절차탁마하는 것을 웰빙이라고 생각하기까지 한다. 그래서 중년 이후에 남자들은 배가 나오면 그것을 쓰다듬으면서 인격이라고 농담 삼아 말하고, 여자들도 몸집이 좀 있어야 여유 있고 후덕해 보인다고 한다. 하지만, 나이 들어 가면서 신경 써야 할 것은 몸은 가볍게 하고, 마음은 살찌우는 것이 아닐까.

소나무(歲寒松柏), 대나무(歲寒孤節), 매화(雅致孤節)를 일컬어 '세한삼우歲寒三友'라고 한다. 혹한의 계절에 푸르름을 간직하고, 뽐내지 않고, 은은한 향기를 품은 나무들이다. 여기에 찬 서리 속에서 우아하게 꽃을 피우는 국화(傲霜孤節)가 더해져서 모두 고매함과 절의節義를 상징한다. 소나무는 『논어』에서 "歲寒然後知

松柏之後凋也(혹독한 겨울이라야 소나무가 늦게 시드는 것을 알 수 있다)"라고 하였다.

고려 말의 문장가로서 조선 개국 후 치악산에서 은거했던 원천석元天錫은 대나무의 고매함과 절의에 빗대어 본인의 고려에 대한 절의를 다음의 시조로 읊었다.

> 눈 맞아 휘어진 대를 뉘라서 굽다 하던고
> 굽을 절節이면 눈 속에 푸를소냐
> 아마도 세한고절歲寒孤節은 너뿐인가 하노라

2011년인가 고창에서 문화관광해설사 교육을 하던 중에 연세 지긋한 분이 종이쪽지를 꺼내 보이면서 무슨 내용인지 아느냐고 물었다. 강의 중에 대나무에 관한 이야기를 하였기 때문이다. 받아 보니 제목이 〈關帝詩竹〉이라고 적힌 한시였다. 한참 들여다보니 뜻은 대충 짐작할 수 있었으나 정확한 내용을 알 수 없었다. 그분 말씀이 청나라 시인들이 대나무에 새긴 시라고 덧붙이면서 가지고 가서 내용을 알아봐 달라고 하였다. 우리 대학에 교수로 근무하는 따님의 명함을 주면서 그리로 연락해 달라는 것이었다.

역사나 한문이나 문학을 전공한 사람도 아니면서 조금씩 공부한 것 가지고 산이나 나무와 연관 지어서 풀어먹고 다닌 나로서는, 아는 체하다가 덫에 걸린 기분이었다. 당시 『장자』 강의를 해 주시던 황산 선생님께 의뢰하여 그 내용을 소상히 알게 되었다. 풍죽風竹과 우죽雨竹의 그림으로 교묘하게 표현된 스무 글자와 그 뜻은 다음과 같다.

不謝東君意 丹青獨立名
幕嫌孤葉淡 終久不凋零
동군(조조)의 좋은 뜻을 사양하지는 않았지만
(관우의) 일편단심은 청사에 홀로 이름을 남겼네
외로운 나뭇잎같이 담담한 생활을 싫어하지 않았으니
영원히 오랫동안 시들어 떨어지지 않을 것이다.

이 시는 관우가 유비와의 의리를 지킨 것을 읊은 시로서, 청나라 강희제康熙帝 때 마득순이 썼다는 설도 있고, 청나라 때 관우를 신봉한 문인들이 썼을 것이라는 추정도 있다.

시에서 '帝'라는 칭호는 진시황제부터 사용되었다. 그 후 아주 훌륭한 사람에게 붙여 주었는데, 공자에게는 '文帝(문인으로서 최고의 위치)', 관우에게는 '武帝(무인으로서 최고 위치)'의 칭호가 부여되었다. 그래서 시의 제목에 관제關帝라는 칭호가 붙었다. '東君'은 해(日)의 신을 뜻하는 말로서 새로 등장한 실력자를 일컫는 말이기도 하다. 그러니 이 시에서는 당시의 유력자인 조조를 지칭하는 말이다. '丹'은 일편단심의 준말로서 유비에 대한 관우의 충절을 의미하고, '青'은 청사青史의 준말이다.

관제시죽도서안(서안 비림박물관)

『삼국지』에서 〈관제시죽〉과 관련한 시대적 배경은 이렇다. 유비 일파가 조조에게 의탁하고 있을 때, 세를 확보하기 위해 원술의 공격을 막아 준다는 명목으로 조조에게 5만 군사를 얻어 원술을 대적하러 출정하였는데, 원술이 뜻밖에 죽고 말았다. 유비는 조조에게 돌아와야 했으나 조조에게 빌린 그 병력을 기반으로 조조에게 대항하다가 유비, 관우, 장비가 뿔뿔이 흩어져 서로 생사를 모르는 상황이 되었다.

당시 조조는 구현령求賢令을 내려 인물을 구할 때여서 관우의 인품을 알게 된 조조가 관우를 죽이지 않고 항복을 받아 우대하겠다고 하였다. 관우는 다음 세 가지 조건을 제시하고 항복하였다. 첫째 나는 조조에게 항복한 것이 아니라 한 헌제에게 항복한 것임을 인정할 것, 둘째 유황숙을 한나라의 종친으로 예우해 줄 것, 셋째 만약 유비가 살아 있다는 것이 밝혀지면 언제든지 돌아가게 해 줄 것. 관우는 조조에게 항복하고 우대를 받았으나, 호화스러운 생활을 마다하고 담담한 생활을 유지하였다.

후에 다른 자료들을 찾아보니 대부분 인터넷에 회자되는 것들이었고, 내용이 제각각이었다. 공통된 내용은 〈관제시죽〉은 조조에게 잡혀 있던 관우가 유비에 대한 자신의 변함없는 충절을 대나무 잎과 가지로 글자를 만들어 쓴 시라는 것이다. 어떤 자료에는 관우가 자신의 변함없는 충절을 담아 유비에게 보냈던 대나무 잎 편지라고도 했다. 그리고 시의 번역도 관우가 직접 마음을 표현한 것으로 되어 있다.

관우가 직접 쓴 시인지 후대(청대)에 와서 『삼국지』의 이야기를 바탕으로 신봉자들이 만든 것인지는 모르겠으나, 작자가 누구냐에 따라 시의 해석을 다르게 해야 하는 것만은 맞다. 그리고 더욱 중요한 것은 관우의 유비에 대한 충절을 담은 이 시가 굳은 절개를 상징하는 대나무로 표현되었다는 사실이다.

배신과 배반이 판치는 세상에 살고 있는 우리들, 〈관제시죽〉에서 대나무 잎의 배열을 잘 살펴보면서 관우의 마음을 새기고 본받을 일이다.

나무뿌리의 역할과 미학

불휘기픈남ᄀᆞᆫᄇᆞᄅᆞ매아니뮐ᄊᆡ 곶됴코여름하ᄂᆞ니

ᄉᆡ미기픈므른ᄀᆞᄆᆞ래아니그츨ᄊᆡ 내히이러바ᄅᆞ래가ᄂᆞ니

(뿌리가 깊은 나무는 바람에 넘어지지 않으니 꽃이 좋고 열매를 많이 맺는다. 샘이 깊은 물은 가뭄에 마르지 않으니 내(川)를 이뤄 바다에 다다른다.)

세종대왕의 한글 창제 후 첫 시험으로 이루어진 최초의 한글 문헌이자 악장인 〈용비어천가龍飛御天歌〉 제2장의 내용이다. 조선 개국의 위대함을 뿌리 깊은 나무와 근원이 깊어 끝이 창대한 물에 비유한 내용이다.

위의 첫 연에서는 나무에게 있어서 뿌리가 가지는 두 가지 역할을 표현하고 있다. 하나는 나무를 지탱해 주는 것이고, 다른 하

나는 생장에 필요한 물과 양분을 토양으로부터 빨아 올리는 기능이다. 일단 나무는 땅 속에 뿌리를 잘 뻗어야 바람에 넘어지거나 뽑혀서 기형으로 자라거나 말라 죽는 일을 면할 수 있다. 또한, 뿌리가 깊고 넓게 뻗은 나무는 물과 양분을 잘 흡수함으로써 잘 성장하고 꽃을 많이 피워 열매를 많이 맺을 수 있다. 비단 나무뿐 아니라 땅에 뿌리를 내리고 사는 모든 식물들은 다 그렇다.

뿌리는 나라뿐만 아니라 집안, 개인, 기업, 단체 등 여러 분야에서 비유적으로 사용된다. 바로 뼈대, 역사, 전통을 아우르는 근본根本이라는 말이다. 그래서 제대로 되지 못한 사람을 두고 근본 없는 놈이라고 하고, 제 혈통 찾는 것을 뿌리 찾기라고 한다. 가장 중요한 부분이나 역할을 가리켜 근간根幹이라고도 한다. 개인에게 있어서는 고유한 성격 내지 특성을 근성根性이라고 부른다. 근성을 일본어 발음으로 곤조(こんじょう)라고 하면 약간 부정적인 의미로 쓰인다. 보통은 비꼬인 성격이나 마음보가 좋지 않다는 이미지로 쓰이고, '곤조가 없다'는 줏대가 없다는 뜻으로 쓰인다.

그리고, '뿌리를 내린다'는 것은 식물이나 사람이나 제 자리를 단단히 잡고 살아갈 기반과 터전을 확보한다는 의미이다. 영화 〈레옹〉에서 청부살인자인 레옹과 마피아에게 모든 가족을 잃은 소녀 마틸다는 거처를 옮길 때마다 화분을 들고 다닌다. 화분에는 잎만 피어 있는 화초 한 포기가 심겨 있다. 마지막 장면에서 마틸다가 레옹의 무덤에 심어 주는 이 화초는 뿌리내리지 못하고 떠도는 그들의 신세를 비유한 것이다.

나무를 넘어뜨릴 정도의 바람은 시련이고, 고난이고, 난관이다. 뿌리가 깊어야 이런 바람에도 나무가 넘어지지 않지만, 반대로 바람을 맞으면서 자라야 나무의 뿌리가 단단해진다. 그래서 홀로 자라는 나무와 숲 가장자리에 자라는 나무들은 숲속에 무리지어 자라는 나무들보다 단단하게 뿌리를 뻗고 있다.

바람은 사람에게도 시련이고 고난이다. 세상은 바람 속이고, 그래서 그 속에서의 삶은 고달프다. 그 바람에 저항력이 없으면 넘어지고 꺾이고 만다. 저항력이 있는 사람은 바람을 이겨내면서 단단하게 영글어 간다. 나무든 사람이든 어릴 때부터 바람과 시련을 맞고 저항력을 키워야 한다. 시련을 겪지 않고 다 성장한 다음에는 저항력을 키울 틈이 없고, 그때의 바람은 견딜 수 없이 큰 고통이 된다. 니체는 「선악을 넘어서」에서 시련의 가치를 다음과 같이 말했다.

자신에게 시련을 주어라. 아무도 모르는, 오직 증인이라고는 자신뿐인 시련을. (중략) 그 수많은 시련을 이겨냈을 때 스스로를 다시 평가하고, 자신이 고상한 존재라는 사실을 깨달았을 때 비로소 사람은 진정한 자존심을 가질 수 있다. 이것은 강력한 자신감을 선사한다. 그것이 자신에 대한 보상이다.

나무의 뿌리는 굵기에 따라서 구분한다. 일반적으로 통용되는 구분 방법은 일본의 '국유임야토양조사법'에서 제시한 것인데, 직경 0.2㎝ 이하를 세근細根, 0.2~2.0㎝를 중근中根, 2.0㎝ 이상을 대근大根이라고 한다. 또, 0.2~2.0㎝를 다시 구분하여 0.2~0.5㎝를 소경근, 0.5~2.0㎝를 중경근, 2.0㎝ 이상을 대경근이라고 하며, 2.0㎝ 이상의 뿌리를 세근에 대응하여 태근太根으로 부르기도 한다. 우리말로는 잔뿌리 또는 실뿌리, 중간 뿌리, 굵은 뿌리로 표현한다. 일반적으로 0.2~2.0㎝ 범위의 뿌리가 다른 굵기의 뿌리보다 양이 많다. 잔뿌리는 땅속 깊이 30㎝ 이내에 85% 이상이 분포하고, 굵은 뿌리는 60㎝ 이내에 80~90%가 분포한다.

굵은 뿌리와 중간 뿌리는 나무를 지탱하는 역할을 하고, 가는 실뿌리는 물과 양분을 흡수하는 역할을 한다. 수평적으로 보면 나무의 뿌리는 대체로 가장 긴 가지 끝 부분까지 뻗어 있다. 그래서 잔뿌리는 가지 끝부분에 분포한다. 이런 이유로 나무에 물을 주거나 거름을 줄 때는 그루터기 주변보다 가지 끝 부분에 주는 것이 효과적이고 옳은 방법이다. 뿌리를 뻗는 방식에 따라서는 땅속 깊이 뻗는 것을 직근直根으로, 비스듬히 뻗어 내려가는 것을 사출근斜出根으로, 옆으로 뻗는 것을 측근側根으로 부른다. 직근, 사출근, 측근이 발달하는 방식은 나무의 종류에 따라 다르다. 또한, 뿌리가 땅속으로 뻗어 들어가는 깊이에 따라 얕게 뻗는 것을 천근성淺根性, 중간 정도 깊이로 뻗는 것을 중간형, 깊게 뻗는 것을 심근성深根性이라고 한다. 천근성은 주로 측근이 많이 발달하는 경우에, 심근성은 측근이나 가는 뿌리보다는 굵은 직근이 발달하는 경우에 해당한다. 이때 직근은 나무를 지탱해 주는 역할을 하기 때문에 직근이 깊게 뻗는 심근성 나무들이 바람에 잘 견딘다. 소나무와 참나무류가 심근성에 해당하고, 편백과 낙엽송 등이 천근성에 속한다.

나무의 뿌리가 지탱과 흡수 이외에 특수한 기능을 하는 경우도 있다. 그것은 숨을 쉬는 것이다. 대기권과 토양 사이에는 가스 교환이라는 형태로 산소와 이산화탄소가 순환한다. 이 순환에 의해 뿌리는 숨을 쉬고 나무의 조직에 산소를 공급한다. 그래서 토양 중에 수분이 많은 곳이나 물속에서는 나무뿌리가 호흡을 제대로 하지 못하여 썩게 되고, 결국에는 나무의 성장장해를 일으키거나 고사하기도 한다.

하지만, 이러한 조건에서도 꿋꿋이 성장하는 나무가 있다. 바로 낙우송이다. 수변공원이나 식물원 등에 가면 물가나 물속에서 자라는 낙우송을 볼 수 있다. 그러면 이 낙우송은 수분이 지나치게 많은 곳이나 물속에서 어떻게 살아가는 것일까? 낙우송은 독특한 생존전략을 가지고 있다. 낙우송이 있는 주변에서는 땅 위로 고구마나 종유석처럼 생긴 것이 솟아 있는 걸 볼 수 있다.

이것을 기근氣根이라고 한다. 영어로는 사람의 무릎처럼 생겼다고 해서 니 루트(knee root)라고 한다. 기근은 낙우송의 땅속 뿌리에서 땅 위로 솟아올라 온 조직이다. 여기에서 공기 중의 산소

낙우송의 기근(천리포수목원)

를 흡수하여 뿌리와 조직에 공급한다. 아예 물속에서 사는 낙우송은 숨을 쉬기 위해 뿌리에 이어진 밑둥치 부근을 물 위로 밀어 올리기 때문에 수면 부근의 둥치가 울퉁불퉁하게 부풀어 있다. 나는 물속에서 이런 모습으로 자라는 낙우송의 전형을 영국 케임브리지 대학 수목원에서 본 적이 있다.

•

생활 주변에 있는 느티나무, 은행나무, 소나무 등 나이가 많고 몸집이 큰 노거수老巨樹들의 경우 땅 위로 구렁이 같은 굵은 뿌리들이 노출되어 있는 것을 볼 수 있다. 이런 경우 흔히 뿌리에 상처가 나서 나무가 쇠약해진 것을 염려하여 보호한답시고 뿌리 부분에 흙을 쌓아 주는 사례가 많다. 심지어는 뿌리 부분의 흙이 쓸려나가는 것을 막는답시고 콘크리트로 포장을 하는 경우도 있다. 이것은 노거수를 보호하는 것이 아니라 나무의 수명을 단축

시키는 잘못된 조처이다. 땅 위로 노출된 뿌리와 얕은 흙 속의 중간 뿌리와 실뿌리로 숨을 쉬고 있는데, 여기에 흙을 쌓거나 포장을 하여 숨통을 조이기 때문이다. 그러니 나무를 관리할 때에는 나무의 입장에서 그 생리를 잘 살피고, 필요한 조처를 해야 한다.

뿌리는 나무를 지탱하기만 하는 것이 아니다. 나무의 뿌리는 땅덩어리도 지탱한다. 깊이 뻗은 굵은 뿌리는 토양의 위층과 아래층을 앵커처럼 연결하고, 중간 뿌리는 로프처럼 버티면서 땅을 지탱하여 비탈진 땅덩어리가 무너져 내리는 것을 잡아 준다. 나무가 울창한 산이라고 해서 산사태가 전혀 일어나지 않는 것은 아니다. 하지만, 일반적으로 이런 뿌리의 작용에 의해 나무가 잘 자란 산에서는 그렇지 못한 곳에 비해 산사태가 훨씬 적게 일어난다.

나무의 뿌리는 생활용 재료로도 쓰임새가 있었다. 주로 뿌리를 쪼개어 물건을 묶는 끈으로 쓰기도 하였고, 조각난 물건을 꿰매는 실로 쓰기도 하였다. 특히, 소나무 뿌리의 쓰임새가 많았다. 소쿠리 테를 둘러매기도 하고, 분뇨를 담아 운반하는 장군을 얽기도 하고, 깨진 바가지를 꿰매기도 하고, 잘게 쪼개어 짚신과 미투리의 테를 매기도 하였다. 그래서 "소나무 뿌리는 마음 변한 남녀 사이만 빼고 꿰매지 못하는 것이 없다."는 속담이 생겨났다.

다양한 형태의 노끈에 밀려서 이런 소나무 뿌리의 쓰임새는 잊힌 지 오래이지만, 나무뿌리를 옷감과 노끈으로 쓰는 생활문화는 아직 지구상에 살아 있다. 아프리카 나미비아의 마프웨

(Mafwe)족은 그들이 신성하게 여기는 바오밥(Baobab) 나무의 뿌리를 잘게 찢어 얇게 두들겨서 그것으로 실을 꼬아 여자들의 치마를 짜기도 하고 나무발을 엮는 노끈으로 쓰기도 한다.

한 번 벌어지면 무엇이든 이어붙일 수 있는 소나무 뿌리로도 이어붙이지 못하는 사람의 마음. 남녀의 사랑과 정이란 이성과 냉철한 판단력에 의해 생기는 것이 아니라, 마음이 시키는 것이고 다분히 감정적인 것이라서 의지로 영원히 지킬 수 있는 것이 아니다. 사랑할 때에는 방금 전까지 함께 있다가 헤어질 때 아쉬워서 열 걸음에 열한 번을 뒤돌아본다. 하지만, 사랑이 변하면 마음과 함께 몸까지 떠나기도 하고, 몸은 한자리에 있어도 마음은 천 리 밖에 있기도 한다.

사랑은 나무의 잎과 꽃을 피우고 향기와 꽃가루를 날리는 훈풍이지만, 이별은 가지와 줄기를 부러뜨리고 뿌리를 흔드는 시련의 광풍이다. 그래서 동서고금을 막론하고 사랑의 기쁨을 읊은 시와 노랫말만큼이나 이별의 슬픔과 상처를 읊은 시와 노랫말도 많은 것이다. 『시경』의 〈大路(큰길)〉라는 시를 통해서 3천 년 전에 살았던 사람들의 변심을 엿볼 수 있다.

큰길을 따라 나가 그대의 옷소매 부여잡네
나를 미워하지 말아요
옛정을 빨리 버리지 말아요

큰길을 따라 나가 그대의 두 손을 부여잡네
나를 추하다 하지 말아요
정든 사람 빨리 버리지 말아요

우리 고려가요 가운데 〈가시리〉도 마찬가지이다. "가시리 가시리잇고 나난. 버리고 가시리잇고 나난. 날러는 어찌 살라 하고 버리고 가시리잇고 나난. 잡사와 두어리마나난(붙잡아 두고 싶지마는) 선하면(토라지면) 아니 올세라. 설운 님 보내옵나니 나난. 가시난 닷(가시자마자) 도셔오소서(돌아오소서) 나난. 위 증즐가 태평성대."

서정란의 시 〈물망초〉에서도 남녀 사이의 변한 마음을 되돌리기는 참으로 어렵다는 것을 노래하였다. 물망초의 꽃말은 '나를 잊지 마세요(Forget me not)'이다.

기도하지 마라
떠난 사람은 돌아오지만
떠난 사랑은 돌아오지 않는다.

시린 손 붙잡고
삼백예순 날
아무리 기도해도
떠난 사랑은 돌아오지 않는다.

땅 위에 드러난 뿌리(전남 강진 다산)

나무를 키우고, 산을 지키고, 사람에게도 귀하게 쓰였던 나무의 뿌리는 사람의 발길에 의해 덮인 흙이 벗겨져 땅 밖으로 드러나기도 한다. 숲길에서 흔히 볼 수 있는 광경이다. 좋다는 산에는 반드시 가봐야 하고, 건강에 좋다니 매일 산에 가고, 남들이 다니지 않은 곳으로 새 길을 내고 하다 보니, 숲길에는 흙이 벗겨져 종아리에 불거진 핏줄처럼 뿌리가 드러난다. 참혹한 모습이다. 산은 높낮이만으로 사람에게 건강을 주는 것이 아니라, 건강한 나무들로 이루어진 숲이어야 사람에게 건강을 주는 것이다.

전남 강진에 있는 백련사에서 다산초당을 거쳐 내려가는 길에 나무뿌리가 심하게 드러난 구간이 있다. 그 옆에는 정호승의 시 〈뿌리의 길〉을 새긴 판자 표지판이 세워져 있다.

다산초당으로 올라가는 산길
지상에 드러낸 소나무의 뿌리를

무심코 힘껏 밟고 가다가 알았다
지하에 있는 뿌리가
더러는 슬픔 가운데 눈물을 달고
지상으로 힘껏 뿌리를 뻗는다는 것을
지상의 바람과 햇볕이 간혹
어머니처럼 다정하게 치맛자락을 거머쥐고
뿌리의 눈물을 훔쳐 준다는 것을
나뭇잎이 떨어져 뿌리로 가서
다시 잎으로 되돌아오는 동안
다산이 초당에 홀로 앉아
모든 길의 뿌리가 된다는 것을
어린 아들과 다산초당으로 가는 산길을 오르며
나도 눈물을 닦고
지상의 뿌리가 되어 눕는다
산을 움켜쥐고
지상의 뿌리가 가야 할
길이 되어 눕는다

우리는 숲에서 식물을 볼 때 땅 위에 있는 아름다운 꽃과 풍성한 열매와 우람한 둥치만 보고, 이것들을 키워내기 위해 땅속에서 치열한 삶을 꾸려 가는 뿌리는 보지 못한다. 마찬가지로 사람의 겉으로 드러난 형색과 언행은 보지만, 그 내면인 심성과 정신은 들여다보지 못한다. 그런 노력을 소홀히 한다. 식물이나 사람이나 보이지 않는 것의 가치에 주목할 필요가 있다. 보이지 않는 것을 잘 가꾸어야 하고, 그것을 볼 줄 아는 심미안을 길러야 한다. 숲에 가면 보이지 않는 뿌리의 역학과 미학을 새겨 볼 일이다.

또한, 나무가 바람을 맞으면서 뿌리를 단단히 뻗듯이 사람도 시련을 두려워하지 말아야 한다. 특히, 젊은 시절의 고생과 실패는 미래를 위한 예방주사이다. 일찍부터 크고 작은 고생과 시련을 겪어 보고 극복하면서 맷집을 길러야 한다. 수없이 파도 속에 빠지고 스스로 헤쳐 나오는 법을 터득해야 훌륭한 파도타기 선수가 될 수 있듯이.

효자보다 나은 굽은 소나무

유명한 남녀 코미디언이 커플이 되어 대담 형식으로 엮은 야한 개그, 즉 육담肉談을 담은 CD가 한참 유행을 탄 적이 있었다. 거기에서 들은 이야기 가운데 하나이다. 내 나름대로 각색해 보면 다음과 같은 내용이다. 시대적으로는 시골에 마을회관이나 이장 집 정도만 전화가 있을 때이다.

어느 마을 박 영감의 회갑이 돌아왔다. 자식들이 모여 며칠 전부터 한복을 맞추고 장보기를 하고, 음식 장만을 하는데, 큰딸 순이가 보이지 않았다. 순이는 머리도 좋고 공부도 잘해서 넉넉하지 않은 시골 살림에도 불구하고 서울로 대학을 보내고 미국 유학까지 보냈다. 순이는 공부를 마치고 미국에서 결혼하여 살고 있다.

회갑 전날 저녁 무렵 마을회관으로 전화가 걸려 와서 이장이 받았다. "저 박 영감님 큰딸 순이인데요, 제가 급한 일이 있어서 아버지 회갑잔치에 못 가게 됐어요. 좀 전해 주세요." "전해 주긴 허것는디 무슨 급헌 일이길래 아부지 회갑에도 못 온대여?" "예, 제 신랑 죠지가 아파서요." "뭣이여, 신랑 조지가 아퍼? 워떡게 해서 그게 다 아프대여?" "그게 아니고요, 제 신랑 죠지 브라운이 많이 아파서요." "아니 신랑이 조지가 부러졌다고? 큰일이네, 내가 아부지한테 전해줄 텡게 치료나 잘 혀이."

전화를 끊고 이장이 박 영감에게 가서 통화 내용을 전달하였다. 이야기를 듣은 박 영감이 허는 말, "히히, 벌일이네. 국산은 40년을 쓰고도 아직 멀쩡헌디, 겨우 3년 쓰고 부러져 부렀당가? 미제 좋다고 해쌌덩구만, 그 미제 좆도 아니구먼."

웃자는 이야기이지만, 이 속에는 등골 휘게 뒷바라지해서 잘 가르쳐 놓은 자식은 자식 노릇 제대로 못한다는 세상 진리가 숨어 있다. 시골에서 공부 잘해서 서울 가서 대학 나오고 고시 합격하거나 대기업에 취직하여, 고급 외제 브랜드로 치장한 중매쟁이 힘을 빌려 좋은 집 사위 된 아들들이 그렇다. 공주과 마누라가 촌뜨기 시댁 부모형제들과 온도가 맞지 않으니 부모 생일이라고 오기를 하나 명절이라고 오기를 하나. 결혼식 날 이후로 며느리 얼굴 본 적 없고, 손주새끼들 얼굴도 까마득하다. 가족들 모이는 날만 돌아오면 그 아들은 좌불안석이다. 마누라 떼놓고 혼자 갈 수도 없고. 그래서 밤늦게 아버지한테 전화해서 "아버지, 아들 하나 없는 셈 치세요." 하고 서글픈 말을 한다.

반대로, 똑똑한 큰아들 큰딸에게 치이기도 하고 제 재주가 부족하기도 해서 지역에서 학교 다니고 웬만한 직장 다니는 자식들, 그래서 부모 가까이서 사는 자식들, 그놈들은 틈나는 대로 부모한테 들락거리고 음식 해다 드리고 모여서 왁자지껄하게 지낸다. 손주새끼들은 제 에미 애비 따라 자주 와서 재롱부리고. 요즘 시쳇말도 있다. 똑똑한 아들은 나라 것이고, 돈 잘 버는 아들은 사돈네 것이고, 못난 아들은 내 자식이라고.

그런데, 이런 세태는 현대의 일만은 아닌가 보다. 우리 속담에 "굽은 나무가 선산 지킨다."고 했다. 뒤에 대구를 달아서 "굽은 나무가 선산 지키고, 못난 자식이 부모 모신다."고도 했다. 속담은 짧은 비유적 표현으로 세속을 풍자하거나, 교훈을 주거나, 처세를 가르치는 것이다. 앞의 속담에서 대구가 없어도 굽은 나무는 못난 자식이고, 선산은 부모를 뜻한다. 옛날에도 잘난 자식들은 할 일이 많았기 때문에 나가 살다가 부보님 상喪 당했을 때나 돌아온다.

유학이 번창하던 조선시대에는 부모상을 당하면 3년 동안 시묘侍墓를 하였다. 잘난 자식들이 벼슬을 하다가도 내려놓고 돌아와 시묘를 했고, 나라 안팎을 돌아다니며 사업을 하다가도 돌아와 시묘를 했다. 하지만, 시묘가 끝나면 다시 본업으로 돌아가고, 제사 · 한식 · 설 · 추석에나 부모님 묘지를 찾는다. 반대로,

향리에서 낮은 벼슬을 하거나 가업을 잇거나 농사를 짓는 자식들은 부모 살았을 때는 모시고 살고, 돌아가신 뒤에도 수시로 성묘를 한다.

한식날과 추석에는 반드시 성묘를 하는데, 한식날의 성묘는 겨우내 언 땅이 녹으면서 봉분이 상했는지를 살피는 것이고, 추석의 성묘는 여름 장마 후에 훼손된 묘를 보수하고 잡초를 제거하는 벌초를 하는 것이다.

조선시대 김충현金忠顯은〈한식날 성묘(寒食日省墓)〉라는 시에서 불효를 한탄하고 있다.

> 葬親空山裡 一年一省墓
>
> 自愧孝子心 不如墓前樹
>
> 어버이를 빈 산 속에 장사 지내고
>
> 일 년에 한 번 성묘를 가네
>
> 부끄러워라 효자 마음
>
> 무덤 앞을 지키는 나무만도 못하구나

지금도 가끔은 시묘를 하는 사람이 있고, 아침저녁으로 부모 산소에 성묘를 하는 사람도 있다. 이들이 독실한 유학자이거나 향교의 유생이라서 그런 것이 아니다. 심지어 부모님의 화장한 유골을 담은 단지를 집안에 모시거나 자동차에 싣고 다니는 사람도 있다. 나는 실제로 학교 한 직원의 선친(변산에 살았음)이 생전에 아침저녁으로 마을 앞산에 있는 조상의 묘지를 성묘하는 것을 본 적이 있다. 모두 지금 세태에서는 특별한 경우들이다.

"부모는 땅에 묻고 자식은 가슴에 묻는다."고 사흘 동안 부모님 장례 치르고, 부의금 정산하고, 삼우제 때 탈복해 버린다. 무덤 속에라도 따라 들어갈 듯이 요란을 떨었던 자식들은 제각각 흩어져 제 삶 속으로 돌아가고 나면, 벌초는 누가 할 것인가를 다투기도 하고, 추석에 한 번 올까말까 할 정도로 발걸음 뜸해지는 것이 지금의 세태이다. 물론 머릿속에야 담아 두겠지. 그리고 가끔씩 형제자매들 모이면, 지워지지 않는 아픔이 아니라 추억 삼아 옛이야깃감으로 삼겠지.

우리 속담에 시묘와 관련된 것이 있다. "노루 친 몽둥이 삼년 우려먹는다."는 속담이다. 시묘하는 사람이 산에서 작대기로 노루를 쳐 잡아서 먹은 것을 이웃사람이 보았다. 시묘하는 사람이 살생을 하였으니 이 얼마나 큰 죄악인가. 그 뒤로 이 이웃은 그 약점을 잡고서 필요한 일이 있을 때마다 그 사람을 우려먹었다. 한두 번이 아니라 질기게 우려먹었으니 이런 속담이 생겼을 것이다. 이 속담은 남의 약점을 이용하여 끈질기게 잇속을 챙기는 경우를 비유한 것이다.

그런데, 이 속담의 뜻이 와전되어 사용되고 있다. 즉, 노루고기가 몸에 좋기 때문에 노루를 때려잡은 막대기까지 두고두고 우려먹는다는 것이다. 그래서 노루고기에 중점을 둔 비슷한 속담들과 싸잡혀 본뜻이 왜곡된 것이다. 비슷한 속담으로는 "노루 친 막대기" "노루 친 막대기로 세 번이나 국 끓여 먹는다." 등이다.

묘역의 굽은 소나무

앞의 속담은 어쩌다 한 번 노루를 때려잡은 막대기를 가지고 다니면서 또다시 그런 요행을 바란다는 뜻으로서 한 번의 요행을 가지고 그런 요행이 또 있기를 바라는 어리석음, 또는 이전에 사용했던 방법을 계속 고집하는 어리석음 등을 비유한다. 뒤의 속담은 노루를 때려잡은 막대기에도 노루고기 맛이 배어 있으리라 생각하고 그 막대기를 여러 번 끓여 먹는다는 뜻으로서 어떤 효과가 있는 방법을 두고두고 우려 쓰는 경우를 비유한다.

그러면 자식들도 멀리하는 부모님 산소는 누가 지키는가? 앞의 속담에 있듯이 무덤가의 굽은 소나무이다. 왜 굽은 나무는 효자도 못하는 선산지킴이 역할을 할까? 바로 구부러졌기 때문이다. 옛날에는 활엽수는 잡목이라 하여 땔감이나 농기구용으로 마구 베어다 썼고, 소나무만이 재목감으로 귀하게 여겨졌다. 그래서 소나무와 소나무산을 보호하고 관리하는 정책을 펴 왔다. 보호되어 곧게 자란 소나무들은 용도에 맞는 재목감이 되면 베어져 나갔다.

하지만, 구부러진 소나무는 재목으로 쓸 수 없었다. 베어서 장작감으로 쓰기도 했지만, 묘지 주변에 있던 구부러진 소나무는 베지 않고 남겨 두었다. 묘역에 바람막이도 되어 주고, 이름 있는 집안의 묘역을 표시하기도 하고, 풍수적인 비보裨補나 엽승厭勝의 역할도 하였다. 마을 뒷산에서는 당산이 되기도 하였다. 이렇게 묘지 옆에서 수백 년을 활개 치며 낙락장송으로 자라게 된 것이다. 이것을 우리 선조들은 굽은 나무가 선산을 지켜 준다고 하였지만, 소나무 입장에서 보면 굽어서 쓸모가 없었기 때문에 천수를 누리게 된 것이다.

『장자』 내편의 「인간세人間世」 편에서는 쓸모없는 것 때문에 큰 나무로 남아 있게 되었다는 사례들을 통해서 무용지용無用之用의 교훈을 전하고 있다. 그 가운데 하나로 장석匠石이라는 목수가 제나라로 가는 길에 사당의 상수리나무를 두고 제자들과 나눈 대화에 그 나무가 쓸모없음으로 해서 오래도록 크게 자랄 수 있었고, 사당의 나무로써 다른 방면에서 귀한 쓰임새가 있다는 내용이 실려 있다.

> 장석이 제나라로 가다가 곡원曲轅에 이르러 사당의 상수리나무를 보았다. 그 크기는 그늘로써 수천 마리의 소를 뒤덮을 만하였고, 그 둘레는 백 아름이나 되었으며, 그 높이는 마주보는 산보다

열 길이나 더 높은 위에 가지가 있어서 거의 수십 척의 배를 만들 만하였다. 구경하러 온 사람들이 마치 저자거리 같았지만, 장석은 돌아보지도 않고 가던 길을 그대로 갔다.

그의 제자가 그것을 실컷 구경하고 나서 달려가 장석에게 말하였다. "제가 도끼를 들고 선생님을 따라다닌 이래 이처럼 훌륭한 재목감을 본 적이 없습니다. 선생님께서는 눈길 한 번 주지 않으시고 가버리시니 어찌된 일입니까?" 장석이 말하였다. "아서라. 그런 말 하지 말거라. 쓸모없는 나무이다. 그 나무로 배를 만들면 가라앉고, 관을 짜면 빨리 썩어 버리고, 그릇을 만들면 쉬이 깨지고, 문짝을 만들면 나무진이 흘러내리고, 기둥을 만들면 좀이 슬어 버린다. 이것은 재목감이 되지 못한다. 쓸 만하지 못해서 이처럼 오래 살 수 있었던 것이다."

지금은 장묘문화가 많이 바뀌어 매장보다는 화장하여 납골묘나 평장 형태로 안장하는 비율이 더 많다. 2016년 10월 공식 발표에 의하면, 화장률이 80%를 넘어섰다고 한다. 오래된 조상 묘지들도 파묘하여 종중 납골묘나 가족 납골묘에 안치하는 경우가 많아지고 있다. 대부분은 벌초할 사람도 없고, 먼 조상들 시제에 참석하는 사람도 적어지고, 심지어는 자식들이 성묘조차 오기가 어려워져서 하는 일이다. 그래도 아직 우리 산속에는 약 2,400만 기의 묘지가 자리 잡고 있어서 토지 이용과 개발에 지장을 초래하고, 산림경영에도 장애가 되고 있다. 관리의 편리성을 위해서 봉분과 묘역 전체를 블록이나 콘크리트로 포장하여 산림 경관을 해치는 사례들도 있다.

수목장으로 변신한 소나무

수목장樹木葬도 서서히 국민들에게 인식되고 있다. 수목장은 흔적 없이 자연으로 가장 빠르게 되돌아가는 장묘 방법이다. 골분을 고급 도자기에 담아 땅에 묻고, 그 위에 표시 나게 나무를 심고, 상석을 놓는 것은 진정한 수목장이 아니다. 수목장은 음택풍수와도 거리가 멀다. 혼魂과 백魄 가운데 백이 땅의 생기와 감응하여 길흉화복을 발현하는 것이 음택풍수의 요체라고 할 때, 수목장은 지기와 감응할 백이 없는 상태이기 때문이다. 이제는 오복 가운데 하나인 깨끗하게 잘 죽음을 맞이하는 방법(考終命, well-dying)과 죽어서 빨리 자연으로 돌아가는 방법을 심각하게 고민하고 준비할 때이다.

분묘가 없어지면 굽은 소나무는 지금까지 해 왔던 역할이 없어진다. 그렇다고 쓸모가 아주 없어지는 것은 아니다. 역할이 달라진다. 이제는 후손을 먹여 살리는 역할을 한다. 그러기 위해서는 수백 년 동안 뿌리내리고 있던 자리를 떠나야 한다. 비싼 조경수로 팔려 비바람 설고 낯도 설은 도회지로 나가야 하기 때문이다.

곡선미가 있는 굽은 노송들은 크기와 생김새에 따라 최소 수백만 원부터 수천만 원까지 매매되기 때문에 선산의 후손들에게 큰 경제적 도움이 된다. 나아가서 많은 사람들에게 아름다움을 선사하고 사랑을 받는다. 쓸모없어서 천수를 누린 굽은 소나무의 화려한 변신이다. 정호승의 시 〈나무에 대하여〉를 통해 굽은 나무의 미학을 보자.

나는 곧은 나무보다
굽은 나무가 더 아름답다
곧은 나무의 그림자보다
굽은 나무의 그림자가 더 사랑스럽다
함박눈도 곧은 나무보다
굽은 나무에 더 많이 쌓인다
그늘도 곧은 나무보다
굽은 나무에 더 그늘져
잠들고 싶은 사람들이 찾아와 잠이 든다
새들도 곧은 나뭇가지보다
굽은 나뭇가지에 더 많이 날아와 앉는다
곧은 나무는 자기의 그림자가
구부러지는 것을 싫어하나
고통의 무게를 견딜 줄 아는

굽은 나무는 자기의 그림자가
구부러지는 것을 싫어하지 않는다

굽은 소나무의 화려한 변신은 우리 대학에서도 볼 수 있다. 전북대학교 캠퍼스에는 1천여 그루의 소나무가 자라고 있는데, 그 가운데는 묘역에서 옮겨 심은 굽은 노송이 열 그루 이상 포함되어 있다. 특히, 1996년 1월 전주시 평화동 택지개발지구에서 옮겨온 노송 한 그루는 뿌리에 수백 년 전의 석고관을 낀 채로 대학 본부 앞 표범상 옆에서 우람한 자태를 뽐내고 있다.

나머지는 1996년 완주군 봉동읍 과학단지 조성부지에 있었던 전주 류씨 묘역에서 옮겨온 것들이다. 문중에서는 묘지를 이장하면서 선산에 자라던 소나무 160여 그루를 우리 대학에 기증하였던 것이다. 베일 뻔했던 소나무들이 대학 캠퍼스로 자리를 옮겨 새롭게 귀한 삶을 영위하고 있는 것이다.

쓸모없는 나무의 미학, 무용지용無用之用

세상의 생명들은 아무리 미물이라 할지라도 제 역할이 있고 쓰임새가 있기 마련이다. 사람들이 말하는 해충과 익충이 따로 있는 것이 아니고, 잡초가 따로 있는 것이 아니다. 사람이 기르는 작물을 지나치게 먹어치워 소출을 적게 하면 해충이 된다. 작물이나 특별한 목적으로 나무와 꽃을 키우는 데에 들어와 사는 다른 풀들을 싸잡아 잡초라고 한다. 그리고 해충과 잡초는 귀찮은 것이고, 끈질긴 것들이다. 독약도 잘못 쓰면 독이 되지만, 잘 쓰면 약이 된다. 그러니 어디 쓸모없는 것이 있을 리 만무하다.

물건들도 쓰임새가 있어서 만드는 것이고, 필요에 따라 만들어지는 것이다. 그런데 사물 가운데는 존재가치는 있지만 쓸모는 없는 것들이 두 종류 있다. 하나는 생기기는 멀쩡하게 생겼지만 제대로 기능을 하지 못해서 쓸모없는 경우이고, 다른 하나는 생긴 것도 멀쩡하고 기능도 잘하는데 사람이 그걸 제대로 쓸 수 없어서 대접을 받지 못하는 경우이다. 속담으로 비유하자면, 앞의 것은 '고자가 좆 자랑' 하는 격이고, 뒤의 것은 '기생 말년에 좆 큰 놈 만나는' 격이다. 상황은 조금 다르지만 둘 다 무용지물이다.

사람은 어느 때가 되면 쓸모가 없어진다. 나이 들거나 병들어 육체적인 기능을 하지 못하면 인간으로서의 존엄성과 의료계에 기여하는 바는 있지만, 사회적 측면에서는 더 이상 쓰임새가 없어진다. 또 하나는 사랑하는 마음이 식어 애인으로서 남편이나 아내로서 더 이상 존재가치가 없어지는 경우이다. 어느 한 편이 다른 한 편에게 쓸모없게 되는 것이다.

『시경』의 「소아」 편에 수록되어 있는 〈들판에 나가(我行其野)〉라는 시를 보자. 결혼한 이후에 사랑이 식어 버린 남편을 둔 아내가 계속 동반자로 남아 있을 수 없다는 심정을 읊고 있다. 주민등록등본에 함께 이름이 올라 있다고 해서 동반자가 아니라, 마음과 정서적으로 교감하는 사이가 진정한 동반자이다. 이 시에 등장하는 가죽나무, 소루쟁이, 메꽃은 모두 쓸모가 없어서 사람들의 관심을 끌지 못하는 식물들로서 다른 여자에 마음이 팔린 남편에게 쓸모없어진 아내를 비유한다.

> 들판으로 나아가니 가죽나무 우거졌네

혼인했기 때문에 그대에게 와 있지만
나를 돌보지 않으니 친정으로 돌아가리
들판으로 나아가서 소루쟁이 뜯었노라
혼인했기 때문에 그대와 함께 지내지만
나를 돌보지 않으니 옛날로 돌아가리
들판으로 나아가서 메꽃을 뜯었노라
옛날 혼인 생각 않고 새 사람만 찾으니
부잣집 딸 아니라 색다르기 때문이네

가죽나무는 『장자』의 「소요유」 편에서도 크기는 하지만 쓸모가 없는 나무의 상징으로 묘사되고 있다. 대부분 가죽나무로 번역되고 있지만, 참죽나무일 가능성이 높다. 참죽나무는 목재가 단단하여 가공하기가 어렵기 때문에 아름다운 무늬와 색상에도 불구하고, 목수들이 다루기를 꺼려하는 나무이다. 중국에서도 고대로부터 이런 인식이 보편화되었던 모양이다.

하지만, 『장자』에 등장하는 이 가죽나무는 쓸모가 없음으로 인해서 도리어 목숨을 오래 부지하고 그렇게 크게 자랄 수 있었다. 『장자』「소요유」 편의 관련 내용을 보자. 혜자惠子는 쓸모도 없이 자리만 차지하고 있는 가죽나무를 비아냥대는데, 장자는 그에게 가죽나무를 목재로 쓰지 못하면 그 나무의 그늘을 소요逍遙의 장소로 쓰면 되지 않겠느냐고 반박한다. 그것을 무용지용無用之用이라고 한다.

혜자가 장자에게 말하였다. "내게 큰 나무 한 그루가 있는데, 사람들이 모두 가죽나무라고 부릅니다. 그 나무의 줄기에는 옹이가 맺혀 있어 먹줄을 칠 수가 없고, 작은 가지들은 구불구불하여 자를 댈 수도 없습니다. 길가에서 자라고 있지만 목수들은 거들떠보지도 않습니다." (중략) 장자가 말하였다. (중략) "지금 그대는 큰 나무를 가지고 있으면서 그것의 쓸모없음을 걱정하고 있소. 어째서 그것을 아무것도 없는 마을이나 광활한 들판에 심어놓고 하는 일 없이 한가하게 나무 곁을 배회하거나 자유자재로 나무 아래에서 낮잠을 자지 않소? 그 나무는 도끼에 일찍 잘리지 않고 어떤 것도 그것을 해치지 않을 것이오. 그러니 쓸데가 없다는 것이 어찌 걱정할 일이란 말이오?"

『장자』의 「인간세」 편에는 또 다른 나무의 사례가 등장한다. 목재로서 쓰임새가 없었기 때문에 사당의 신목神木이라는 다른 방면에서의 큰 쓰임새가 생겼고, 그래서 오래 크게 자랄 수 있었다는 이야기가 이어진다.

장석이 집에 돌아온 뒤 사당의 상수리나무가 꿈에 나타나 말하였다. "나는 쓸 곳이 없기를 바란 지 오래되었네. 거의 죽을 뻔했다가 이제야 뜻대로 되어서 쓸모없음이 나의 큰 쓸모가 되었네. 만약에 내가 쓸모가 있었다면 이처럼 크게 자랄 수가 있었겠는가?" (중략) 장석이 깨어서 제자에게 자신의 꿈 이야기를 하였다.

제자가 물었다. "그 상수리나무가 쓸모없음(無用)에 뜻을 두었다면 어째서 신목이 된 것입니까?" (중략) "그 나무가 사당의 신목이 되지 않았다면 아마도 베였겠지."

또 남백자기南伯子綦의 이야기가 이어진다.

남백자기가 상구商丘에서 노닐 때 특이하게 큰 나무를 보았는데, 네 마리의 말이 끄는 수레 천 대를 매어도 그 그늘에 덮여 가려질 정도였다. 자기가 말하였다. "이것은 무슨 나무일까? 이것은 반드시 특별한 쓸모가 있는 재목감이다." 머리를 들어 그 나무의 작은 가지들을 보니 구불구불하여 마룻대와 들보로 쓸 수 없었고, 머리를 숙여 그 뿌리를 보니 뒤엉켜 관을 만들 수도 없었다. 그 잎을 핥아보고 냄새를 맡아 보았더니 사람을 미친 듯 취하게 하여 사흘이 지났는데도 깨어나지 못하였다. 자기가 말하였다. "이것은 과연 재목이 될 수 없는 나무여서 이렇게 큰 나무로 자랄 수 있었던 것이다. 아아, 이래서 옛날의 신인神人들은 재주가 없다고 한 것이었구나."

이어지는 내용에서 송宋나라의 형씨荊氏라는 곳에 잘 자라는 가래나무 · 잣나무 · 뽕나무의 예를 들어 이 나무들은 쓸모가 있어서 도중에 도끼를 맞아 천수를 다하지 못하였으며, 이것을 쓸모 있는 재목들이 당하는 환난(材之患)이라고 하였다.

송나라에 형씨라는 곳이 있었는데, 가래나무 · 잣나무 · 뽕나무가 잘 자랐다. 나무의 굵기가 한두 손아귀만 넘으면 원숭이가 올라앉을 횡목을 구하는 사람이 그것을 베어 갔고, 세 아름이나 네 아름이 되면 높다란 집의 대들보를 구하는 사람이 그것을 베어 갔으며, 일곱 아름이나 여덟 아름이 되면 관을 만들 재목을 구하는 귀인이나 부유한 상인들이 그것을 베어 갔다. 그러므로 이 나무들은 천수를 다하지 못하고 도중에 도끼로 목숨을 잃고 말았으니, 이것이 쓸모 있는 재목들이 당하는 환난인 것이다.

사람도 나무와 마찬가지이다. 그래서 장자는 나무의 무용지용에 이어서 사람의 경우를 예로 들고 있다. 무지한 대중이 자신의 비유를 이해하지 못할까 봐 직설적 예를 들어 준 것일까. 여기에 등장하는 불구자는 나무로 비유하면 「소요유」 편의 가죽나무와 같고, 위에서 예로 든 『시경』의 시에 등장하는 소루쟁이와 메꽃과 같은 존재이다.

소疏라고 하는 불구자가 있었는데, 턱이 배꼽에 감추어져 있고, 어깨가 정수리보다 위에 있다. 머리꼬리가 하늘로 치솟아 있고, 오장은 척추 위쪽에 붙어 있으며, 두 넓적다리는 양 옆구리에 닿아 있었다. 그러나 남의 옷을 지어 주고 입에 풀칠을 하기에 족하였다. 키질하여 쌀을 불려서 열 식구를 먹이기에 충분하였다. 나라에서 군사를 징집하더라도 그는 팔을 휘저으며 그 사이를 오고 갔고, 나라에서 큰 역사가 있더라도 그는 언제나 병을 지니고 있었기 때문에 징용을 당하지 않았다. 나라에서 병이 있는 사람에게 곡식을 내릴 때는 삼종三鐘의 곡식과 열 다발의 땔나무를 받았다. 저 완전치 못한 육신을 가진 자도 그 몸을 보양하여 타고난 목숨대로 다 살 수 있는 것이다. 그러니 그의 덕이 완전치 못한 사람이야 어떠하겠는가?

「소요유」 편의 가죽나무, 「인간세」 편의 사당의 신목과 남백자기의 큰 나무, 그리고 불구자 소의 이야기는 모두 재능도 없고 쓸모도 없는 것이 험한 세상에서 삶을 보전하고 천수를 누리는 가장 좋은 방법이라는 메시지를 전하고 있다. 불구자 소의 이야기에서 덕이 완전치 못한 사람이란 덕이 없는 사람이 아니라, 덕이 있고 재주가 있어도 그것을 감추는 사람을 의미한다. 이것이 신인神人 또는 현자들의 삶의 방식이다. 그들이 스스로 재주가 없고 쓸모가 없는 것처럼 보이게 함으로써 몸과 명예를 보전할 수 있었다는 비유이다.

그리고 장자는 "사람들은 모두 쓸모 있는 것의 쓰임은 알아도 쓸모 없는 것의 쓰임은 모른다(人皆知有用之用 而莫知無用之用也)"라고 「인간세」 편의 결론을 맺고 있다. 이 대목은 마치 도가道家의 핵심을 보여 주는 것 같다.

우리 속담에도 "곧은 나무가 먼저 베이고, 물맛 좋은 우물이 먼저 마른다."고 하였다. 곧은 나무와 물맛 좋은 우물은 성정이 곧고, 능력이 있고, 덕을 갖춘 인재를 일컫는 것이 아니다. 어떤 형태로든 난사람을 의미한다. 동서의 역사를 멀리 더듬어 갈 것도 없이 속담에서 말하는 모습들을 현재의 인간세상에서 얼마든지 많이 볼 수 있다. 대기업 인사에서 그렇고, 높은 관직에서 그렇고, 장관이나 총리 후보자들의 청문회에서 그렇다.

정호승 시인의 『울지 말고 꽃을 보라』의 〈나는 무엇이 될 수 있을까〉에는 이쑤시개가 된 백두산 자작나무 이야기가 실려 있다.

> 백두산 자작나무 중에 몹시 교만한 마음을 가진 나무가 한 그루 있었다. 그는 자작나무 중에서 가장 키가 컸다. (중략) 그는 키가 큰 탓으로 늘 다른 자작나무들을 눈 아래로 내려다보았다. 키 작은 나무들이 나중에 어떤 재목으로 어디에 쓰일 수나 있을지 참으로 걱정된다는 눈초리로. (중략) 그는 키가 클 뿐만 아니라 수피 또한 누구보다도 희고 깨끗했다. (중략)
>
> 그래서 그런지 그는 자기가 이 세상에서 가장 아름다운 나무라는 자만심이 가득했다. 백두산 때문에 자신이 아름다운 것이 아니라 백두산이 자기 때문에 아름다운 것이라고 생각했다. 그러던 어느 해 여름이었다. 좀처럼 녹을 것 같지 않던 천지에 눈이 녹자 사람들이 벌목작업을 준비하기 시작했다. 나무들은 곧 벌목이 될 자신들의 처지를 생각하고 걱정이 태산 같았다. 그러나 그는 아무런 걱정을 하지 않았다. (중략)

본격적으로 벌목이 시작되자마자 가장 먼저 벌목된 나무는 바로 그였다. 한 벌목꾼이 "저기 아주 잘 생긴 놈이 있군. 아주 값나가게 생겼는데. 저놈부터 먼저 자르지 그래." 하고 말하자마자 날카로운 기계톱이 그의 몸을 잘라 버렸다.

문목인 소나무(경북 문경)

조그마한 재주가 있으면 자랑하고 내세우고 싶어 한다. 꽃향기는 천 리 가고 사람 향기는 만 리 간다고, 있는 재주는 뽐내지 않아도 남이 다 알아본다. 남이 알아주지 않아도 의연해야 한다. 공자께서 말하지 않았는가? "남이 알아주지 않아도 원망하지 않는 것이 군자(人不知而不慍 不亦君子乎)"라고. 능력이 좋아서 일찍 높은 위치에 올라가기도 하지만, 세상에는 편법을 써서라도 남들 위에 빨리 올라가려는 사람들이 많다. 빨리 올라가면 더 올라갈 곳이 없으니 빨리 내려와야 한다. 능력과 덕이 있고 없음을 막론하고, 높이 올라가면 바람도 많이 맞는다.

나무 가운데 쓸모 있는 나무를 재목이라고 하고, 더 높여서 문목文木이라고 한다. 반대로 쓸모없는 나무는 산목散木이라고 한

구부러져서 왕릉을 지키는 노송들 (경주 오릉)

다. 우리는 숲속에서 혹은 들판에서 곧은 소나무와 굽은 소나무들을 보면서 문목의 환난과 산목의 안위를 새겨 볼 일이다.

쓸모없는 사람을 산인散人이라고 한다. 있는 재주 너무 뽐내지 말고, 없는 재주로 욕심 부리지 말고, 가진 재주만큼만 때로는 재주가 부족한 듯이 겸손하게 처신하라는 교훈으로 새기면 좋겠다. 여간내기로 사는 것이 명과 몸과 명예를 보전하는 가장 좋은 방도임을 나무로부터 배우자.

제2부

숲 이야기

되살아난 우리 금수강산

메소포타미아, 이집트, 인도, 중국. 각각 티그리스·유프라테스강 유역, 나일강 유역, 인더스강·갠지스강 유역, 황하 유역을 중심으로 이르게는 약 7천 년, 조금 늦게는 약 5천 년 전부터 발달한 농업자산을 바탕으로 찬란한 문명을 꽃피웠던 지역이다. 고등학교 세계사 시간에는 강의 풍부한 물을 활용하여 농사를 지을 수 있었고, 강 주변에 도시가 형성됨으로써 4대 고대문명 발상지가 되었다고 배웠다.

지금 세계 각 나라의 수도를 비롯하여 웬만한 도시들도 모두 크고 작은 강을 끼고 있고, 강의 크기에 맞게 도시가 형성되어 있는 것을 보면 수긍이 가는 논리이다. 어느 정도 학식이 있는 사람들은 이 논리 때문에 인류의 삶과 문명의 발달은 강과 물의 덕분이라는 인식에 갇히게 되었다.

인류학자들은 '그러면 문명을 일으켰던 강들은 지금도 흐르고 있는데, 왜 그 문명권들은 모두 사막으로 변해 있는가?'에 관심을 가지게 되었다. 그 의문의 성과로 나온 답은 강을 거슬러 올라갔다. 강의 발원지인 상류로부터 강 주변에 이르기까지 울창한 숲이 있었고, 큰 비가 올 때마다 그 숲으로부터 영양분이 풍부한 흙이 흘러내려 강 언저리에 쌓이고, 그 터전에서 농사를 지을 수 있었다는 것이 결론이다. 즉, 문명 발달의 원천이 강에서 배후의 숲으로 한 발짝 더 거슬러 올라간 것이다.

화학비료가 없을 때이니 주기적으로 숲으로부터 부엽토가 공급되지 않았다면 식량 생산을 기대할 수 없었을 것이다. 이집트에서 나일강이 범람하여 농경지를 뒤덮고 경계가 사라졌을 때 사라진 경계를 다시 찾는 것으로부터 측량기술이 생겨났다고 말하는 것을 보면, 앞뒤 아귀가 맞아떨어진다. 먹고 남은 잉여농산물이 문명 발달에 필요한 재화가 되었다.

그러면, 왜 그 문명권들은 여기저기 파편으로 흔적만 남기고 모두 지구의 대표적인 거대한 사막지대로 변해 있는가? 학자들의 견해를 종합하면, 문명을 발전시키고 문명과 함께 불어난 인구를 부양하기 위해서 도시에서 가까운 곳으로부터 시작하여 점차 강의 상류까지 숲을 파괴한 결과라고 한다. 식량 증산을 위해 숲을 농지로 바꾸고, 건축용재 · 전함 · 땔감을 확보하기 위해 나무를 마구잡이로 베어 쓰고, 나라에 따라 거대하고도 수많은 피라미드 · 사원 · 성벽 등을 짓는 데에 필요한 돌을 운반하는 굴림대로 베어 썼다.

그러다 보니 숲이 사라지고, 숲이 베풀어 주던 혜택도 줄어들었다. 큰비가 오면 거름기 없는 흙이 쓸려 내려와 지어 놓은 농작물마저 뒤덮어 버리고, 나중에는 비의 양이 줄어들어 농경지에는 물을 끌어댈 수 없게 되고, 경작지에는 염분이 많아지고. 인구는 엄청나게 늘었는데 식량은 부족하고, 번창할 대로 번창한 문명을 유지할 재화는 없고, 훼손된 숲은 되살아나지 않고.

숲이 되살아날 수 있는 기회를 주지 않고 베어 쓰기만 하다 보니, 숲이 가지고 있는 생명유지시스템(Life-support system)이 무너져서 문명을 더 이상 지탱할 수 없었다는 것이 종말을 맞은 고대문명권의 공통된 현상이다. 그래서 학자들은 "강은 문명의 터전이고 숲은 문명의 숨은 공로자"라고 한다. 이것이 고대 인류문명의 흥망성쇠에 대한 새로운 해석이다. 프랑스의 외교관이자 낭만파 문학가인 샤토브리앙(Chateaubriand, 1768~1848)은 이러한 고대 인류문명의 전말에 대해 다음과 같이 말하였다. "문명 앞에 숲이 있고, 문명 뒤에 사막이 남는다.(Forests to proceed civilization, deserts to follow)"

약 2,400년 전의 중국의 모습을 보자. 『맹자孟子』「고자告子 상上」 편에는 맹자가 산의 모습에 대해서 말한 대목이 있다. 본시 산이 울창한 숲이었으나 나무를 마구 베어다 쓰고 가축을 방목하다 보니 벌거숭이가 되었는데, 그 산을 보고 사람들은 쓸모없는 산이라고 한다. 맹자는 이걸 보고 사람들의 무절제를 책망하였다.

孟子曰 牛山之木 嘗美矣 以其郊於大國也, 斧斤伐之 可以爲美乎. 是其日夜之所息 雨露之所潤 非無萌蘖之生焉, 牛羊又從而牧之 是以 若彼濯濯也. 人見其濯濯也 以爲未嘗有材焉 此豈山之性也哉.

맹자가 말했다. 우산의 나무가 일찍이 아름다웠는데 대국의 변방에 있기 때문에, 도끼와 자귀가 날마다 나무를 베니 아름답게 지탱할 수 있겠는가? 밤에 자라고 비와 이슬이 적셔 주어 싹이 나고 가지가 번지는데, 소와 양을 방목하므로 저렇게 민둥민둥하게 된 것이다. 사람들이 그 민둥민둥한 것만을 보고 훌륭한 재목이 없다고 하는데, 이것이 어찌 산의 본성이겠는가?

한자사전에서는 산山을 '평지보다 높게 솟아 있는 땅덩어리로서 만물을 양육하는 곳'이라고 풀이한다. 중국에서는 일찍부터 산이 가지고 있는 물리적 또는 지형적 특성뿐만 아니라 생태적 특성에 주목하였던 것이다. 산이 만물을 양육하기 위해서는 기본적으로 수풀이 울창해야 한다. 그래야 그 품안에서 온갖 동물들이 깃들어 살 수 있고, 종국에는 사람도 그 혜택을 누리고 사는 것이다. 또 지형과 숲이 어우러져서 아름다운 경치를 만들어 낸다. 이것이 바로 금수강산錦繡江山이고, 산의 본성이다.

그보다 1,400년쯤 뒤에 송나라의 유학자이자 주자학이라는 성리학의 체계를 확립한 주희(朱子)는 『주희집朱熹集』 권53 「답호계수答胡季隨」 편에서 "해 · 달 · 별이 온전하고, 봄 · 여름 · 가을 · 겨울이 조화롭고, 산은 벌거숭이가 되지 않고, 못은 물이 마르지 않는 것을 가지고 만물이 제 자리를 잡고 잘 생육되는 공효를 삼는다."고 하였다. 숲이 울창하지는 않더라도 산이 벌거숭이가 되지 않은 상태를 유지하는 것을 우주만물의 흐트러지지 않은 질서 가운데 하나로 꼽고 있다.

『서경書經』에 보면, 중국에서는 순舜임금 때부터 동서남북과 중앙에 각각 한 개씩의 산을 정하여 오악五岳이라 하고, 이를 숭배하였을 뿐만 아니라 경치도 가장 빼어난 곳으로 여겨 왔다. 그래서 임금 · 황제뿐 아니라 제후들과 시인묵객들이 이 오악을 유람하는 것을 인생의 필수 코스로 여겨 왔다. 그런데, 명나라의 지리학자인 서하객은 오악에 들지도 않은 황산黃山을 오른 뒤에 '등황산천하무산登黃山天下無山'이라고, 황산을 오악보다 위에 올려놓았다. 그는 이렇게 말하였다. "중국에서 오악인 태산泰山, 화산華山, 형산衡山, 항산恒山, 숭산嵩山을 보면 다른 산을 볼 필요가 없는데, 황산黃山을 보고 나면 오악도 필요 없다."

황산에는 다섯 가지 절경으로 기송奇松, 괴석怪石, 운해雲海, 동설凍雪, 온천溫泉이 있고, 기암괴석과 어우러져 있는 열 개의 명품소나무(十大名松; 영객송, 송객송, 배객송, 망객송, 와룡송, 심해송, 흑호송, 공자송, 단결송, 연리송)가 있다. 이런 것들이 황산을 중국 최고의 금수강산으로 손꼽히도록 한 것 같다.

다녀봐서 알겠지만, 중국에는 오악과 황산만이 아니라 헤아릴 수 없을 정도의 금수강산이 많다. 하지만, 이런 경승지 구역을 제외하면 중국 대륙은 대부분 황량한 상태이다. 요녕성, 길림성, 흑룡강성으로 구성된 동북 지역을 중심으로 해서 그 넓은 중국 대륙의 겨우 10% 미만이 울창한 숲으로 남아 있으면서 14억 인구를 부양하고 있는 상태이다. 그러니 중국 대륙 전체로 봐서는 금수강산이 아닌 셈이다.

우리나라의 상황을 보자. 인구가 적었던 조선시대까지는 전반적으로 좋은 숲을 유지하였다. 특히, 조선조에는 국가적 차원에서 필요한 소나무 목재를 조달하기 위해서 소나무 보호정책을 엄하게 시행한 덕에 소나무 숲이 잘 보존되어 왔다. 하지만, 마을과 도성 주변의 산은 목재와 땔감의 채취 그리고 개간 등으로 많이 헐벗은 상태였다. 통일신라시대에 경주의 고관대작과 부호들은 장작이 아니라 숯으로 난방을 하였다고 한다. 그러니 사람들 모여 사는 곳 주변의 산들이 어떠했을지 미루어 짐작이 간다. 그로 인해 생활권에서는 수해를 많이 당하기도 하였다.

아마 이런 국토의 상황을 두고 개탄과 함께 원대한 비전을 제시했을 터인데, 도산 안창호 선생은 1919년 상해에서 행한 〈개조改造〉라는 제목의 연설에서 이른바 '강산개조江山改造'를 역설하였다.

심지어 우리 강과 산까지도 개조하여야 하겠소. (중략) 이제 우리나라에 저 문명스럽지 못한 강과 산을 개조하여 산에는 나무가 가득히 서 있고 강에는 물이 풍만하게 흘러간다면 그것이 우리 민족에게 얼마나한 행복이 되겠소. 그 목재로 집을 지으며 온갖 기구를 만들고 그 물을 이용하여 온갖 수리에 관한 일을 함으로 이를 좇아서 농업·공업·상업 등 모든 사업이 크게 발달됩니다. 이 물자 방면뿐 아니라 다시 과학 방면과 정신 방면에도 큰 관계가 있소. 저 산과 물이 개조되면 자연히 금수, 곤충, 어오魚鰲(물고기와 자라)가 번성됩니다. 또 저 울창한 숲속과 산산한 물가에는 철인·도사와 시인·화객이 자연히 생깁니다. 그래서 그 민족은 자연을 즐거워하며 만물을 사랑하는 마음이 점점 높아집니다. 이와 같이 미묘한 강산에서 예술이 발달되는 것은 사실이 증명하오.

만일 산과 물을 개조하지 아니하고 그대로 자연에 맡겨 두면 산에는 나무가 없어지고 강에는 물이 마릅니다. 그러다가 하루아침에 큰비가 오면 산에는 사태가 나고 강에는 홍수가 넘쳐서 그 강산을 헐고 묻습니다. 그 강산이 황폐함을 따라서 그 민족도 약하여집니다. 그런즉 이 산과 강을 개조하고 아니함에 얼마나 큰 관계가 있습니까? 여러분이 다른 문명한 나라의 강산을 구경하면 우리 강산을 개조하실 마음이 불 일듯 하시리리.

국토녹화와 금수강산 만들기, 아니 전 국토의 금수강산 되살리기 비전을 제시한 것이다. 그런데, 이 연설문 내용을 보면, 숲이 지니고 있는 물질적 · 환경적 효용과 함께 산과 숲의 정서적 · 문화적 효용까지 언급되고 있다. 지금 후세의 산림학자와 행정가들이 분석하고 있는 숲의 효용을 완벽하게 꿰뚫고 있으니, 지금의 일들이 새롭거나 특별한 것이 아님을 새삼 느낀다.

함석헌 선생의 '금수강산론'은 도산 선생의 생각보다 더 처절하다. 선생은 『뜻으로 본 한국역사』에서 우리나라 국토, 특히 숲의 훼손을 역사에 투영시켜 민족적 · 국가적 수치임을 일깨우는 동시에 깊은 반성을 촉구한다.

자연은 벌레처럼 파먹기만 할 미끼가 아니요, 깊은 가르침을 주는 스승이요, 간절한 위로를 주는 친구다. 그 나라 산수풍경이 그 민족의 정신생활에 주는 영향은 한없이 큰 것이다. 인물이 산천에서 난다는 말은 거짓이 아니다. 풍수설이라 해서 산수를 죽은 사람에 맡길 생각을 말고, 산천 정기를 죽어서 받을 생각을 말고, 살아서 살림으로 그것을 받고 그것을 맛볼 생각을 하였더라면 벌써 살았지! 보배를 두고도 쓸 줄을 모르면 망한다.

우리나라처럼 아름다운 경치가 세계에 어디 있는가? 금수강산錦繡江山이 아닌가? 그러나 금수강산을 금수강산禽獸江山으로 만든 것은 웬 일인가? 도둑을 막지 못해 곰 같은 놈, 독수리 같은 놈, 돼지 같은 놈, 승냥이 같은 놈들이 들어와 마음대로 짓밟게 했으니 금수강산禽獸江山이 아닌가? 그 놀라운 자연을 두고도 이태백 하나 못 내고, 워어즈워어드 하나 못 냈으니 禽獸 강산이 아닌가?

나무도 풀도 뿌리째 뽑아먹어 산하고갈山河枯渴하고 산에 짐승 하나 살 수도 없게 만들었으니 禽獸江山도 못되는 금수강산禁囚江山이냐?

자연을 통해 주시는 하늘의 말씀을 들으려 하지 않으면 짐승이요, 짐승만도 못한 죄수다. 누가 우리를 짐승 대접하고 가둔 것이 아니다. 우리가 스스로 눈 귀 입을 막고 쓰지 않으니 짐승이 된 것이고, 우리가 스스로 내 집을 내버리니 죄수가 된 것이다.

우리나라는 조선제국 말기인 1907년부터 헐벗은 산에 사방사업을 시작하여 산을 가꾸어 왔다. 사방사업이란, 헐벗고 뼈가 드러난 산등성이를 평평하게 다듬고 흙을 안정시킨 다음에 비옥한 흙을 구덩이에 채워 나무를 심는 사업이다. 일제 강점기에도 황폐산지 실태조사와 함께 이런 사방사업을 계속해 왔지만 산의 황폐 정도는 더 심해졌다. 그 원인으로는 국내적 수요의 증가도 있지만, 일제의 목재 수탈도 크게 가세하였고, 해방 후에는 사회혼란과 정책부재로 더욱 심화된 결과이다.

함석헌 선생의 글이 출판된 것은 1964년이니, 선생께서는 이런 국토의 모습을 적나라하게 보아 온 것이다. 우리나라는 이런 국토의 모습과 함께 국가의 생산성도 낮아 1960년대 초까지 세계에서 최빈국의 수준에 머물러 있었다.

본격적인 국토녹화사업은 앞서 시작된 새마을운동과 연계하여 1973년부터 시작되었다. 정치적인 평가는 차치하고, 당시 대통령은 국토녹화, 치산치수, 식량증산에 대한 철학을 가지고 있었던 것 같다. 요 · 순 · 우 임금의 왕도를 이어받은 것인지, 도산 선생의 강산개조의 철학을 본받았는지는 모르겠다. 나는 이 국토녹화사업 전반을 '금수강산 되살리기 국가프로젝트'라고 부르고 싶다.

1973년부터 시작된 제1차 치산녹화10개년계획은 6년 만에 100만 헥타르에 21억 그루의 나무심기 목표를 조기에 달성하였고, 1979년부터 시작된 제2차 치산녹화10개년계획도 9년 만인 1987년에 조기 완성되었다. 해방 이후에 하다 말다를 반복하던 사방사업도 이 기간에 지속적으로 시행되었다.

아마 "잘살아 보세, 잘살아 보세! 우리도 한 번 잘살아 보세!"라는 새마을운동의 구호가 국민들의 한 많은 가슴을 울렸고, 그 덕분에 우리 국민들은 불평불만 없이 산으로 산으로 발길을 이끌었던 것 같다. 초등학생도 4학년 이상이면 묘목 담은 망태를 메고 산등성이를 오르내렸고, 여자들은 함지박에 거름흙과 뗏장을 담아 머리에 이고 민둥산 비탈을 오르내렸고, 호미로 땅을 파서 씨앗과 묘목을 심었다. 남정네들의 노동은 말할 필요도 없다. 농산촌에서는 이렇게 남녀노소가 사방사업과 나무심기에 동원되었던 것이다.

과도하게 나무심기 물량이 배정되기도 하고 농번기와 겹치기도 해서 그랬겠지만, 많은 묘목들이 거적에 말린 채로 있다가 아궁이로 들어가기도 하였다. 그래서 서류에 잡힌 묘목들이 모두

산에 심겨 다 활착한 것도 아니고, 조림지가 두세 차례 겹치기도 하였지만, 15년 동안의 나무심기와 사방사업으로 산이 안정되고 푸르러졌다.

그 뒤부터는 산지자원화계획으로 추진되어 심어놓은 어린 나무를 가꾸고, 경제적 가치가 있는 수종 위주로 심어 나갔다. 산지가 아닌 곳에서는 86아시안게임과 88올림픽을 계기로 올림픽숲 조성사업을 내내적으로 추진하여 녹지와 꽃밭을 확대시켰다.

이렇게 추진된 우리나라의 '금수강산 되살리기 국가프로젝트'에 대하여 국제적인 평가도 이어졌다. 먼저, 제2차 치산녹화10개년계획이 한창 진행 중이던 1982년에 UN FAO는 공식적인 보고서를 통해 "한국은 제2차 세계대전 이후 산림녹화에 성공한 유일한 개발도상국가"라고 극찬하였다. 2차 세계대전 이후의 조림 성공 국가로는 독일 · 영국 · 뉴질랜드가 더 있지만, 우리나라는 개발도상국으로서 그것도 가장 짧은 기간에 전국의 산을 푸르게 만든 나라이다.

또 2006년 미국 지구정책연구소의 레스터 브라운(Lester Brown) 소장은 그의 저서 『계획 B2.0 : 문제에 봉착한 현대문명과 스트레스 받는 지구 살리기』에서 "한국은 세계적인 산림녹화의 모델"이라고 하였다. 유엔환경계획(UNEP)의 아심 스테이너(Achim Steiner) 사무총장은 2008년 "한국의 조림 성공은 세계적인 자랑거리"라고 하였다.

사방사업으로 심은 아카시나무는 중요한 밀원이 되었고, 주요 조림 수종이었던 리기다소나무와 일본이깔나무는 펄프재와 용재로 쓰이고 있다. 그래서 임산물의 총생산액은 산에서 자라고 있는 임목을 포함하여 연간 약 6조 원에 이르고, 국토보전 · 생활환경 개선 · 수자원 함양 및 수질정화 · 야생동물 서식 · 보건휴양 등을 포함한 환경적 기능은 연간 약 130조 원에 이른다. 환경적 효용은 매년 국민 1인당 약 130만 원씩의 혜택을 받는 셈이다. 여기에 더하여 철따라 연출되는 산림의 풍치와 경관도 수려해졌다.

禽獸江山과 禁囚江山에서 다시 錦繡江山을 되살린 우리나라는 이제 산림녹화와 관련된 정책과 기술을 녹색 후진국들에게 지원하고 있다. 1998년 미얀마 중부 건조지역 산림녹화사업을 시작으로 중국 서부지역 조림과 쿠부치사막 조림사업, 몽골 그린벨트 조성사업, 인도네시아 망그로브 숲 복원조림사업, 라오스 등 동아시아 지역 사막화방지사업 등 현재 24개 나라를 지원하고 있다.

지금은 식량과 난방연료 문제가 해결되어 마구잡이로 나무를 베어내고 산을 벗겨내는 일은 없어졌지만, 산불과 병해충이 온갖 노력으로 되살려놓은 우리의 금수강산을 위협하고 있다. 앞으로는 잘 지키고 질적으로 더 좋은 숲으로 개선하는 것이 과제이다.

금수강산의 주인은 누구인가? 등기부등본상에 소유권자로 등재된 개인, 법인, 지자체, 국가만 주인이 아니다. 산으로부터 혜택을 받고, 산을 자주 찾고, 산을 즐기고 느끼는 국민들이 금수강산의 주인이고 동반자이다. 주인에게는 권리만 있는 것이 아니라 책임도 있다는 것을 알아야 한다. 禽獸江山과 禁囚江山이 된 것이 온 국민들의 탓이듯, 錦繡江山을 잘 지키는 것도 주인 된 온 국민이 져야 할 책무이다.

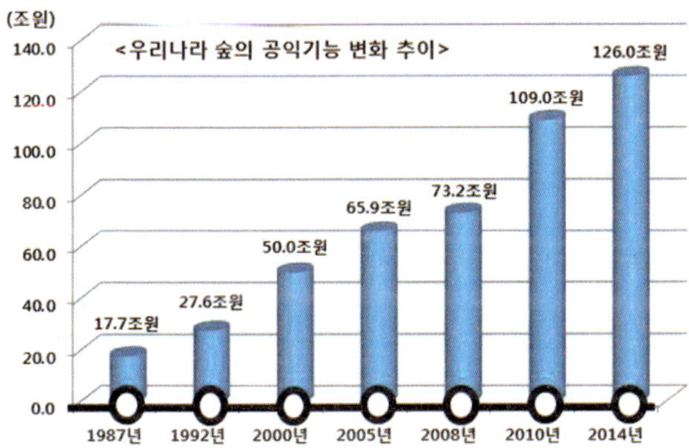

나무에 새겨진 깊은 상처

마을 가까운 산에 가다 보면 상수리나무 둥치에 큰 혹이 붙어 있거나 깊이 패여 있는 것들을 볼 수 있다. 사람의 어깨 높이에 한 쪽은 으깨져서 속의 뻐다귀(목질부)가 보이고, 그 양쪽으로 울퉁불퉁하게 덧살이 붙어 있는 모습이다. 나는 이런 나무를 군대에 있을 때 처음 보았다.

나는 대학원에 진학하여 두어 달 학교를 다니다가 군대에 갔다. 4학년 1학기와 졸업 무렵에 받은 입영영장을 기술고시 2차 시험과 맹장수술로 연기하였고, 졸업 후 학사장교 시험으로 세 번째 입영연기를 신청했으나 받아들여지지 않아 그때 입대한 것이다. 한창 신병훈련을 받고 있던 중 6월 초에 학사장교 합격통지서와 입대명령서가 훈련소로 배달되었다. 하지만, 대학에서 3년간 받은 교련 학점으로 6개월의 복무단축 혜택이 있었고, 대학원 공부가 바빴기 때문에 사병복무를 선택하였다. 부대배치 후 한 달여 해안경계근무를 하다가 행정병으로 보직을 받았다.

김포 관내에서 복무하던 중 가을철에 상급부대에 다녀오다가 산길 가까운 숲에서 쿵쿵쿵 소리를 들었다. 포사격 소리인 줄 알고 긴장 속에 돌아와서 고참병에게 물으니, 마을 사람들이 도토리를 따는 소리라고 하였다. 나무 메로 상수리나무 둥치를 쳐서 도토리를 딴다는 것이었다. 다음에 산길을 오가면서 보니, 주변에 있는 큰 상수리나무들 가운데 어떤 것은 둥치가 으깨어져 있고, 어떤 것은 울퉁불퉁 혹이 나 있고, 어떤 것은 그 상처가 너무 심해서 윗부분을 아슬아슬하게 지탱하고 있기도 했다. 모두 열매 때문에 여러 해 동안 메질을 당해 온 결과라는 것을 알았다. 산골에서 자랐고, 3년 동안 임학을 배웠어도, 이런 현상을 그때 처음 알았다.

상수리나무의 그런 수난의 내력을 알고 난 뒤로는 도처에서 혹부리 상수리나무를 보게 되었다. 순창읍내에 있는 신말주와 신경준의 유적인 귀래정歸來亭 옆의 상수리나무도 그렇고, 상처가 많이 아물기는 했지만 고창읍성 안의 상수리나무도 수난을 당하였다. 심지어 대학 캠퍼스에서도 볼 수 있다. 바로 내가 근무하는 학교의 분수대광장에 있는 상수리나무들이다. 이 나무들은 1994년부터 당시 장명수 총장님의 뜻에 따라 추진한 〈캠퍼스 공원화사업〉의 일환으로 1995년 2월 전주 서곡택지개발지구에

메질을 당한 상수리나무의 상처
(전북대학교 분수대)

충남 보령 성주산 소나무

서 옮겨 심은 것이다. 3년여 경과하여 1백여 그루가 자리를 잡아 지주를 제거하였는데, 그때부터 시민들이 새벽에 와서 도토리를 주워 가기 시작했다.

도토리 주우러 오는 사람이 늘어나다 보니 남들보다 먼저 도토리를 따기 위해 나뭇가지를 던지고, 급기야 메질이나 망치질을 하기 시작했다. 껍질이 벗겨지고 으깨지는 나무들이 늘어 갔지만, 누구도 제지하거나 지키는 사람이 없었다. 내 손으로 심은 나무들이니 내가 나설 수밖에 없었다. 코팅한 여러 장의 경고문을 나무에 매달은 뒤부터 메질과 망치질은 없어졌지만, 두세 해 당한 상처로 나무들은 세월이 지날수록 더 흉한 혹부리가 되어 가고 있다.

얼마나 도토리묵이 좋다고 대학 캠퍼스에 조경수로 심어 가꾸는 나무에서까지 그렇게 심하게 도토리를 탈취해 가는지, 먹는 것에 집착하는 행태가 한심할 정도이다. 마치 경기도 소재 어느 식물원이 개장하였을 때 '○○나물'이라는 표찰이 붙은 식물들이 일주일 만에 모두 뜯겨 나갔다는 서글픈 사례를 연상케 한다. 캠퍼스에 숲이 우거진 뒤로 다람쥐와 청설모도 여러 마리 들어와 살고 있다. 이놈들도 도토리를 찾아 분수대 주변을 배회하는데, 사람들에게 쫓기다 보니 겨울 날 채비나 제대로 되는지 모르겠다.

상수리나무는 참나무류 가운데서 촉촉하고 살집이 넉넉한 땅에 잘 자라기 때문에 대개 마을에서 가까운 산록부에서 자란다. 열매인 상수리는 묵을 쑤었을 때 맛이 으뜸이다. 그래서 사람들이 선호하고, 다람쥐 · 청설모와 도토리 줍기를 경쟁한다. 그러니 나무둥치에 가해지는 메질과 깊어만 가는 혹부리 상처도 좋은 열매 때문에 생긴 제 탓이란 말인가?

식량이 부족했던 시절에 도토리묵은 훌륭한 구황용 식품이었다. 지금은 건강식품이고 다이어트식품이라고 선호하지만, 옛날에는 배고픔을 면하기 위해 먹었다. 그래서 생겨난 속담이 있다. "상수리나무는 들판을 내려다보면서 열매를 맺는다." 상수리나무는 산자락에서 들판을 굽어보면서 풍년이 들면 열매를 적게 맺고, 흉년이 들면 열매를 많이 맺는다고 믿어 왔다. 얼마나 고마운 나무인가.

우리 선조들이 생각했던 상수리나무의 결실과 농사의 풍흉은 과학적으로 근거가 있다. 특히, 벼농사와 관련이 깊다. 상수리나무를 비롯하여 참나무류는 모내기가 시작되기 전에 꽃이 핀다. 이때 비가 많이 오면 논에 물이 충분히 잡혀 모내기를 제때에 하고, 모의 활착과 성장이 좋아서 풍년 들 확률이 높다. 상수리나무 입장에서는 개화기이므로 비가 많이 오면 꽃가루받이가 덜 되어 결실이 적어진다. 이 시기에 비가 적게 오면 벼농사와 상수리나무의 입장이 뒤바뀌게 된다. 우리 선조들은 이러한 자연현상을 두고 상수리나무와 각별한 교감을 하였던 것이다.

참나무류 가운데 굴참나무는 수피가 두껍고 탄력이 있어서 껍질이 벗겨지는 수난을 당해 왔다. 굴참나무 껍질은 산간지방에서 집의 지붕을 씌우는 재료인 굴피로 쓰기 위해서, 그리고 와인병의 코르크마개 등으로 가공하기 위해서 벗겨진다. 하지만 코르크층의 채취는 생장조직을 훼상하지 않고 남겨두기 때문에 시간이 지나면 코르크층이 재생된다. 그러니 상수리나무에 가해지는 메질보다는 가혹하지 않다.

또 하나의 나무 둥치에 생긴 깊은 상처는 소나무가 안고 있는 것이다. 대학원 시절 강화도 마니산의 전등사에 갔을 때 숲길을 걷다가 나무장승처럼 생긴 아름드리 소나무들을 보았다. 땅 위 1미터 남짓 부위에서 껍질이 깊게 파였는데, 방패 모양이나 찢어져 올라간 장승 눈 모양 등 상당히 정형적으로 패여 있었다. 그 안에 드러난 진한 회색의 목질부에는 넓은 V자 모양의 칼자국이 선명하였다. 칼자국은 사진에서 본 고무나무 줄기의 것과 흡사하였다. 소나무의 진액인 송진松津을 채취한 흔적임을 짐작하였다.

내 고향마을은 앞뒤 산이 모두 울창한 소나무로 덮여 있어서 흑송리黑松里이다. 또 두 곳의 초등학교를 다닐 때도 산길을 걸어 다녔다. 열 살 때부터는 해마다 가을이면 앞산의 아름드리 소나무에 올라가 땔감을 털기도 하였다. 그런데도 어린시절에는 이렇게 상처가 나 있는 소나무를 주변에서 본 적이 없다. 어른들에게서 송진 채취와 관련된 이야기를 들은 기억도 없다. 온통 소나무 숲이라 해도 과언이 아닐 우리 고장에서 송진 채취의 수난이 없었을 리가 없는데 말이다.

경북 문경의 새재길에서 똑같은 소나무들을 보았다. 어느 소나무 앞에 해설판이 세워져 있었다. 내용은 "일제 말기인 1943년부터 1945년 사이에 자원이 부족한 일본군이 한국인을 강제로 동원하여 에너지원으로 사용하기 위해 송진을 채취한 자국으로 빗세기가 지난 지금도 그 상처가 아물지 않고 있다."라고 되어 있었다. 산림박물관 등에 전시되어 있는 소나무 둥치에 대한 설명문에도 "일제강점기에 항공기 연료로 사용하기 위해 송진을 채취했다."는 내용이 등장한다.

충남 태안 안면도의 소나무 숲에 세워져 있는 송진 채취 관련

안내표지의 내용은 조금 더 구체적이다. 앞 부분의 내용은 다른 곳의 안내표지 및 설명문과 동일하지만, 뒤의 내용은 안면도에서의 피해상황을 구체적으로 설명하고 있다. "제2차 세계대전이 한창이던 1940년부터 1945년까지 일본군은 군용항공기 연료를 보충하기 위하여 이곳 아름드리 소나무에서 송진을 채취하였다. 당시 일본군은 마생상점(주)이라는 일본 회사를 통하여 중경목 이상의 소나무를 대상으로 생육이 가장 왕성한 5월부터 8월까지 소나무에 V자 형태의 홈을 그어 송진을 채취하였으며, 당시 훼손된 소나무는 약 10여 만 그루나 된다."

안면도자연휴양림관리사무소 등에 따르면, 일본 기업 아소상점(마생상점, 초대 소장 하야시, 한국명 林聖三)은 안면도의 임야 6천 ha를 매수하여 주민 수백 명을 동원해 하루 평균 2백 그루에서 송진을 채취하고, 2백 그루는 베어 인천이나 군산을 통해 일본으로 반출했다. 이렇게 훼손된 소나무가 10만 그루에 달하는 것으로 전해진다. 송진 채취와 벌목작업에 동원된 사람들에게 지급된 하루 일당은 50전이었는데, 사흘 임금을 모아야 겨우 쌀 한 말을 살 수 있는 돈이었다고 한다. 다른 지역에서는 주로 20세 미만의 젊은이들이 송진 채취에 동원되고, 하루 임금은 70~80전이었다고 한다.

일본은 제2차 세계대전의 막바지에 무기 제조용 철강재와 차량 및 전투기의 연료 등 전반적인 군수물자의 고갈 상황에 봉착하였고, 이를 타개하기 위하여 한국에서의 자원 수탈도 극에 달하였다. 쌀, 금속 및 비금속 지하자원, 목재, 놋그릇 등의 수탈이 특히 심하였다. 이 와중에 연료용으로 송진의 수탈도 자행되었던 것이다.

아마 전국의 군 단위 내지 면 단위로 송진 채취 목표량이 할당되었을 것이다. 그러니 마을마다 사람들이 소나무 숲에 들어가 낫으로 껍질을 벗겨내고, 칼로 속살을 가르고 깡통을 매달아 송진을 받았을 것이다. 지금 깊은 상처를 안고 있는 소나무들의 크기로 세월을 거슬러 헤아려 보면, 당시에 나이는 삼사십 년 되고 둥치 굵기는 한 뼘 남짓 넘는 소나무들은 모두 진액을 뽑혔을 것으로 보인다.

정운현은 『묻혀있는 한국 현대사』에서 송진 채취와 관련된 내용을 다음과 같이 기록하고 있다.

> 1940년대 들어 일제는 중국 대륙과 동남아 및 남양군도 등 두 곳에서 큰 전쟁을 벌였다. 시간이 지날수록 전쟁물자가 달리는 것은 당연했다. 그중에서도 석유가 제일 문제였다. 결국 석유 대용품을 만들어 쓰기로 했는데 송진에서 추출한 송탄유가 그것이었다. 송탄유는 비누나 노료 등 생필품 원료는 물론, 군용기에도 유용한 전쟁 물자였다. 이에 조선총독부는 지역별로 할당량을 정해 조선인들을 송진 채취에 동원했다. 이 과정에서 조선 전역의 질 좋은 소나무들이 칼질을 당했다. 1941년 미국의 석유수출 금지로 연료수급에 차질을 빚게 되면서 무차별적으로 행해졌다 소나무

에서 송탄유를 추출하는 방식은 크게 2가지다. 하나는 지면에서 70~80센티미터 지점에 높이 10센티미터, 길이 20센티미터 크기의 V자형 홈을 낸 후 소나무의 속결 사이로 배어나오는 생송진을 함석 등을 이용하여 받아내는 방식이며, 다른 하나는 가마 형태의 틀을 만든 후 그 속에 관솔을 넣고 불을 지펴 관솔에 함유된 송탄유를 추출하는 방식이다.

송진을 채취한 목적이 항공유 보급을 위해서였다거나 송탄유松炭油를 항공유로 사용하였다는 설명에 대해서는 이론도 있다. 당시에 송진을 항공유로 사용하기 위해서는 엄격한 정제와 가공 공정을 거쳐야 하고 비행기 엔진도 개조해야 했는데, 무엇보다 송진에서 추출한 송탄유는 순도가 낮아서 항공유로 사용하기에는 부적절했다는 지적이다.

우리 선조들은 소나무로부터 횃불이나 등불용 기름을 얻을 때 송진이 응어리진 관솔옹이를 채취하여 썼지, 그네들처럼 소나무에 혹독한 짓을 하지는 않았다. 왕실과 조정에서부터 민초들에 이르기까지 쓸모 많은 소나무를 끔찍하게 여겨온 터라, 살아 있는 소나무 둥치에 모진 상처를 내고 진액을 뽑아내는 불경스러운 짓은 감히 생각조차 하지 못했다.

그런 의식 덕택인지 다행히도 경주의 계림, 오릉, 나정, 포석정 등 신라 문화유산지구 안에 있는 소나무들은 수난을 당하지 않았던 것 같다. 현재 그곳에 살아 있는 노송들에서 송진 채취의 흔적을 볼 수 없기 때문이다. 아마 혹독한 시절에도 선조들은 더 멀리 남산까지 나가 송진을 채취해 올망정 이런 곳에 자라고 있는 신성한 소나무들의 몸에는 생채기를 내지 말자고 동맹이라도 했던 것인가.

강화 전등사와 청양 무량사 등 문화재 주변에 있는 일부 소나무들은 외과수술을 받아 칼자국이 난 속살은 감춰졌다. 하지만 상처의 모습은 여전하다. 나무는 줄기에 상처가 생기면 상처 주변의 살아 있는 성장 조직이 사방에서 감싸고 들어와 종국에는 상처 부위를 감싸게 된다. 나무에게도 상처는 고통이고, 상처가 아무는 데 걸리는 세월은 그 크기에 비례한다.

김주영의 소설 『똥친 막대기』에서는 이렇게 말한다. "나무라해서 고통을 모르는 줄 알았다면 그것은 큰 오산입니다. 나와 같이 어린 나무도 상처가 나면 크나큰 고통을 느끼고 발버둥 치게 된답니다. 다만 그 고통에서 빚어지는 고함 소리를 사람이 알아듣지 못할 뿐입니다."

송진 채취가 우리나라에서만 자행되었던 것은 아닌 것 같다. 규슈 올레를 걸으면서 들른 야마가시(山鹿市)의 문화센터에서 껍질이 다 벗겨진 한 아름 크기의 회살색 나무도막을 보았다. 사방에 칼집이 나 있었다. 사방이 다 벗겨졌으니 아마 진액을 뽑힌 다음 생을 마감하였던가 보다. 베여서 역사의 증거물로, 아니면 문화재로 이 문화센터에 전시되어 있는 것이다. 일본에서는 송진

정제기술이 일찍 발전되어 있어서 오래전부터 송진을 채취해 왔는데, 2차대전 당시에는 저희네 나라에서 필요한 양을 다 충당하지 못해 한반도에서 송진을 수탈하였던 것 같다.

우리나라에서 송진 채취는 일제강점기 이후에도 이어져서 1970년대까지 전국 소나무 숲에서 송진을 채취하였다. 여러 자료들에 따르면 송진은 1970년대까지 우리나라 산골 농가의 주요 수입원이었다. 수요가 늘어나면서 가격도 1960년대에 1톤당 10만 원이던 것이 1970년대에는 20만 원을 거쳐 50만 원까지 치솟았다고 한다. 송진은 비누, 종이, 광택제, 봉랍封蠟, 잉크, 먹, 접착제, 납땜 용제, 방수제 등 100여 가지가 넘는 공업제품의 원료로 사용되었다.

아쟁 · 바이올린 · 첼로 등 현악기의 활, 무용수의 신발, 봉을 잡는 운동선수의 손바닥 끈끈이, 무대 바닥의 미끄럼 방지용 등으로 사용되는 송진이야 꼭 이런 방식으로 채취하지 않아도 충당할 수 있었을 것이다. 그러니 1970년대까지 이어진 송진 채취는 일제로부터 그 쓰임새를 전수받은 탓이 크다고 할 것이다.

70년 넘은 세월이 지났어도 소나무들의 상처는 아직 둥치 둘레의 절반이나 삼분의 일 정도인 것을 보면, 당시 뒤쪽 껍질을 조금만 남기고 홀랑 벗겨냈던 모양이다. 지나온 세월만큼을 더 살아도 상처는 다 덮이지 않을 것이다.

이 나무들은 역사를 기억하고 배우게 하는 살아 있는 귀한 증거물이다. 서글프고 아픈 우리 역사를 딱지도 다 붙지 않은 몸으로 생생히 증언하고 있는데, 안내표지가 없는 곳에서는 이 소나무들이 전하는 역사를 알 수 없다. 특히, 세대가 더 지나면 민족의 아픈 역사를 누가 알겠는가? 사람들이 많이 다니는 등산로, 캠프장, 휴양림, 자연공원 등에 이런 소나무들이 남아 있다면 사연을 새긴 안내표지를 세워야 할 일이다. 아울러 상수리나무 둥치에 나 있는 혹부리에 대한 안내표지도 세워서 사람의 반자연적인 탐욕을 경계하고, 자연을 생각하는 동기를 제공하면 좋겠다.

상처 많은 나무의 무늬가 아름답다고는 하지만, 상수리나무와 소나무 둥치에 난 상처는 목재의 무늬를 아름답게 하는 것과는 무관하다. 지금은 워낙 보는 눈이 많아 상수리나무에 메질을 하는 사람도 없고, 송진을 뽑아 쓰는 일도 없다. 하지만, 사람들은 나무가 죽어서까지 품고 있는 이 깊은 상처의 의미를 새길 필요는 있다.

생태적인 놀이, 화투花鬪

2016년 봄은 가수 조영남 씨의 화투 그림 대작 사건으로 떠들썩했다. 그는 가수이면서 그림을 그렸고 개인전시회도 여러 번 열었던 것으로 알고 있다. 그의 그림 가운데는 유난히 화투를 주제로 한 것이 많다. 화투에 담긴 생태적 의미를 누구보다 잘 이해하고, 나름대로 심오한 철학을 가지고 있어서일까? 화투에 친밀한 우리 국민들과 격의 없이 소통하기에 좋은 소재여서일까?

우리나라 국민들은 화투놀이를 대단히 좋아한다. 혼자서도 '재수보기'와 '운수 떼기'를 하면서 즐긴다. 셋 이상 모이는 가족모임과 친구모임에서는 때와 장소를 가리지 않고 화투판이 벌어진다. 경로당에서는 시간 보내기와 치매예방을 위한 건강 프로그램으로 애용된다. 대화에 미숙한 탓일까, 상대를 가리지 않고 남의 것 빼먹는 즐거움 탓일까. 장례식장에서는 상당히 많은 판돈을 걸고 화투와 함께 밤을 새는 경우도 있고, 은밀한 곳에 일명 하우스를 차려놓고 상습적으로 벌이는 화투판이 심심찮게 뉴스에 보도되기도 한다.

여럿이 하는 화투는 민화투, 짓고땡, 섰다, 고스톱, 월남뽕, 육백 등 다양하다. 손가락으로 이마 튕기기, 팔뚝 맞기, 벌칙 받기 등도 재미있지만 금방 싫증나기 십상이다. 화투판에서는 한 점에 십 원이라도 돈이 걸려야 제 맛이 난다. 이렇듯 우리나라에서 화투는 전통 윷놀이 대신 놀이판을 점령하였고, 전통 도박인 투전을 밀어내고 도박의 전형이 되었다.

그뿐인가? 일상 대화는 물론이고, 공식적인 토론장이나 정치인들의 발언, 심지어 방송 프로그램에서조차 '짜고 치는 고스톱'을 비롯하여 화투판에서 쓰는 용어들이 거침없이 쓰이고 있다. 군용 모포를 대신할 화투 전용 방석도 만들어졌다. 가히 화투공화국이라 해도 과언이 아닐 정도이다.

이렇게 우리의 삶 속에 깊이 뿌리내리고 있는 화투는 본시 우리 것이 아니다. 화투는 열두 종류 마흔여덟 장으로 되어 있는 놀이딱지의 일종이다. 일본의 카드놀이인 하나후다(花札)가 조선 시대 후기(19세기경)에 쓰시마 섬의 상인들에 의해 우리나라에 전해져서 한국식으로 변형된 것이라고 한다. 일본에서 하나후다가 시작된 시기는 16세기 후반으로 보고 있다.

초기의 화투는 일본 하나후다와 유사하게 전해지다가 화투 그림의 왜색이 짙다는 이유로 1950년대에 들어와 우리 정서에 맞는 화투 그림으로 바뀌었다. 1970년대까지만 하더라도 여러 겹의 종이를 붙여 만들었기 때문에 너덜너덜해진 화투짝을 가지고 놀던 기억이 있다. 그래서 패 몇 장이 부족하면 즉석에서 종이를 덧붙이고 그림을 그려 만들어 쓰기도 하였다. 지금은 플라스틱 재질로 얇게 만들어져 말 그대로 손에 착착 달라붙는다. 빨간색을 금기시했던 시절에도 그랬고, 지금도 어찌된 영문인지 화투의 뒤쪽 색깔은 모두 빨간색이다.

화투에는 1월부터 12월까지 다양한 동물, 식물, 천체 그리고 사람의 그림이 그려져 있다. 1월은 소나무와 학(송학松鶴, 솔), 2월은 매화와 휘파람새(매조梅鳥), 3월은 벚꽃(사쿠라), 4월은 등나무와 두견새(흑싸리), 5월은 붓꽃(난초), 6월은 모란(목단), 7월은 싸리나무와 멧돼지(홍싸리), 8월은 억새와 보름달(공산명월, 공산), 9월은 노란 국화와 술잔(국진), 10월은 단풍과 사슴(풍楓), 11월은 벽오동 잎과 꽃 그리고 봉황(오동梧桐, 똥), 12월은 버드나무와 선비 그리고 청개구리(비)이다. 괄호 안에 표기된 명칭은 화투판에서 부르는 이름이다.

보통 화투판에서 부르는 명칭과 실제 그림 사이에 가장 큰 차이가 나는 것은 4월, 5월, 11월 그리고 12월에 해당하는 그림이다. 4월, 5월, 11월은 그림을 잘 들여다보면 이해가 갈 것이다. 혹시 4월 화투에 나뭇가지가 모두 위로 향하도록 그려져 있다면 등나무의 덩굴손과 꽃대로 보이지 않을 터이니, 그럴 때에는 흑싸리라 하지 말고 4월 무렵 우리 산과 들에 흐드러지게 피는 '조팝나무'로 부르자는 것이 내 평소의 지론이다. 11월의 봉황은 제후의 상징이고, 벽오동은 대나무 씨앗만을 먹는 봉황이 깃드는 나무이다.

12월의 그림에는 깊은 교훈이 담겨 있다. 그림에 우산을 받고 있는 사람은 일본 헤이안(平安) 시대 최고의 시인이요 학자이며 철학자였던 스가와라 미치자네(菅原道眞, 845~903)라고 한다. 그가 청년기에 공부에 진척이 없자(과거에 여러 번 낙방했다고도 함) 물에 빠져 죽으려고 방죽으로 갔다. 그곳에서 물속에 있는 바위에서 뜀뛰기를 하는 개구리를 본 것이다. 죽으러 온 것도 잊은 채 한참을 바라보고 있으니, 수없이 뜀뛰기를 한 뒤에 건너편에 있는 연잎에 올라앉는 것이었다. 연잎에 뛰어오르는 것이 개구리의 목적이었음을 깨달은 그는 "이런 미물도 목표를 이룰 때까지 최선을 다하는데, 나는 이 개구리만도 못하구나." 반성하고 돌아와 학문에 매진하여 당대 최고의 학자가 되었다.

스가와라 미치자네는 백제시대에 일본으로 건너가 학문을 전파했던 왕인 박사의 후손이라는 설도 있다. 그는 정치적 망명길에 규슈에서 차로 30분 정도 거리에 있는 다자이후에서 아이들에게 글공부를 시키다가 세상을 떴다. 사후에 복권되어 학문의 신으로 옹립되었고, 905년 다자이후 텐만구(太宰府 天滿宮)를 지어 그의 위패를 봉안하게 되었다. 텐만구는 대학입시를 앞둔 고3 학생들의 수학여행 필수 코스로서 이곳에서 원하는 대학에 합격하기를 기원하는 신사로도 유명하다. 이곳은 매화가 유명하고, 매화 문양을 한 '우메가에 모치'가 특산품이다. 또 다른 이야기는 12월 화투의 주인공이 일본의 헤이안(平安) 시대에 3대 서예가 중 한 명인 오노도후(小野道風, 894~966)라는 것이다. 이 사람이 글씨 공부를 하는데 실력이 늘지 않자 비관한 나머지 비 오는 날 강물에 빠져 죽으러 나갔다. 물에 투신하는 사람의 준비자세로 신발을 벗고 있는데, 옆에서 폴짝폴짝 소리가 들렸다. 둘러보니 조그만 청개구리 한 마리가 점프했다가 땅바닥에 떨어지고, 숨을 고른 다음 다시 점프했다가 떨어지고를 반복하는 것이었다. 한참 보고 있자니 청개구리가 늘어진 버들가지 잎사귀에 달라붙었다. 그는 청개구리를 통해 자신을 반성하고 돌아와 글씨 공부에 매진하여 당대 최고의 서예가가 되었다.

2월의 매조는 매화와 휘파람새이다. 오랜 옛날부터 매화와 휘파람새는 붙어 다니는 것으로 여겼다. 매화는 도공의 약혼녀가 결혼을 앞두고 죽은 화신이요, 휘파람새는 그 매화를 지키고 사랑하다 죽은 도공의 화신이기 때문이다.

9월의 쌍피 그림에는 황국과 목숨 수壽 자가 새겨진 술잔 그리고 시냇물이 등장한다. 음력 구월 구일 중양절에 국화주를 마시면 무병장수한다는 인식의 표현이다. 그림 속의 시냇물은 국화 뿌리에서 흘러내린 물줄기로서 조금 부황하기는 하지만, 이 물도 무병장수를 돕는 약물이라고 한다.

1월의 소나무는 세한삼절歲寒三絶의 하나요, 학과 함께 십장생에 속한다. 8월의 명월은 초가을의 상징이다. 소나무와 8월의 보름달은 도연명의 시 〈사시四時〉에서도 각각 겨울과 가을을 대표하는 사물과 천체로 꼽히고 있다.

春水滿四澤 夏雲多奇峰
秋月揚名輝 冬嶺秀孤松
봄물은 사방 못에 가득 넘치고
한여름 흰구름 기이한 산봉우리에 찼네
가을 보름달 휘영청 밝기도 하다
한겨울 고갯마루에 외로운 소나무 빼어나구나

화투 그림에 대한 해석이 너무 장황하였다. 하지만, 화투 속에 등장하는 동물과 식물 그리고 천체는 각각 해당하는 시기(월)

숲속에서의 생태놀이

를 대표하는 것들임을 알게 되었다. 따라서 화투 그림 속에서 자연의 모습, 동・식물의 종류와 생태, 생활문화 등을 배울 수 있고 깊은 교훈까지 얻을 수 있다는 말도 수긍할 수 있을 것이다. 즉, 화투를 생태놀이와 문화놀이로 승화시킬 수 있다는 말이다. 물론, 판돈이 많은 화투판에서는 따고 잃는 것에 혈안이 되어 있기 때문에 생태놀이나 문화놀이가 될 수 없지만.

한편, 세간에는 가장 대중적인 화투놀이인 고스톱을 아이들에게 가르쳐야 하는 열 가지 이유가 회자되고 있다. 고스톱을 통해서 아이들에게 생태적 교훈 이외에 또 어떤 교훈을 줄 수 있을까? 물론 유머이긴 하지만, 새겨 볼 만한 의미가 있다는 생각도 든다. 고스톱의 전문용어를 그대로 옮긴다.

첫째, **낙장불입** ; 인생에서 한 번 실수가 얼마나 엄청난 결과를 초래하는지 인과응보에 대해 깨우치게 한다.

둘째, **비풍초똥팔삼** ; 살면서 무엇인가를 포기해야 할 때 우선순위를 제대로 판단함으로써 위기상황을 극복해 가는 과정을 가르친다.

셋째, **밤일낮장** ; 인생에서는 밤에 해야 할 일과 낮에 해야 할 일이 정해져 있으므로, 모든 일은 때에 맞추어 해야 함을 가르친다.

넷째, **광박** ; 세상은 결국 힘 있는 자들의 몫이라는 무서운 사실을 인식함으로써 최소한 광처럼 든든한 힘(자신의 능력이든 뒷

배경이든) 하나는 가지고 있어야 인생을 쉽게 풀어 갈 수 있다는 것을 깨우치게 한다.

다섯째, **피박** ; 쓸데없어 보이는 피가 고스톱에서 얼마나 중요한 것인지를 깨우치게 함으로써 사소한 것이라도 결코 소홀히 여기지 않도록 한다. 즉, 티끌모아 태산의 진리를 가르친다.

여섯째, **쇼당**(しょうだん) ; 고스톱의 진수인 '쇼당'을 안다면, 인생에서 양자택일 또는 승부수를 던져야 하는 기로에 섰을 때 현명한 판단력을 증진시킬 수 있다.

일곱째, **독박** ; 무모한 모험이 실패했을 때 속이 뒤집히는 과정, 또 얼마나 큰 대가를 치러야 하는지를 미리 체험함으로써 무모한 짓을 삼가도록 가르친다.

여덟째, **고**(GO)~ ; 인생은 결국 승부라는 것을 가르쳐 도전정신을 배가시키고 배짱을 가르친다.

아홉째, **스톱**(Stop) ; 안정된 투자정신과 신중한 판단력을 증진시키며, 미래의 위험을 내다볼 수 있는 예측력을 가르친다.

열째, **나가레**(ながれ) ; 아무도 승자가 없는 무효판을 경험함으로써 인생은 결국 아무것도 쥐고 갈 수 없다는 것을 깨닫게 해 준다. 즉, 그 어려운 '노장사상'을 단번에 이해하게 한다.

숲에 가지 않더라도 친한 사람들이 모여서 벌이는 화투판에서 자연의 섭리와 인간 삶을 배울 수 있다. "그러면 숲속에서 벌이는 화투판은 자연생태를 이해하는 데에 양수겸장兩手兼將이겠네?"

한다면, 그에 대한 답은 애매하다. 억지 같지만, 잘 새겨 보면 일상에서 즐기는 화투놀이에서도 많은 의미를 찾을 수 있다는 발상이다.

숲을 느끼기 위한 생태맹 탈출

예전에는 산이나 숲에 들어가 걷는 행위를 등산이라고 했다. 주로 정상을 오른 뒤에 하산하였기 때문이다. 2001년 한국갤럽의 조사에 의하면, 18세 이상의 우리 국민 가운데 가장 많이 참여하고 있는 야외활동은 등산이고, 연간 1회 이상 등산하는 인구가 1999년 55%에서 75%로 증가하였다. 또한, 2003년 한국리서치의 조사에 따르면, 일반인들의 취미활동 가운데 등산이 가장 높은 비중을 차지하였고, 그중에 95% 정도는 하이킹 위주의 산행을 하였다.

2003년 한국리서치의 조사에서 일반인들의 등산 목적은 주로 건강증진, 관광여행, 스포츠적인 것이 대부분이었다. 등산의 효과로는 마음이 넓어진다(47%), 땀 흘리며 걷는 그 자체가 좋다(55%), 마음이 편해진다(72%) 등을 들었지만, 건강에 좋다는 답변

(88%)이 압도적인 우위를 차지한 것을 보면 등산의 목적과 연관이 있다.

등산하는 사람들이 하는 말을 들어 보면, 등산의 건강효과는 아마 근육운동이 우선이고 다음으로는 심폐기능의 강화와 체중감량 등일 것이다. "아침에 뭐 안 서는 놈에게는 외상도 주지 말고 돈도 빌려주지 말라."고 하였다. 등산을 통한 근육운동은 남성들의 입장에서 보면 고개 숙여 한 가지 기능만 하는 것이 다시 서고, 자주 서고, 오래 서고, 굳게 서게 되어 새로운 자신감과 활력을 가질 수 있게 하니, 이보다 더 중요한 효과가 있을까. 건강을 목적으로 등산하고 등산의 건강증진 효과에 몰입하는 사람들은 대부분 자기 발끝만 쳐다보고 팔을 위아래로 크게 흔들면서 걷고, 코스 완주에 소요되는 시간의 단축을 무용담으로 삼는다.

이런 등산이 요즈음에는 산행 또는 '산에 간다'는 말로 바뀌었다. 산과 숲에 가서 활동하는 방식이 예전과 달라졌기 때문이다. 2010년에 산림청에서 실시한 〈산림에 대한 국민의식 조사〉에서 정상 통과형 등산과 산기슭의 숲길을 걷는 트레킹의 선호도가 각각 54.1%와 45.1%로 나온 것이 그 증좌이다. 소위 산을 느끼는 사람들(부류)이 많이 늘어난 것이다. 이들은 오감으로 산과 숲을 느끼고 그것을 총합하여 가슴(六感)으로 느낀다. 산행에서 지적 호기심을 충족시키고, 정상경험頂上經驗(최고경험)을 통해 정서적 풍요로움과 자아실현을 위한 에너지를 얻음으로써 행복의 길로 들어간다.

2007년 산림청의 조사에 의하면 약 1,500만 명이 매월 정기적으로 산행을 하고 있는 것으로 나타났고, 최근에는 정기적인 산행인구가 2천만 명을 넘어선 것으로 추정되고 있으니, 국민 3명당 1명이 매월 정기적으로 산을 찾고 있는 셈이다. 유아 · 노약자 · 신체부자유자 등을 제외한다면, 자기 다리로 산에 갈 수 있는 국민의 60% 정도가 정기적인 산행을 하고 있다는 계산이다.

이렇게 숲을 찾는 인구가 갈수록 많아지는 이유는 무엇일까? 내 나름대로 사회적 요인, 개인적 요인, 정책적 요인의 세 가지로 구분하여 보았다.

먼저, 사회적 요인으로는 조기퇴직 인원의 증가, 주 5일 근무제에 따른 여가의 확대, 산악회 · 사진 · 채집 등의 다양한 동호회 활동, 환경 관련 시민단체의 활성화로 체험활동과 답사 프로그램의 확대, 지리산둘레길과 제주올레를 시작으로 한 트레킹의 확산, Mass Tour에서 주제가 있는 Eco Tour로 여행문화의 변화, 캠핑문화의 확산 등을 들 수 있다. 특히, 캠핑 인구는 연간 200만 명 이상으로 추정되고 있다.

다음으로, 개인적 요인으로는 신체적 및 정신적 건강 욕구, 나이가 많아도 산행을 즐길 수 있는 신체적 건강의 유지, 경제적으로 가장 부담이 없는 여가활동에 대한 선호, 숲의 치유(Healing) 기능에 대한 인식 확대 등을 들 수 있다.

마지막으로, 정책적 요인에는 유치원부터 고등학교까지 의무화되어 있는 창의적 체험학습과 관련된 자연학습 기회의 확대,

숲길의 이용 서비스 확대, 숲해설가 · 숲길체험지도사 · 유아숲지도사 · 산림치유지도사 · 자연생태해설사 등의 양성 배치에 따른 숲 탐방과 체험활동의 만족도 및 질적 향상 등이 있다.

그렇다면 숲을 찾는 진정한 이유 또는 의미는 무엇일까? 앞에서 언급했듯이 일반 국민들의 산행 목적이 있고, 트레킹이나 캠핑을 즐기는 계층의 숲을 찾는 목적이 있고, 유아와 청소년들의 숲 체험 목적이 있다. 이것들을 모두 아우를 수 있는 합목적적인 표현으로는 '숲체험활동'이 적당할 것 같다. 그리고 숲체험활동이란 "나무 · 숲 · 산이 지니고 있는 자연자원과 문화자원이 제공하는 세 가지의 효용을 체험하고 이해함으로써 생태맹을 극복하고, 건강과 정서적 풍요로움과 행복을 확보하기 위해 숲에서 행해지는 모든 활동"으로 풀이하면 좋을 듯하다.

이 정리에 들어 있는 '나무 · 숲 · 산이 지니고 있는 세 가지의 효용'이란 목재 등의 물질적 재화가 제공하는 경제적 효용, 건강한 숲이 파생적으로 제공하는 환경적 효용, 그리고 숲속에 내재되어 있는 정신적 · 문화적 효용을 말한다. 또 정리의 뒷부분에 있는 '건강과 정서적 풍요로움과 행복의 확보'는 이미 논의된 사항들이다.

그러니 이제 '생태맹'에 대해 생각해 보기로 한다. 생태맹이란 문맹, 컴맹과 같은 맥락으로 사용되는 용어이다. 생태맹生態盲(Ecological illiteracy)이란 기본적으로는 자연의 생태학적 지식과 자연 해독능력이 결여된 상태이고, 자연이 주는 다양한 혜택에 대한 고마움을 느끼지 못하는 상태이며, 더 나아가 자연과 교감하고 조화롭게 어울릴 수 있는 정서와 감성이 결여된 상태를 말한다. 자연의 범위를 숲에 한정한다면, 생태맹을 '숲맹'이라고 해도 무방할 듯하다.

숲을 제대로 느끼기 위해서는 생태맹 또는 숲맹을 극복하고 그 상태에서 탈출해야 한다. 즉, 숲 생태현상에 대해 이해하고, 숲이 주는 헤아릴 수 없는 혜택들에 대해 고마움을 느낄 줄 알아야 하고, 숲과 교감하면서 공존 공생할 수 있는 정서와 감성을 키워야 한다.

그러기 위해서는 먼저 숲 생태계의 현상을 개념적으로 이해해야 한다. 숲 생태계는 아주 다양한 생명체들로 구성되어 있다. 각자의 생명체들은 태어나고(hatched), 짝짓기(증식)하고(matched), 죽는(dispatched) 과정을 반복한다. 숲 생태계 속에서는 생명체들 사이에서 끊임없이 경쟁과 협조가 이루어진다. 숲 속에서는 수분 · 양분 · 햇빛 · 먹이를 두고 치열한 경쟁이 벌어지고, 먹고 먹히고 또 먹고 먹히는 먹이사슬이 끊임없이 이어지며, 기생寄生과 공생이 있다.

숲에서 나무와 풀들은 신영복 선생의 말대로 각자 일등이 되려 하지 않고 서로 어우러져서 '더불어 숲'을 지향한다. 숲의 생태현상을 이해하면 인간사회의 생태현상도 그와 다르지 않다는 것을 쉽게 이해하게 된다.

다음에는 숲 생태계를 구성하고 있는 생명체들의 이름을 아는 것이다. 사물의 이름을 안다는 것은 그 속성을 이해하고 그 사물과 관계를 맺는 첫 걸음이다. 숲속 사물의 이름을 알게 되면 눈에 자꾸 뜨이고, 그러면 속성과 내막을 알게 되고, 그로 인해 느낌이 생긴다. 느낌은 관심과 애정으로 이어져서 결국에는 어떤 사물이 중요한 의미를 가지고 사람의 지적 및 정서적 영역에 자리를 잡게 된다.

인간 생태계 안에서도 관계를 형성하기 위한 첫 과정이 서로 이름을 아는 것이다. 그래서 처음 만났을 때 통성명을 하고, 다음에 만났을 때는 아무 때 아무 곳에서 만났던 아무개라고 하면서 이름을 각인시키는 것이다. 김춘수 시인의 〈꽃〉은 이런 메시지를 담고 있다.

> 내가 그의 이름을 불러 주기 전에는
> 그는 다만 하나의 몸짓에 지나지 않았다
> 내가 그의 이름을 불러 주었을 때
> 그는 나에게로 와서 꽃이 되었다
>
> (중략)
>
> 우리들은 모두 무엇이 되고 싶다
> 나는 너에게 너는 나에게

잊혀지지 않는 하나의 의미가 되고 싶다

도종환 시인의 〈배롱나무〉에서도 배롱나무라는 이름을 알고 그 꽃피는 모습을 알고 난 뒤부터 배롱나무가 눈에 보였고, 그로 인해 배롱나무를 사랑하게 되었다고 말한다.

배롱나무를 알기 전까지는
많은 나무들 중에 배롱나무가 보이지 않았습니다.

가장 뜨거울 때 가장 화사한 꽃을 피워 놓고는
가녀린 자태로 소리 없이 물러서 있는
모습을 발견하고
남모르게 배롱나무를 좋아하게 되었는데
그 뒤론 길 떠나면 어디서든
배롱나무가 눈에 들어왔습니다.

(중략)

사랑하면 보인다고
사랑하면 어디에 가 있어도
늘 거기 함께 있는 게 눈에 보인다고

"내려갈 때 보았네 올라갈 때 보지 못한 그 꽃". 고은 시인의 〈그 꽃〉이란 시이다. 여러 의미를 함축하고 있고 그래서 여러 다른 해석이 있지만, 나는 이 시에서도 김춘수의 〈꽃〉에서와 같은 메시지를 읽는다.

숲속의 식물과 동물들의 이름을 알고 그 살아가는 내막을 알기 위해서 각종 도감과 도서들을 참고할 수 있다. 하지만, 가장 좋은 방법은 숲속에 들어가서 그것들을 직접 오감으로 느끼는 것이다. 특히, 숲이 주는 혜택을 느끼고, 숲속 생명체들과 교감하기 위해서는 더욱 그러하다. 즉, 숲과 자주 접촉하는 것이 제일 효과적이다. 사람이 자주 만나야 서로를 알게 되고 관계가 돈독해지고 정이 깊어지듯이 말이다.

법정 스님은 세상의 어머니들이 해야 할 일 가운데 하나로 "아이들을 백화점 같은 데만 데리고 가지 말고, 작은 풀꽃의 아름다움에 눈길이 가도록, 그래서 자연의 신비에 마음이 열리도록 이끄는 것"을 권하였다.

니체는 〈방랑자와 그 그림자〉에서 숲속에서의 체험 또는 관찰의 효용에 대해 이렇게 말한다.

가끔은 등을 굽히고, 가능한 한 자세를 낮추듯 웅크리고 앉아 풀과 꽃, 그 사이를 춤추는 나비를 가까이서 바라보라. 지금껏 그저 멀리서 내려다보기만 했던 그곳에는 풀과 꽃, 곤충이라는 또 다른 세계가 있다. 어린아이가 매일 당연한 듯 보고 있는 세계의

모습이 펼쳐져 있다.(시라토리 하루히코 엮음, 박재형 옮김, 『니체의 말』에서 인용)

또 하나의 방법은 식물이나 동물을 직접 기르는 것이다. 지금은 많은 가정에서 식물과 반려동물을 기르고, 학교에서도 화분과 텃밭을 이용하여 식물을 기른다. 오래전부터 교실에서 화분을 가꾸는 것은 환경미화 차원 이상의 의미가 있었던 것이다. 또 여러 형태의 주말농장들이 운영되고 있어서 시골에 외갓집이 없어도 마음만 먹으면 여러 가지 식물을 직접 기르는 기회를 가질 수 있다. 아이들은 식물보다 동물과 쉽게 교감한다.

어른들은 식물에게는 정성을 쏟고, 동물과는 교감을 한다. 식물이나 동물을 기르는 것은 생태맹이나 숲맹을 극복하기 위해서뿐만 아니라 정서적 안정감을 통해 행복한 삶을 영위하기 위해서도 필요한 요소이다. 지식(knowledge)에 경험 또는 체험(experience)이 결합되면 정서적 감흥이나 감정이입(empathy)을 일으킨다. BBC 행복위원회의 〈행복헌장 10계명〉에서도 '식물과 동물 가꾸고 기르기'를 권장하고 있다.

조선시대의 문인이자 서화가인 강희안은 그가 저술한 원예서인 『양화소록養花小錄』의 끝을 맺으면서 선비가 꽃을 기르는 일은 외물에 마음을 빼앗기는 완물상지玩物喪志가 아니라, 관물찰리觀物察理의 공부요, 마음수양 방법이라고 하였다. 관찰은 의식없이 그저 멍하니 사물을 바라보는 것이 아니라, 뚜렷한 의식을 가지고 사물을 자세히 그리고 깊은 곳까지 꿰뚫어 살피는 것이다. 보고 살펴서 배우는 시찰과 견문見聞을 좁은 범위로 축소시킨 것이 관찰이다.

만물이 천지를 가득 채우고 있는 것이 많고도 끝이 없지만 현묘하고도 현묘하여 제각기 이치가 있는 법이네. 정말 끝없는 이치를 다 탐구하지 않으면 지식 또한 이를 수가 없다네. 비록 풀 하나 나무 하나처럼 사소한 것이라도 또한 제각기 그 이치를 다하고 그 근원을 찾아가 보면 그 지식이 두루 미치지 않는 것이 없고, 그 마음이 두루 통하지 않는 것이 없다네. 그렇다면 내 마음이 절로 다른 사물에 부림을 받지 않고 만물의 그 너머로 초탈할 수 있게 되겠지. (중략)

게다가 '사물을 관찰하여 마음을 반성하고 지식이 지극해야 뜻이 성실해진다'라고 고인이 예전에 말하지 않았던가? (중략) 항상 더불어 눈으로 보고 마음으로 체득하여야지, 버리거나 멀리 할 수가 없는 것이라네. 저들이 지닌 풍모를 나의 덕으로 삼는다면 이익이 되는 것이 어찌 많지 않겠는가? 또 그 뜻이 어찌 호탕해지지 않겠는가? (『양화소록』, 아카넷, 2012)

수목원후원회 활동을 같이 하는 분이 충남 태안 바닷가에 있는 근흥중학교의 교장으로 있을 때 그 학교를 방문한 적이 있다. 그분은 부임한 이래 학교 뒷동산을 식물원처럼 가꾸었고, 운동장에는 잔디를 깔았고, 교사의 양쪽 측벽에는 덩굴식물을 올렸고, 뒤뜰 산모퉁이에는 작은 동물원을 만들었다. 이렇게 학교 환경을 조성함으로써 학생들의 정서함양과 학습의욕을 이끌었다. 관사에 액자 하나가 걸려 있는데, 그 내용이 교장선생님이 지향하는 것과 딱 맞아떨어졌다.

무엇이든 기르면서 자라거라. 풀이든 강아지든 꽃나무든 아니면 벌레라도 좋다. 무엇을 기르는 사람이면 된단다. 무엇을 기를 때 가져야 할 기다림, 사랑, 다른 것에 대한 마음 씀, 대상에 대한 믿음, 상대와의 사이에 놓이는 넉넉한 여유---. 그런 것들 속에서 네가 자라고 그것들을 바탕으로 살아가는 거란다. 뭔가를 키우는 일은 현재와 미래를 잇는 일이다.

숲과 교감하는 어린이들

또한, 중요한 것은 숲활동을 통해 숲속 생명들과의 교감을 행동으로 실천하는 것이다. 그러기 위해서는 우선 숲속에서의 활동 방식을 바꾸어야 한다. 근육운동 위주의 산행에서 탈피하여 숲속에서 휴식하고, 체험하고, 관찰하고, 취미활동이나 창작활동을 하면서 숲을 즐기고 배우는 느린 산행으로 나가야 한다. 이것이 숲탐방이고 숲체험이다. 애벌레부터 새, 다람쥐, 고라니까지 숲속의 여러 동물들과도 집에서 반려동물과 교감하는 방식으로 교감해야 한다.

조용헌 교수는 『나는 산으로 간다』에서 산에 올라가 바위에 앉아 땅의 기운을 정수리까지 받아 올려 전율을 느끼는 것을 마운틴 오르가슴(Mountain Orgasm)이라고 하면서 그런 산행을 할 필요가 있다고 하였다. 나는 이렇게 숲을 느끼고 교감하는 것을 '완상玩賞'이라고 부르고 싶다. 사람이 음식을 먹으면서 주린 배를 채우는 것을 넘어 미각을 통해 그리고 함께한 사람을 통해 정신적인 기쁨을 느끼듯이. 또한, 성교를 번식과 성욕 해소 차원을 넘어 성애를 통한 깊은 교감의 차원으로 승화시키듯이 말이다.

숲을 완상하는 것과 함께 숲을 닮으려는 노력도 해야 한다. 오세영 시인의 〈나무처럼〉은 바로 이런 행동 방식을 통해 생태맹과 숲맹을 탈피할 것을 권유하고 있다.

나무가 나무끼리 어울려 살듯
우리도 그렇게 / 살 일이다
가지와 가지가 손목을 잡고
긴 추위를 견디어 내듯

나무가 맑은 하늘을 우러러 살듯
우리도 그렇게 / 살 일이다
잎과 잎들이 가슴을 열고

고운 햇살을 받아 안듯

나무가 비바람 속에서 크듯
우리도 그렇게 / 클 일이다
대지에 깊숙이 내린 뿌리로
사나운 태풍 앞에 당당히 서듯

나무가 스스로 철을 분별할 줄을 알듯
우리도 그렇게 / 살 일이다
꽃과 잎이 피고 질 때를
그 스스로 물러설 때를 알듯

마지막으로 숲활동을 통해 숲속 생명들과 더불어 살아가려는 환경윤리의 함양도 필요하다. 인간과 자연을 대립시켜 놓으면 인간과 자연은 공존할 수 없는 것처럼 보인다. 그러나 인간도 다른 동물과 식물들처럼 거대한 자연의 일부이고 자연 속에 포함된 존재이다. 지금은 잊고 있지만, 인류의 시원을 보면 너무나도 분명한 사실이다. 그래서 인간은 누구나 자연 그 자체이며, 필연적으로 자연의 본성을 유전자 속에 지니고 있다. 이것이 지금뿐만 아니라 먼 미래에도 사람이 자연과 공존할 수 있는 속성이고 가능성이다.

요한 바오로 2세 교황이 제안한 행복 10계명에도 "자연을 존중하고 보호하라.(Respect and take care of nature.)"고 하였다. 이는 자연을 소중히 여기고 자연이 주는 혜택을 누리고 자연과 더불어 살아가는 삶의 자세를 피력한 것이다.

다니엘 골먼(Daniel Goleman)은 앞으로 반세기 동안 전세계를 지배할 새로운 패러다임으로 '에코지능(Ecological Intelligence)'을 제안하였다. 에코지능이란 인간의 생활 방식, 즉 생산 활동과 소비가 지구환경에 미칠 생태학적 영향을 파악할 줄 아는 통찰력을 의미한다. 그는 『에코지능』(이수경 옮김, 웅진지식하우스, 2010)에서 "자연이라는 공동재산을 마음대로 남용하는 것은 지속가능성을 해치는 일이며 윤리적으로 용납할 수 없는 행동"이라고 하였고, 에코지능의 증진은 인류가 맞은 유례없는 위기를 극복하는 데 반드시 필요하다고 지적하였다. 그리고 남아프리카공화국의 의사이자 자연주의자인 이언 매칼럼(Ian McCallum)의 다음 말을 인용하는 것으로 책의 끝을 맺었다. "지구를 치유해야 한다는 이야기는 그만해야 합니다. 치유가 필요한 것은 지구가 아니라 우리 인간입니다."

대기, 수질, 토양, 기후변화, 생물종다양성 등 총체적인 분야에서 지구환경은 위기를 맞고 있다. 앞으로 인류가 건강하고 행복한 삶을 누리기 위해서는 자연을 제대로 느끼고, 자연으로부터 배우고, 자연을 소중히 여기며, 자연과의 공존을 모색하고, 생태적 생활을 추구해 가는 노력이 절실하다. 조금 섬뜩하지만,

나는 '생태맹'을 '생태적 불감증후군'으로 표현하고 싶다. 인류는 최대한 빨리 생태맹이나 생태적 불감증후군으로부터 탈피해야 한다.

행위는 기억되지만 감각은 기억되지 않으므로, 감각에 의해 즐거움과 행복을 느끼기 위해서는 감각을 만들어 내는 행위를 자주 할 필요가 있다. 산에 자주 가고, 숲을 자주 찾자. 많이 제대로 느끼고, 숲과 더불어 건강하고 행복하자.

가난한 처갓집보다 나은 가을 산

"가을에는 가난한 처갓집 가는 것보다 산에 가는 것이 낫다."는 속담이 있다. 때로는 처갓집 대신에 친구 집을 쓰기도 한다. 처가와 친구는 기본적으로 정이 있는 사이이다. 하지만 그들이 가난하다면 마음 한구석에 부담을 느끼는 것이 사실이다. 내가 경제적으로 여유가 있어서 흡족하게 도와줄 수 있으면 좋은데 그러지도 못하고, 내가 어렵다고 처가 덕을 볼 수도 없다. 친구 사이에서도 여유 있다고 해서 내 맘대로 도와줄 수도 없고, 그렇다고 모른 체하기도 마음 짠하고 그렇다. 그러니 마음은 있어도 가난한 처가에 가거나 친구를 만나는 것이 난처한 노릇이다.

그런 경우를 두고 첫사랑 만나는 기분이라고 할 것이다. 시쳇말로 오랜 세월이 지난 뒤에 첫사랑을 만나서 나보다 잘살면 배 아프고, 나보다 못살면 가슴 아프고, 같이 살자고 하면 머리 아프다고 하지 않던가.

산은 '만물을 양육하는 곳'이라고 하였다. 산에서 수많은 종류의 동물과 식물이 터를 잡고 살아간다는 뜻이기도 하고, 거기에 사는 동물들의 생명을 유지하는 데에 필요한 먹이가 풍족하다는 의미이기도 하다. 원불교 『대종경大宗經』「불지품佛地品」 1장에는 "이 세상에 크고 작은 산이 많이 있으나 그중에 가장 크고 깊고 나무가 많은 산에 수많은 짐승이 의지하고 살며, 크고 작은 냇물이 곳곳마다 흐르나 그중에 가장 넓고 깊은 바다에 수많은 고기가 의지하고 사는 것같이……"라는 대종사의 비유가 실려 있다.

산이 만물을 양육하는 곳이지만 산의 품이 넓고 나무가 많을수록 그 안에 사는 동물의 종류도 다양하다는 생태현상을 꿰뚫은 표현이다. 숲속에 사는 동물들뿐만 아니라 숲 밖에서 사는 사람들에게까지 약재와 먹을거리를 제공함으로써 건강하고 풍족한 삶을 영위할 수 있도록 해 주는 것이 산이다. 그래서 앞의 속담과 함께 '산에 들어가서 굶어죽는 사람 없다'는 말도 생겨난 것이다. 숲은 곳간이고 약방이다.

이른 봄에는 고로쇠 약수가 사람들을 산골로 불러들인다. 따끈한 온돌방에서 북어나 오징어를 곁들여 늦은 밤까지 혹은 밤새워 고로쇠 약수를 마신다. 고로쇠 파티는 대한민국 국민들이 해마다 한 번씩 치르고 넘어가는 의례가 되었다. 그래도 고로쇠는 정해진 사람들만 어느 정도의 기준에 따라 채취하고 일반인들이 막무가내로 채취할 수는 없으니, 나무에게는 안됐지만 그나마 다행이다.

봄이 무르익으면 산에서 주로 나물류를 많이 채취한다. 산나물을 뜯어 생계를 꾸리는 산촌 주민들은 이때 부지런히 수확하여 한 해의 벌이를 한다. 농약도 치지 않고 청정지역에서 자란 산나물 좋은 것을 모르는 사람 없으니, 도시 사람들도 너도나도 산으로 들어가 산나물을 뜯는다. 아무 산에나 들어가서 보이는 대로 뜯다 보니 업으로 삼는 사람들과 마찰을 빚는 경우도 있고, 보호구역에서 채취하다 벌금을 무는 경우도 있다.

2016년 10월에 산림생태복원사업 관련으로 울릉도의 나리분지에 갔더니 10여 년 전에 보았던 그 넓은 산마늘 군락이 허허로운 모습이 되어 있었다. 울릉군 산림과 직원의 말에 의하면 주민들뿐만 아니라 관광객들까지 마구 뜯어가서 그렇게 되었단다. 명이나물이라 해서 산마늘이 유명세를 탄 탓이다. 듣기로 산마늘은 포기에 난 네 장의 잎 가운데 두 장씩만 뜯어야 포기가 계속 살 수 있다는데, 이걸 모르고 보이는 대로 뜯어 갔으니 초토화될 수밖에. 초기 인류의 채취수렵 유전자가 우리 민족에게 아직까지 진하게 남아 있어서인지, 배고팠던 오랜 설움이 뼛속까지 새겨져 있어서인지 이런 행태가 계속되고 있다. 아마 현재 50대 이상의 세대가 다 넘어갈 때까지 앞으로 30년 동안은 이런 행태가 쉽게 사그라지지 않을 전망이다.

대학가에서는 외국생활을 할 때 숲에 들어가 산나물을 채취하다가 창피당한 일들이 심심찮게 무용담으로 회자된다. 보호구역이 아니라면 현지인들의 눈총 정도만 감수하면 된다. 나도 시애틀에서 일 년 동안 살면서 아파트 단지의 숲에서 고사리를 뜯어다 먹었고, 늦여름에는 산딸기도 따서 잼을 만들어 이집 저집 나누어 먹었다. 채취하면서 현지인과 마주치면 머쓱하기도 했지만, 여가시간도 즐겼고, 일용할 양식도 준비했고, 아파트에 사는 한국인뿐만 아니라 캐나다 밴쿠버에 거주하던 후배에게도 나눠주었으니 일석삼조였다.

가을이면 산은 더욱 풍성하여 부잣집 곳간이 되고, 약재의 보물창고가 된다. 그 가운데 으뜸은 나무열매이다. 머루, 다래, 정금, 으름, 오미자, 돌배, 산사, 마가목, 도토리 등등.

머루와 다래는 고려가요 〈청산별곡〉이 대중가요로 불린 후로 더욱 친숙해진 열매이다. "살어리 살어리랏다 청산에 살어리랏다 머루랑 다래랑 먹고 청산에 살어리랏다……." 머루는 고려가요보다 앞서 통일신라 말 상주 지방의 토호였던 아자개(견훤의 아버지)가 좋아했다는 열매이다. 다래는 키위의 토종이다. 우리나라 것은 좀 작지만, 과일이 큰 중국의 다래가 뉴질랜드로 건너가 키위로 변하였다. 그러니 키위를 '왕다래' 정도로 부르면 무리가 없을 것이다. 정금은 최근에 우리 국민들의 건강식품으로 각광받고 있는 블루베리 종류의 토종으로서 효과도 훨씬 좋다고 한다. 마가목 열매는 술과 차로 먹는데 기침, 가래, 위장, 근육, 관절 등 다방면에서 약효가 있다.

가을이면 무엇보다 도토리를 줍기 위해 사람들의 발길이 바빠진다. 도토리 주우러 가는 것을 일과로 삼는 사람들도 많다. 도토리묵은 옛날에는 배고픔을 면하기 위해 먹는 구황식품의 일종이었다. 유럽에서도 예전에는 가난한 사람들이 죽을 끓여 먹었기 때문에 참나무류는 풍요의 상징이자 생명의 나무로 여겨졌다. 지금은 여자들이 다이어트 식품으로 애용하고, 중금속을 제거해 준다는 건강식품으로 인기를 끌고 있다. 도토리묵으로 굶주림을 모면하는 양적 단계에서 질적 향상을 도모하는 단계로 변한 것이다.

단맛, 신맛, 쓴맛, 매운맛, 짠맛의 다섯 가지 맛을 가지고 있다는 오미자五味子는 인삼에 버금가는 소위 만병통치 약재로도 인정받고 있다. 허한 곳을 보충하고, 음陰을 강하게 하고, 남자의 정精을 강화하고, 눈을 밝게 하고, 장腸을 따뜻하게 하며, 갈증을 없애 주고, 열을 내리게 하고, 답답한 가슴을 풀어 주고, 얼굴이 달아오르는 홍조와 두통을 다스리며, 술독을 풀어 주고, 기침을 다스리는 등 몸을 보하고 병증을 치료하는 폭이 대단히 넓다. 술과 차로 우려내면 향이 묘할 뿐 아니라 그 색깔도 시선과 마음을 끈다. 경북 문경과 전북 장수 등지에서 많이 재배하고 있지만, 숲에는 자연산 오미자가 많아 사람들을 끌어 모은다.

그 다음은 뿌리이다. 일반인들도 쉽게 채취할 수 있는 것은 산도라지와 더덕이고, 재수가 좋으면 산양삼이나 산삼도 만난다.

“도라지 도라지 백도라지 한두 뿌리만 캐어도 대광주리에 철철 철 넘친다.”는 민요에 등장하는 도라지는 기관지에 좋다고 한다. 더덕은 일명 사삼沙蔘이라고도 하는 훌륭한 약재이다. 가을이면 살이 통통해지고 특유의 향을 진하게 담은 이런 뿌리들을 캐다가 약재로도 쓰고 음식으로도 먹으니 산이 사람을 살리는 연유이다.

마지막으로 버섯이다. 많은 종류의 버섯들은 기온이 서늘해지고 숲에 습기가 많은 가을에 돋아난다. 버섯은 담자균류의 균사가 자란 자실체子實體, 즉 종자인 포자를 만들기 위한 영양체로서 자루와 갓으로 되어 있다. 죽은 나무에서 나는 사물기생 버섯들도 있고, 살아 있는 나무에 기생하는 활물기생 버섯들도 있으며, 송이처럼 살아 있는 나무와 공생하는 버섯들도 있다.

버섯은 그 종류가 너무도 다양하여 먹을 수 있는 것들도 많지만 독버섯도 많다. 일반적으로 독버섯은 색깔이 유난히 화려하고, 자루에 띠가 없고, 세로로 잘 찢어지지 않고, 곤충 · 달팽이 · 산짐승 등이 먹지 않고, 은수저의 색을 변하게 한다. 먹을 수 있는 것은 그 반대이다. 하지만, 모든 버섯이 이 기준으로 구분되는 것은 아니므로 확실하지 않은 것은 함부로 먹지 않는 것이 상책이다.

가을 숲은 가히 버섯농장이라 할 만하다. 국수버섯, 싸리버섯, 느타리버섯, 솔버섯, 능이, 표고버섯, 영지버섯, 목이, 달걀버섯, 노루궁뎅이, 송이 등이 잘 알려져 있는 식용 버섯들이다. 그 가운데서도 표고, 능이, 송이가 특별한 애호를 받고 있다. 그래서 세간에서는 일 송이 · 이 능이 · 삼 표고라고도 하고, 일 능이 · 이 송이 · 삼 표고라고도 하며, 일 표고 · 이 능이 · 삼 송이라고도 한다. 이렇게 순위에 이견이 있는 것은 세 버섯이 모두 독특한 맛과 향을 지니고 있어서 사람마다 기호가 다르기 때문이다. 송이는 소나무 숲에서 제한적으로 나고, 소나무 뿌리에 배양종균을 접종해도 번식이 잘 되지 않아서 더 귀하게 여겨진다.

송이는 그 생김새로 인해서 남성을 상징하는 대표적인 버섯이다. 옛날 어느 선비가 나귀를 타고 개울을 건너는데, 마을 아낙이 빨래를 하고 있었다. 우리나라 여자들이 바지를 입지 않던 시대였기에 치맛자락을 감아올려 쭈그린 다리에 잘 끼웠겠지만, 빨래에 열중하다 보니 풀어졌던가 보다. 그걸 보고 선비가 나귀 등에 앉아 중얼거렸다. "溪邊紅蛤開라!" 이 여인 망설임 없이 받아쳤다. "馬上松栮動이라!" 홍명희의 『임꺽정』 시절 이야기이다.

옛날 장가든 지 얼마 되지 않은 선비가 과거를 보러 가게 되었는데, 색시를 못 잊어 길을 떠나지 못했다. 색시가 꾀를 내었다. "내 몸에서 떼어낸 것이니 품에 잘 간직하고 잠잘 때 한 번씩만 만져보세요. 돌아오셔서 다시 붙여야 하니 잃어버리지 마세요." 하면서 마른 홍합 하나를 신랑 손에 쥐여 주고는 등을 떼밀었다. 급제한 신랑이 돌아오는 길에 주막에서 유숙하는데, 색시와 오래 떨어져 있어서 그리운 차에 홍합을 손에 쥐고 잠을 잤다. 아침에 일어나 보니 홍합이 없어졌다. 잠자리를 뒤지다가 동숙한 사람들에게 물으니 한 사내가 방바닥에 떨어져 있어서 주워 먹었다고 했다. 그러자 그 신랑 "과거에 급제는 하였으나 색시 몸을 망쳤으니 이 일을 어찌할꼬?" 했단다.

2004년 중국 곤명 여행 때의 일화이다. 일행들은 아침 일찍 춘성CC로 골프 치러 나가고, 당시 골프를 못하던 나와 후배 교수 한 명 그리고 여행사 대표는 시내 구경을 나갔다. 점심때가 되어 대동강이라는 식당엘 들어갔다. 당시에는 중국과 동남아 등을 여행할 때 북한식당에 가는 것은 예사였으니까. 식당 현관에는 우리 김 대통령과 북한의 김 위원장이 나란히 서서 촬영한 대형 사진이 세워져 있었다. 2월이라 말린 송이로 볶음요리 한 접시를 주문하고, 상표도 없이 사각 위스키병에 담겨 있는 송이술을 주문하였다. 다음은 한복을 곱게 차려입은 사십 전후로 보이는 지배인과 나의 대화이다.

"송이술에 어찌 송이가 들어 있지 않습니까?" "우리는 송이에서 엑기스를 뽑아서 술을 담그기 때문에 술에는 송이가 없습네다." "송이 엑기스를 어떻게 뽑는데요?" "그것이 어려운 기술이라서 일본 기술자를 데려다 합네다." "아, 그거 간단한데요." "어떻게 하는데요?" "송이를 한 손에 쥐고 다른 손으로 송이를 계속 문지르면 송이에서 엑기스가 저절로 나오지요." 그니, 잠시 후에 얼굴이 상기되더니 "고렇게 말씀하시니 이상합네다!"

우리나라와는 다르게 유럽에서는 달걀버섯을 최고로 쳤다고 한다. 그래서 달걀버섯을 버섯 중의 제왕이라는 뜻으로 '가이사리아(Caesaria)'라고 부른다. 네로 황제에게 달걀버섯을 진상하면 버섯 무게만큼의 황금을 대가로 주었다고도 하고, 나폴레옹의 황후 조세핀이 특별히 애용하였다고도 한다. 달걀버섯은 땅속에서 올라와 갓이 오므라져 있을 때 윤기 나는 빨간 달걀처럼 생겨서 붙여진 이름이다. 버섯의 갓이 벌어지면 빨간색이 거의 퇴색되고 모양도 달걀과는 거리가 먼 연분홍 우산이 되고 만다. 나뭇가지나 달팽이한테 상처라도 입으면 영락없는 찢어진 우산이 되고 마니, 이 모습을 보고 누가 달걀버섯으로 상상이나 하겠는가.

이렇듯 풍요로운 가을 산은 은둔자, 도피자, 나그네, 보부상 등에게도 사랑을 받았다. 옛날에는 큰길이 없었으니 나그네, 박물장수, 젓갈장수, 생선장수, 독그릇장수 등이 산길로 다니면서 열매와 뿌리를 채취하여 주린 배를 채우기도 하고 부수입을 얻기도 했다. 옛날 독그릇장수 이야기이다.

지게에 독그릇을 지고 산길을 가던 중에 양지바른 곳에서 쉬게 되었다. 담배 한 대를 말아 피우면서 산 아래를 내려다보니 동네 아낙 서넛이 앉아 빨래를 하고 있었다. 아낙들의 율동적인 뒷모습에 자신도 모르는 사이에 다리 사이에서 송이가 불끈 일어섰다. 내친 김에 송이를 주무르다가 절정에 이르렀을 때 그만 지게작대기를 밀쳐 버리고 말았다. 독그릇이 와장창 쏟아져 박살나고 말았다. 그러자 독그릇장수 하는 말, "에이 ㅆㅂ, 이것도 오입이라고 돈깨나 들어가네!"

모 TV방송에서 산속에 묻혀 사는 사람들이 생활하는 모습을 다루는 프로그램이 있다. 그들을 '자연인'이라고 부른다. 산에 들어오기 전에는 사회에서 열심히들 살았다. 그러다 사업에 실패했거나 직장을 잃었거나 퇴직했거나 한 뒤에 소박하고 자유로운 삶을 찾아서 혹은 잃은 건강을 되찾기 위해서 산속으로 들어온 경우들이다.

그 자연인들의 공통점은 산속에서 먹을거리와 약재를 채취하고, 약간의 채마밭을 가꾸고, 최소한의 가재도구들만 소유하고, 최대한 간소하게 사는 것이다. 또 하나의 공통점은 짐이 되어서 그런지 취향이 달라서 그런지 아내와 함께하지 않는다는 것이다. 최대한 간소한 생활은 유럽과 미국에서 조화로운 삶을 추구하는 사람들과 공통점이지만, 남자 혼자 들어와 사는 것은 그들과 다른 점이다.

그들은 모두 산속에서 평안과 건강을 회복하였다고 한다. 사람으로부터 생기는 스트레스에서 해방되었고, 숲의 품안에서 자연이 베푸는 소중한 혜택을 마음껏 누린 덕분이다. 사람에게 생기는 병은 천 가지요, 자연 속의 약은 만 가지(千病萬藥)라고 했다. 그래서 그들은 욕심 부리지 않고, 또 생물들을 훼손시키지 않고, 필요한 만큼만 거두어 쓴다. 무분별한 소비자에서 자연의 한 부분으로 되돌아온 것이다.

가을 산은 물질적인 측면에서만 가난한 처갓집이나 친구 집보다 나은 것이 아니다. '霜葉紅於二月花(서리 맞은 나뭇잎이 이월의 꽃보다 붉다)'의 시구처럼 각양각색의 단풍들이 자아내는 풍경은 봄의 꽃동산 못지않게 아름답다. 사주보다 관상이 좋아야 하고 관상보다 표정이 좋아야 한다는데, 가을은 산의 가장 아름다운 표정을 만들어 내는 계절이다.

이 가을 산의 풍광은 각종 원인들로부터 쌓인 스트레스를 해소해 주고 즐거움을 안겨 준다. 산에 나무의 종류가 다양할수록 단풍의 색깔도 다양하여 그만큼 아름다운 풍경을 연출한다. 즉, 다양함이 봄과 여름에는 숲을 생태적으로 건강하게 만들고, 가을에는 산을 아름답게 만든다.

가을은 날씨도 쾌청하여 하다못해 눈 마주친 이웃집 개하고도 밖에 나가 놀 정도로 나들이하기에 최상의 계절이다. 그래서 가을에 우리 국민들은 단풍보다 더 화려한 아웃도어 복장을 하고, 열매와 버섯을 따러, 산도라지 · 더덕을 캐러, 단풍구경을 하러 산으로 숲으로 몰려든다.

숲과 숲에 깃들어 있는 것들은 지금 우리들만의 것이 아니다.

또 우리 국민들은 산은 주인이 없는 공동의 재산(無主公山)이라는 인식을 가지고 있다. 채취해서 먹고 경치를 흠뻑 즐기되, 훼손시키지는 말아야 하고 절제가 있어야 한다. '樂而不淫(즐기되 지나치지 말라)'이라고 하였다. 후손들도 두고두고 누릴 수 있도록 남겨 주어야 하니까, 너무 극성을 부리지는 말 일이다.

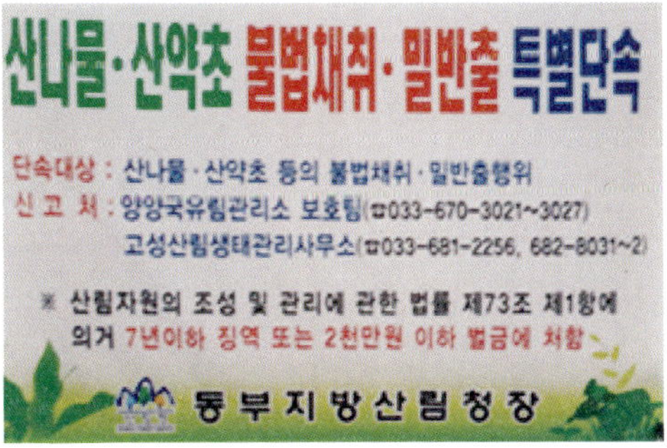

문학 속
남녀상열지사의 숲

2010년 겨울방학을 이용하여 재직 동문 교수들 사십여 명이 태국의 치앙마이로 여행을 간 적이 있다. 어느 날 아침 일찍 일정을 시작하여 목적지로 이동하던 중 버스 창밖으로 붉은 태양이 떠오르는 것을 보았다. 눈을 붙이거나 옆 사람과 이야기를 나누고 있을 때라 그 태양을 본 사람이 없었던 것 같았다.

옆자리에 앉은 후배 여교수에게 "ㅊ 교수님, 차 안에서 해 본 적 있어요?" 했더니, "네?" 하고 반문하였다. 재차 "차 안에서 해 본 적 있느냐고요?" 했더니, 대답을 못하고 얼굴이 붉어졌다. 그래서 "창밖 두 시 방향을 보세요. 해가 떠오르고 있어요. 차에서 해 본 적 없는 분들 모두 보세요."라고 했다. 그리고 잠시 뒤에 이 '해 본 적'의 은유를 눈치 챈 일행들의 언어유희가 시작되었고, 버스 안은 옥신각신 웃음바다가 되었다. 여행이 끝날 때까지 '차 안에서 해 본 적'은 유행어가 되었다.

앞에서의 사례와 같이 수식어가 없어도 '한다'라는 말은 남녀의 교합을 뜻하는 은어 중의 하나이다. 남녀의 교합을 다른 말로는 상열지사相悅之事라 하고, 고상하고 멋스러운 말로는 운우지정雲雨之情이라고 한다. 운우지정이라는 말은 고대 중국의 설화에서 유래되었다.

태고에 신농씨의 막내딸 요희가 꽃다운 나이에 요절하여 고요산에서 노란 꽃으로 환생하였는데, 하늘의 신이 요희의 넋을 사천성의 무산으로 보내 아침에는 구름이 되었다가 저녁에는 비가 되는 구름과 비의 신이 되게 하였다. 전국시대 초楚나라의 회왕懷王이 어느 날 고당高唐에서 놀다가 깜빡 잠이 들었는데, 꿈속에 요희가 구름과 비를 몰고 와서 회왕과 정을 나누었다.

단순하게 꾸며진 이야기로는 중국 무산巫山의 신녀가 산 아랫마을에 사는 꽃미남 청년을 너무나 사모하여 청년을 찾아가서 남녀의 정을 나누고 오게 되는데, 이때 사람들의 눈에 띄지 않도록 천지를 구름과 비로 뒤덮었다는 데서 유래되었다고도 한다. 그래서 운우지정은 운우지몽雲雨之夢, 운우지락雲雨之樂, 운우무산雲雨巫山이라고도 한다.

조선시대 전라도 부안현의 관기였던 매창梅窓과 당대 최고의 시인이었던 촌은 유희경이 처음 만나 사랑에 빠져서 변산 내소사 유람길에서 주고받은 시이다. 먼저 것은 매창의 시이고, 나중

것은 촌은의 답시이다.

임은 정녕 장안의 호걸일세
구름깃발 가는 곳에 물결도 고요하네
오늘 아침 임에게서 신선 얘기를 들었는데
저녁노을 샛바람에 제비가 높이 나네

버들 피는 꽃 시절은 잠시 잠깐인 것을
여윈 몸에 주름지면 되돌리기 어려워라
신녀神女의 독수공방 어이 참으리
무산巫山의 운우지정 자주 나누세

들판이나 숲속에서의 남녀의 교합을 야합野合이라고 한다. 야합의 역사는 오래되었고, 고대로부터 비상한 인물의 탄생설화에서도 볼 수 있다. 『삼국유사』에만 보더라도 백제白帝의 아들이라는 신동神童과 황아皇娥가 궁상窮桑의 들판에서 교합하여 황제의 맏아들이라고 하는 소호少昊를 낳았다.

큰 못가에서 그것도 남편 유태공이 옆에 있었는데도 교룡蛟龍이 유씨 부인과 교합하여 한 고조가 된 유방劉邦을 낳았다(연못가에서 깜빡 잠이 들었는데 꿈속에서 교룡과 교합했다고도 한다). 또한, 쑥과 마늘을 먹고 사람이 된 웅녀는 혼인할 상대가 없어 매일 신단수 아래에서 아이를 가질 수 있게 해 달라고 빌었는데, 환웅이 잠시 사람으로 변해 그녀와 혼인하여 단군왕검을 낳았다. 이런 경우를 야합이라는 말로 표현하는 것은 대단히 불경스러운 일이다. 범남범녀凡男凡女들에게나 쓰는 용어인데.

우리나라에서 남녀상열지사를 노래한 상열지사相悅之詞의 대표는 『악장가사樂章歌詞』에 수록된 고려 가사 〈만전춘별사滿殿春別詞〉일 것이다. 첫째 연의 내용을 볼 때 얼음 위에 대나무 잎을 깔아서 누울 자리를 만든 것인지, 눈 쌓인 대숲 바닥에 누운 것인지는 모르겠지만, 살을 에는 추위쯤 이랑곳없는 애절하고 뜨거운 사랑 나눔임에는 틀림없다.

본시 야합은 나뭇잎 한 장만 깔아도 충분하다고 하였으니, 여기에서 댓잎 자리를 만든 것은 상징적 수사이지 댓잎을 긁어모아 푹신한 자리를 만들지는 않았으리라. 아무튼 이 상열지사의 공간은 대숲이다. 주로 남녀의 사랑이나 풍속과 인정을 읊은 악부의 유체를 죽지사竹枝詞라고 하는 걸 보면, 대숲에서의 상열지사는 특별한 것이 아니었던 모양이다.

> 얼음 우에 댓잎 자리 보아 임과 내가 얼어 죽을망정
> 얼음 우에 댓잎 자리 보아 임과 내가 얼어 죽을망정
> 정둔 이 밤 더디 새오시라 디디 새오시라

숲속에서 벌어진 남녀상열지사의 결정판은 〈변강쇠타령〉일

것이다. 판소리의 주 수요자는 양반층이고, 내용에도 권선징악의 교훈이 있어야 하는데, 〈변강쇠타령〉은 내용이 외설스러워서 많이 불리지 못하고 맥이 끊어진 상태였다. 신재효에 의해 복원된 뒤에도 맥이 끊겼고, 박동진 명창이 복원한 이후에도 전수되지 못하여 대중들 앞에서 불리는 경우가 거의 없는 것 같다.

평안도 월경촌에서 남행하는 옹녀와 전라도에서 북행하는 변강쇠가 개성 청석골 좁은 산골짝에서 조우한다. 옹녀는 인근 고을까지 열다섯 살 넘은 남정네의 씨를 말려 놓은 뒤이고, 강쇠는 남녘의 여자들을 두루 섭렵하고 남남북녀라 북쪽 여자를 찾아 나선 참이다. 청석골에서 마주친 둘은 통성명에 사주궁합을 가늠하고는 양지바른 바위 위에서 찡하게 상열지사를 벌인다. 이 대목의 사설을 보면 그 외설성이 너무 적나라하다.

천생배필이로구나. 오늘이 바로 기유일인지라 음양부장 짝 배자니 아주 대례를 치릅시다. 여자도 좋아라고 홍겨워 대답을 하니, 둘이 서로 손목 잡고, 청석골로 처가 삼고, 바우독 우에 올라가서 대사를 치를 적에, 신랑 신부 두 사람이 이력이 찬 것이라, 이런 야단 없것구나.

멀쩡한 대낮에 두 연놈이 홀딱 벗고, 매사에 좋은 장난 천생 양골 강쇠놈이 여자 양 다리 바짝 추켜들고 옥문관을 들여다보고, (중략, 여성 성기 묘사)

여자도 좋아라고 강쇠 물건을 쥐더니만, (중략, 남성 성기 묘사)

둘이 서로 꺾어들고 오목 오자 진자리으 진득허게 밀어 넣고, 실 근 실근 미소 지을 적에, 사대삭신 육천 마디가 외역장군 뇌가 되어 흐늘거리고 비졌다가, (중략)

남녀가 재미있는 일장난이 으떻게 한두 번에 끝나랴. 일차 이차 삼사오차 야들이 스물댓 번을 해잦히고, 아 이것들이 기운이 없고, 인제 비야지도 고픈지라 바우독 우에 딱 올라앉더니 서로 들여다 봐 쌈서 만지작만지작험서 살림살이 걱정을 허는디.

상열지사를 현대문학 속에서 찾아본다면, 이현수의 장편소설 『신기생뎐』(2005)이 압권이라고 생각된다. 〈만전춘별사〉와 같이 대숲에서의 상열지사이다. 소설이기 때문에 시가보다는 묘사가 더 상세하다.

대숲을 휘휘 지나친다. 댓잎들이 이리저리 쏠리다가 우쭐우쭐 춤을 춘다. 이년이 어디에 숨었나. 어느 놈과 붙어먹나. 씨를 준 그놈인가. 숨이 턱에 찬다. 젖은 흙냄새가 발밑에서 뭉클뭉클 솟구친다. 입에선 화약냄새가, 가슴에선 연기가 모닥모닥 피어오른다. 남의 속도 모르고, 무심한 늦여름 햇살은 대숲을 찌르듯이 사선으로 비껴들어 엾엾이 비친다. 노란 햇살에 천지의 푸르름은 [illegible]기도 눈부시고 불타는 가슴은 한줌 재가 되어 바람에 풀풀 날리누나. 달리다가 대나무에 쓸렸는지 엄지손가락에 핏물이 뱄다. 엄지손가락을 입에 물고 두리번거리니 사방이 환한 가운데 고요하다. 대숲은 낮일수록 은밀하다.

연놈은 다복다복 자란 잡풀 위에 가쁜 숨을 고르며 앉았겠지. 잔바람에 일렁이는 댓잎을 보며 부집 달 듯 몸이 단 두 연놈, 불현듯 서로를 끌어안았것다. 대숲을 날던 종달이 지지배배 노래하자 이를 신호로 성질 급한 놈이 풀물 든 제 엉덩이부터 냅다 깠것다. 치마 걷기 선수인 년이 보고만 있었겠나. 다홍치마든 자주치마든 치렁치렁한 항라치마를 걷어 올리고 놈의 무릎 위에 사부자기 앉았겠지. 그래도 양심은 있어서 놈을 마주 보지 못하고 뒤로 돌아 앉았겠지.

금빛 햇살에 부끄러워진 년, 누가 볼세라 열두 폭 항라치마 곱게도 펼쳐내어 앞으로 뻗은 네 다리와 까내린 두 엉덩이를 다독다독 정성으로 덮었것다. 년의 등을 두 팔로 그러안은 놈 울근불근 하초에 힘을 주고, 무릎 위에 올라앉은 년 실근실근 맞받는다. 연놈을 에워싼 댓잎들이 일정한 리듬으로 수상쩍게 일렁이고 때마침 현장을 목격한 새끼 두더지, 고개를 외로 꺾고 한참을 바라보다 얼래꼴래 땅 속으로 숨어들 제 오마담의 열두 폭 치마 속에선 불이 난다.

숲의 모든 기척이 멈추는 찰나, 이따끔 불던 바람도 자고 소스랑거리던 가랑잎도 잠잠해지는 짧은 한순간, 연놈의 고개가 뒤로 젖혀질 때, 신음이 동시에 터져나올 때, 하늘을 날던 종달이 홍조 띤 두 낯짝에 물똥이나 찍 갈기면 좋으련만. 고것 참 잘코사니로구나. 고소하겠지. 허나, 그런 요행은 바랄 게 못 된다는 것쯤 나도 이제 아는 나이가 되었다.

위의 내용은 몸 인심 좋기로 소문난 부용각의 춤기생 오마담을 기둥서방인 김경춘이 찾아다니면서 상상하는 내용이지만, 평소 그녀의 행실을 엿볼 수 있는 상황이 묘사되어 있다. 김경춘 본인과 오마담의 선례인지도 모른다. 다음은 부용각의 집사이면서 오마담을 짝사랑하는 박기사가 실제로 부용각 뒤편 대숲에서 오마담의 상열지사를 목격하는 내용이다.

그가 부용각에 발을 들인 지 일주일쯤 지났을까. 마당비로 쓸 대를 구하러 뒷산 대숲에 들어가게 되었다. 맞춤한 굵기의 대가 눈에 띄질 않아, 앞에서 걸리적거리는 댓가지를 낫으로 툭툭 치며 숲속을 휘젓고 다니던 중이었다.

아흑아흑, 나는 그게 절정에 오른 여자의 목에서 터져나오는 교성이라는 걸 몰랐었네. 바람이 댓잎을 훑는 소리에 섞여 들려 그랬는지도 모르지. 바람이 댓잎을 훑는 소리에 여자의 교성이 얹히면 무슨 소리가 나는 줄 아나? 사방이 막힌 실내가 아니고 숲속에서 들으면 그 소리가 어떻게 들리는 줄 아는가? 그 장면을 보지도 않고 상상하지도 못한 사람의 귀에는 어떤 소리로 들리는 줄 아는가? (중략)

그는 라면 끓는 소리가 나는 쪽으로 발길을 돌렸다. 발이 저절로 움직였다고 하는 편이 옳았다. 댓잎은 기승스레 하늘로 기어오르고 있었다. 시퍼런 물로 천지를 도배한 것 같았어. 그 짙푸른 녹음 속에서 오마담의 붉은 갑사치마가 보였네. 사람은 보이질 않고 흘린 빨랫감처럼 펼쳐진 붉은 치마만 눈에 들어오더군. 보색의 대비가 어찌나 강렬한지 눈을 뜰 수가 없었어. 기생의 제복이 왜 한복인지 그제서야 깨달았네. (중략)

그런데 흘린 빨랫감처럼 대숲에 펼쳐진 붉은 치마 사이로 오마담의 엉덩이를 보고야 말았다. 오마담도 상대 남자도 보이질 않고 오직 그녀의 엉덩이만 보였다. 속속곳과 단속곳을 벗었던가봐. 아니면 알몸에 치마 저고리만 걸쳤던지. 붉은 치맛자락 사이로 봉긋하게 부풀어오른 엉덩이와 하얀 등이 보였네. 치마말기 아래에서부터 치맛자락이 활짝 벌어져 있었으니까.

그녀가 아래위로 엉덩이를 움직일 때마다 누운 남자의 아랫배에 걸쳐진 도톰한 허벅다리도 보였다. 길게 파인 여자의 등골이, 양쪽으로 갈라진 엉덩이의 깊은 골이, 일직선으로 힘차게 내뻗은 뒷몸의 가운뎃선이 그렇게 아름다운 줄 그때 처음 알았다. (중략) 그후로 나는 라면을 끓일 때마다 대숲의 오마담을 보네. 라면은 내 앞에서 아흑아흑, 줄곧 그렇게 끓었네.

이런 대숲이 기방에 조성되어 있는 연유는 같은 소설에서 오마담이 미스 민에게 이르는 말 속에 담겨 있다. 그리고 한자사전에서 죽림竹林은 친밀한 우정에 비유하는 말이라고 하니, 대숲은 남녀 사이에 최상의 친밀한 행동을 표출하는 공간이 되는 모양이다.

줄기와 잎이 빽빽이 들어찬 대숲은 밤새들이 몸을 숨기고 잠들기에 좋단다. 대숲에는 댓잎들이 흔들리는 소리, 때까치 우는 소리가 끊이질 않으니 소리 공부를 하기에 더없이 좋지. 바람 속의 대를 본 적 있더냐. 가만한 바람에도 잎새는 흔들려. 는실난실 잎새를 따라 줄기도 기껍게 나부끼지. 거센 바람이라도 몰아칠 양이면 우는 듯 갈구하는 듯 나무 밑동까지 전신으로 흔들리지 않더냐. 어떤 춤사위에 비할까.

이렇듯 대숲은 공부도 되지만 지나가는 밤새조차 마다 않고 품는 넉넉함을 본받아 기방에 온 손도 그처럼 품으라고 옛부터 기방 뒤뜰에는 대를 즐겨 심었나니. 부용각에 대를 심은 이유도 큰 기생이 나기를 바라는 마음에서 그랬나니.

〈변강쇠타령〉과 『신기생뎐』에서 보면 남녀를 가리켜 '연놈'이라고 했다. 보통은 남녀노소, 남부여대, 남남북녀, 부창부수 등 남자를 앞에 두지만 욕하거나 비아냥댈 때만 여자를 앞세우는 것도 뿌리 깊은 성차별 인식의 단면이다.

박경리의 장편소설 『김약국의 딸들』에는 소나무 숲에서의 상열지사가 나온다. 김약국집의 셋째 딸 용란과 집안 머슴의 아들로 함께 자란 한돌이가 관능적인 정사를 나누는 은밀한 장소로서 솔숲이 등장하고 있다. 즉, 여기에서 솔숲은 청춘 남녀가 상시적으로 성애를 나눌 수 있는 마을에서 격리된 은밀한 장소이다. 하지만 두 사람의 관계는 아버지 김약국에게 발각되어 파국을 맞게 된다.

> 솔밭 길을 내달리며 김약국은 눈앞에 가리는 솔가지를 단장으로 내려친다. 큰 바위에 가려진 무덤가 잔디 위에 달빛이 함빡 쏟아져 있다. (중략) 용빈은 앞으로 나갔다. 그리고 또 나뭇가지에 몸을 숨기고, 목을 뽑았다. '앗!' 두 손으로 얼굴을 확 가린다. 눈앞이 아찔하고 쓰러질 것만 같았다. 마치 두 마리의 야수처럼 용란이와 한돌이는 두려움도 스스러움도 없이 본능에 몸부림치고 있는 것이 아닌가. (중략) 한참 만에 그들은 지친 듯 서로 마주보고 있다가 바위 옆에 벗어던져 둔 옷을 끌어당겨 입는다.

숲은 위요된 공간이다. 그래서 사랑의 공간이 되고, 그 사랑은 문학의 소재가 된다. 이것이 숲을 통해서 사람이 받을 수 있는 눈에 보이지 않는 문화적 혜택이다.

제3부

동물 이야기

숲을 변화시키는 다람쥐

숲은 다양한 식물들로 구성되어 있기 때문에 입체적인 층위구조를 형성하고 있으며, 그 내부에서는 경쟁과 협조를 통해 끊임없이 변화가 일어나고 있다. 이 변화 가운데 가장 핵심은 하부에서 자라는 활엽수들이 그곳에서 먼저 자라서 이미 상층을 차지하고 있는 소나무류를 물리치고 숲의 주인 자리를 차지하는 변화이다. 이것을 숲의 천이遷移라고 하는데, 최후에 주인 자리, 즉 극상림極上林을 구성하는 나무들은 서나무와 참나무류 등이다.

숲에 다양한 식물들이 자랄 수 있는 것은 여러 가지 방법에 의해 외부로부터 종자가 옮겨져 들어오기 때문이다. 식물의 종자는 바람에 의해 옮겨지기도 하고, 동물의 몸(털)에 붙어 옮겨지기도 하고, 동물의 대변을 통해 옮겨지기도 하고, 동물들이 물어다 땅 속에 저장해 두는 방식으로 옮겨지기도 한다.

숲에서는 헤아릴 수 없을 정도로 많은 종자들이 생산되고 옮겨지지만, 그것들이 모두 싹을 틔우고 자라는 것은 아니다. 땅 위나 낙엽 위에 떨어진 종자들은 겨울을 나면서 썩어서 생명력을 잃게 되고, 흙 속이나 두꺼운 낙엽층에 묻혀서 겨울을 난 종자들만이 생명력을 가지고 싹이 터서 식물로 자랄 수 있다.

도토리와 밤 등 딱딱하고 큰 종자들은 주로 다람쥐에 의해 수집되어 땅속에 저장되었다가 미처 먹히지 않고 남겨진 것들이 싹을 틔워 나무로 자라게 된다. 특히, 참나무류는 오랜 세월이 지나 숲의 주인 자리를 차지하게 된다. 그러니 소나무 숲이 극상림인 참나무류의 숲으로 변화(천이)해 갈 수 있는 것은 바로 다람쥐들의 숨은 공로가 있기 때문이다.

다람쥐가 도토리와 밤을 수확하여 저장하는 생태를 안도현의 『관계』에 실린 내용을 통해서 살펴보자.

다람쥐는 가을 수확철이 되면 수컷 한 마리가 적게는 서너 마리 많게는 열서너 마리까지 암컷을 거느리고 도토리와 밤을 주워 모은다. 수확이 다 끝나면 눈이 먼 암컷 한 마리만 남기고 모두 쫓아내 버린다. 굴속에서 눈먼 암컷과 살면서 암컷을 바람 들어오는 입구에 앉혀놓고 쓰디쓴 도토리를 집어 건네주어 먹게 하니, 암컷은 씨공씨공 하면서 도토리를 먹는다. 수컷은 달디단 알밤만 골라서 달콩달콩 하면서 먹는다.

그러니 겨울철 산에 가서 땅에 귀를 대고 있으면 '씨공씨공, 달콩달콩' 하는 소리가 들릴 것이다. 이렇게 다람쥐는 굴속에서 겨울을 나기 때문에 겨울철 산속을 돌아다니는 다람쥐들은 먹을 것을 찾아 헤매고 다니는 암컷들일 가능성이 높다. 애써 살림 불려놓고 소박맞은 불쌍한 것들이다. 그러니 겨울철 산에 가서 다람쥐를 만나면 측은히 여겨 싸 가지고 간 군밤이며 곶감이며 땅콩 등을 나누어 줄 일이다.

조선시대에 여인들이 소박을 당할 명분으로 칠거지악七去之惡이 있었다. 칠거지악은 불순구고不順舅姑(시부모에게 순종하지 않는 것), 무자無子(아들을 낳지 못하는 것), 질투嫉妬(처첩끼리 다투는 것), 도절盜竊(도둑질하는 것), 구설口舌(수다스러운 것), 음행淫行(행실이 음탕한 것), 악질惡疾(난치 또는 불치병을 앓는 것)이다. 하지만, 동시에 삼불거三不去라 하여 비록 칠거지악을 범하였다 하더라도 혼인한 후에 부모의 삼년상을 다 치렀거나, 혼인 후에 집안 살림이 불어났거나, 의지할 혈육이 없거나 그러면 아내를 내쫓을 수 없다고 하였다.

다람쥐란 놈은 무슨 명분을 들어 암컷들을 쫓아내는지는 몰라도, 집안 살림 불려놓은 뒤에 그것도 엄동설한에 오갈 데 없는 것들을 쫓아내는 것을 보면, 몰상식한 동물이라 아니할 수 없다.

우리나라에 서식하는 다람쥐 종류에는 보통 다람쥐라고 부르는 시베리아다람쥐(*Tamias sibiricus*), 청서(청설모), 날다람쥐, 하늘다람쥐 등이 있다.

다람쥐는 한자로 혼서鼲鼠라고 하는데, 사람을 만나면 뒷발로 반듯하게 서서 앞발을 마주 올려 아주 공손히 읍하는 자세를 취하기 때문에 예의를 안다고 해서 예서禮鼠라고도 한다. 다람쥐 가죽으로는 갖옷을 지었다고 한다. 다람쥐는 쳇바퀴 안에 키우면서 쳇바퀴 돌리는 것을 즐기기도 하고, 애완용으로 기르기도 하는 친숙한 동물이다.

그래서 우리나라에서는 1962년에 일본으로 다람쥐 2천 마리를 수출한 것을 시작으로 한때는 1년에 30만 마리를 잡아 수출하기도 하였는데, 1마리에 1~2달러 정도였다고 한다. 1960~1970년대는 이 땅에서 나는 것 가운데 돈 되는 것은 무엇이든 수출하여 외화획득을 할 때라 숲속에서 사는 다람쥐도 무더기로 해외입양을 보냈던 것이다. 그때는 지리산 세석평전 철쭉도 일본으로 수출되었다고 한다.

다람쥐와 청서는 한반도 거의 전역에서 살고 있지만, 몇 가지 다른 점이 있다. 첫째는 생김새로서 다람쥐는 갈색 털에 등에 줄무늬가 있고, 청서는 전체적으로 짙은 잿빛 털을 지니고 있다. 둘째는 서식 형태로서 다람쥐는 나무를 잘 타긴 하지만 주로 땅 위에서 생활하는 데에 비해 청서는 주로 나무 위에서 생활한다. 셋째는 먹이로서 다람쥐는 도토리를 가장 좋아하고 청서는 잣을 가장 즐겨 먹는다. 넷째는 다람쥐는 겨울잠을 자지만 청서는 겨울잠을 자지 않고 겨울에도 먹이활동을 한다.

이렇게 먹이와 생활 형태가 다르기 때문에 다람쥐와 청서가 같은 숲에서 살아갈 수 있다. 하지만, 때로는 덩치가 큰 청서가 다람쥐를 공격하는 경우도 볼 수 있다. 이해득실 앞에서는 형제와 오랜 친구 사이에도 다툼이 생기는데, 먹이가 부족할 때 다람쥐와 청서가 서로 평소의 기호식품만 고집할 리는 없다.

다람쥐 무리 가운데 특별한 놈은 날다람쥐와 하늘다람쥐이다. 이놈들은 이름 그대로 공중을 날아다니는 재주를 가지고 있다. 날다람쥐의 몸 길이는 30~50㎝, 꼬리는 28~40㎝, 몸무게는 700~1,500그램 가량으로 하늘다람쥐보다 훨씬 크다. 긴 꼬리는 주로 균형을 잡는 데 쓰이고, 활공할 때에는 방향타 역할을 맡기도 한다. 얼굴에 흰 무늬가 있고 등은 엷은 다갈색이다.

날다람쥐는 숲속에 사는데, 낮에는 나무나 빈 굴 속에 숨어 있다가 밤에 나무 위로 올라가 어린잎 · 열매 · 나무껍질 등을 먹는다. 몸 옆구리의 피부가 자라서 생긴 피막皮膜을 지니고 있어서 나뭇가지 사이를 100미터 이상 날아갈 수 있다. 가죽의 보온성이 높아서 옛날에는 모피용으로 사냥의 대상이 되어 왔고, 특히 물자가 부족했던 태평양전쟁 당시에는 교사 월급에 맞먹을 정도로 가치가 높았다.

날다람쥐는 한자로는 오서鼯鼠라고 하며, 바로 오서오능鼯鼠五能의 주인공이다. 오서오능이란 날다람쥐가 지니고 있는 다섯 가지 재주라는 뜻이지만, 오만 가지 재주가 많아도 그중에 제대로 쓸모 있는 것은 한 가지도 없다는 비유적 의미로 쓰인다. 날다람쥐가 지닌 다섯 가지 재주란, 날 줄은 알지만 지붕은 넘지 못하고, 나무를 올라도 타넘지는 못하며, 헤엄은 쳐도 골짜기는 건너지 못하고, 굴을 파지만 제 몸을 감추지 못하며, 달릴 줄은 알아도 사람을 앞지르지는 못한다는 것이다.

오서오능이란 말은 『순자荀子』「권학勸學」 편의 "지렁이는 손톱이나 이빨도 없고 힘줄이나 뼈 같은 것도 없지만 위로는 티끌이나 아래로는 땅속의 물을 먹으며 살아가는 것이 한결같다. 게는 여덟 개의 발과 두 개의 집게발을 가지고 있어도 뱀의 구멍이 아니면 의탁할 집이 없는데, 이는 생활이 산만하기 때문이다. (중략) 등사라는 뱀은 발이 없어도 하늘을 날지만, 날다람쥐는 다섯 가지 재주가 있으면서도 자주 곤경에 빠진다."는 대목에 나온다. 또 중국 남북조南北朝시대 말기의 귀족 안지추顔之推(531~591)가 후대의 자손을 위하여 저술한 교훈서 『안씨가훈顔氏家訓』에 실려 있는 말이기도 하다.

우리나라에서는 신라 헌강왕 때(887년) 최치원이 지리산 쌍계사 진감선사대공탑비眞鑑禪師大空塔碑에 왕의 명으로 비명을 지으면서 남긴 소회의 글 속에 자신의 재주를 날다람쥐의 다섯 가지 재주에 비유한 대목이 있다.

(왕으로부터 진감선사의 비명을 지으라는 명을 받고) 물러나 생각해 보니, 지난 날 중국에서 이름을 얻어 장구章句 사이에서 살진 것을 씹고 기름진 것을 맛보았다. 그러나 성인의 도에 흠뻑 취

해 보지 못했으니, 깊은 우물 안의 깨어진 벽돌 사이에서 뛰노는 개구리처럼 부끄럽도다. 하물며 불법의 진리는 문자를 떠난지라, 말을 붙일 만한 곳이 없다. (중략) 다만 국왕의 외호와 문인들의 대원으로 문자가 아니면 여러 사람 눈에 밝힐 수 없어서 드디어 감히 명銘을 짓고 쓰는 두 가지 일에 종사하여, **날다람쥐처럼 없는 재주나마 힘써 본다**(力效五能). [최석기 외, 『선인들의 지리산유람록』(돌베개, 2000)에서 인용]

오서오능과 비슷한 비유로 누고재螻蛄才란 말도 있는데, 누고는 땅강아지이다. 그러니 누고재란 땅강아지의 재주로서 날다람쥐처럼 날고, 기어오르고, 물을 건너고, 땅을 파고, 발로 달리는 재주를 말한다. 모두가 날다람쥐 재주마냥 어설프고 어느 것 하나 제대로 쓸 만한 것이 없다는 뜻이다.

정민 교수는 『일침一針』의 〈오서오능〉에서 날다람쥐의 다재다능에 빗대어 성공을 위해서는 한 우물을 깊게 파라고 역설한다. 한 우물을 파서 특정 분야에 전문성을 가지고 있으면서 요즈음의 트렌드인 타 분야와의 융합이나 통섭을 잘할 수 있다면 더할 나위 없을 것이다.

공부면 공부, 운동이면 운동 못하는 게 없다. 모두들 선망하는 부러움의 대상이다. 하지만 다재다능도 전공이 있어야지 오지랖만 넓어 이것저것 집적대면 마침내 큰일은 이룰 수가 없다. 두루 춘풍으로 "못하는 게 없어." 하는 소리를 듣는 것은 무능하다는 말과 같다. 이것저것 잘하는 팔방미인보다 한 분야를 제대로 하는 역량이 더 나은 대접을 받는 시대다.

대도무문大道無門이라 했다. 한 문으로 들어가 깊이 파면 모든 문이 다 열린다. 공연히 여기저기 이 대문 저 대문 앞을 기웃대기만 해서는 끝내 아무것도 이룰 수가 없다. 균형 잡힌 안목으로 핵심 역량을 길러야 한다. 깊게 파야 가뭄에도 마르지 않는 우물을 얻는다. 지금은 바야흐로 전문가 시대다.

하늘다람쥐는 날다람쥐류에 속하며, 등 쪽은 황색 또는 갈색이고 아랫배 쪽은 희며 꼬리는 담갈색에 검은 빛을 띤다. 다람쥐보다 크지만 몸집에 비해 눈망울이 크다. 딱따구리가 파놓은 나무 구멍에 나무껍질이나 풀잎 등을 모아서 집을 짓는다. 열매, 새알, 곤충, 새싹, 나무껍질 등을 먹이로 한다. 깊은 산 숲에서 서식하고 야행성이기 때문에 눈에 잘 띄지 않는다. 앞발과 뒷발 사이의 피막皮膜을 이용하여 높은 나무 위에서 점프하여 보통 20~30미터 정도를 활공한다. 천연기념물 제328호로 지정되어 보호받고 있다.

"다람쥐 쳇바퀴 돌듯 한다."는 속담이 있다. 같은 장소에서 뱅뱅 맴돌거나, 노력을 하지만 별로 발전이 없는 상태를 비유한 말이다. 하지만, 저 사는 숲에서는 다람쥐가 쳇바퀴를 돌지 않고,

아주 빠른 몸놀림으로 돌아다닌다. 그래서 동작이 민첩한 사람을 가리켜 '다람쥐 같다'든지, '날다람쥐 같다'라고 한다. 특히 산을 빨리 올라 다니는 사람들을 다람쥐와 날다람쥐에 빗대기도 한다.

도토리를 먹는 다람쥐 가족(대아수목원)

사실 날다람쥐와 하늘다람쥐를 산에서 보기는 어렵고, 여러 환경영향평가서에 기재된 날다람쥐와 하늘다람쥐는 지역 주민들의 이야기를 바탕으로 한 것이 대부분이다. 그러니 우리가 숲속에서 보는 것은 모두 다람쥐이다. 다람쥐의 개체수도 많이 늘어나서 산에 들어가면 어디서든 쉽게 볼 수 있다. 그리고 숲에서 애벌레나 곤충을 보고도 놀라는 어린아이부터 어른에 이르기까지 다람쥐를 보고는 놀라지 않는다. 그만큼 친숙한 동물이다.

이렇게 예쁜 다람쥐들이 숲속에서 건강하게 살면서 숲을 발전시키는 역할을 잘할 수 있도록 사람들이 숲에 들어가 그들의 먹을거리를 너무 많이 탈취하지 말아야 할 것이다.

기다림과 입신양명立身揚名의 까치집

까치는 까마귀과에 속하는 텃새로서 마을 근처에 살며, 나무 열매와 벌레 따위를 먹는다. 예로부터 우리 민족은 까치를 길조로 여겨 왔고, 아침 일찍 까치를 보거나 까치 소리를 들으면 좋은 일이 생긴다고 믿어 왔다. 『동국세시기』에 따르면, 설날 새벽에 가장 먼저 듣는 소리로 그 해의 운수를 점치는 '청참聽讖'의 풍속이 있었는데, 이때 까치 소리를 들으면 그 해에는 운수대통하는 것으로 여겼다고 한다.

분가한 햇까치들은 새 둥지를 지어야 하지만, 나이 먹은 것들은 한 곳에 터를 잡고 살기 때문에 해마다 묵은 집을 수리해서 산다. 예로부터 까치가 집을 고칠 때 출입구를 어느 쪽에 내느냐를 두고 농사일에 참고해 왔다. 즉, 까치는 반드시 바람이 불어오는 반대쪽에 출입문을 내므로 기상을 예지하는 영물로 인식되어 왔다.

지금도 칠월칠석에 견우와 직녀를 만나게 해 주는 오작교를 만드는 새, 은혜 갚은 까치의 전설, 까치설날, 어린아이들의 까치두루마기, 까치호랑이 그림 등 다양한 모습으로 우리에게 가장 친숙한 새라고 할 수 있다. 특히, "까치 까치 설날은 어저께고요, 우리 우리 설날은 오늘이래요." 하는 동요 덕분에 어릴 적부터 친숙한 새가 되었다. 우리나라의 공식적인 국조國鳥는 없지만, 국조 지정을 위한 국민여론조사를 한다면 까치가 1위로 꼽히지 않을까 생각될 정도이다.

그래서 농사지을 때 뿌린 씨앗을 파먹고 익어 가는 과일에 손상을 입히더라도 크게 언짢아하지 않는다. 오히려 씨앗을 심을 때에는 까치 몫으로 더 심기도 하고, 과일을 수확한 다음에는 몇 개의 까치밥을 남겨 두기도 한다. 생활공간에서 얼쩡대더라도 다른 새들에게 하듯이 쌩쌩하게 대하지 않는다.

흔히 "까치가 울면 손님이 온다."고 한다. 이것은 까치의 생태적 특성에서 비롯된 인식이라고 하겠다. 까치는 텃새로서 숲보다는 마을 안 또는 집안에 자라는 나무에 집을 짓고 사는 경우가 많다. 그래서 평소에 골목이나 집안에 드나드는 사람들을 모두 인지하고 있는데, 낯선 사람이 영역 안으로 들어오게 되면 평소와 다르게 요란한 울음소리를 내어 경계를 표시한다. 까치에게 낯선 사람은 집안에 있는 사람에게는 손님이 되는 이치이다.

『고려사』의 악지에 실려 있는 〈거사련居士戀〉이란 노래에 그 뜻이 담겨 있다. 부역을 나가 있는 사람의 아내가 지었다고 하며, 까치와 거미를 빌려서 남편이 빨리 돌아오기를 학수고대하는 내용이다.

까치는 울타리 가 꽃가지에서 울고
거미는 상머리에서 줄을 늘이누나
우리 님 머잖아 오시려나
마음이 먼저 사람에게 알리는 게지

집안 나무에 지은 까치집

남편을 기다리는 여인의 마음을 읊은 조선시대 이옥봉李玉峯의 시 〈규한閨恨〉에서도 이러한 인식을 엿볼 수 있다. 이옥봉은 16세기 후반 옥천군수를 지낸 이봉李逢의 서녀로서 선조 때 승지 벼슬을 지낸 운강 조원趙瑗의 소실이며, 허난설헌과 함께 당대 최고의 여류시인으로 꼽힌다.

오신다던 그 님은 왜 이리 늦는가
뜰에는 매화꽃이 다 져 가는데

난데없이 까치소리 들려오기에
울 들어 부질없이 분단장 하오

현대에는 1972년 최안순이 발표한 대중가요 〈산까치야〉의 가사에 이런 인식이 깔려 있다. 작사는 이순섭이 하였다.

산까치야 산까치야 어디로 날아가니
네가 울면 우리 님도 오신다는데
너마저 울다 저 산 넘어 날아가면은
우리 님은 언제 오나 너라도 내 곁에 있어다오

산까치야 산까치야 어디서 날아오니
네가 오면 우리 님도 오신다는데
너마저 울다 저 산 넘어 날아가면은
이 마음은 어이하나 너라도 내 곁에 있어다오

우리 선조들은 "까치가 집안에 있는 나무에 집을 지으면 그 집 주인이 과거에 급제한다."고 믿어 왔다. 그런 믿음의 일단을 먼저 옛 일화에서 찾아보자.

조선 성종 임금이 미행을 하던 중에 어떤 남정네가 까치 둥지가 있는 나무를 통째로 베어다 자기 집 대문 앞에 세우는 것을 목격하였다. 임금이 "어찌하여 이렇게 큰 나무를 베어다가 집안에 세워 두느냐?"라고 물었다. 그 사내는 "여러 차례 과거를 보았으나 낙방만 하여 가세도 빈한해졌답니다. 까치가 집안에 있는 나무에 집을 지으면 그 집 주인이 과거에 급제한다는 말이 있습니다. 까치가 제 집 울안에 있는 나무에는 둥지를 짓지 않으니, 둥지 지어놓은 나무를 베어다 세우는 것이랍니다."라고 하였다.

임금은 얼마 후에 별시를 열어 그 사연과 관련 있는 문제를 출제하여 그 사내를 급제시켰다고 한다. 사람의 입신양명立身揚名을 돕는 까치이다.

옛날의 이러한 인식이 현대에도 이어지고 있는 흔적을 이문구의 연작소설집 『내 몸은 너무 오래 서 있거나 걸어 왔다』의 〈장이리 개암나무〉 편에서 볼 수 있다. 바로 주인공 전풍식이 자기 텃밭머리에 자라고 있는 꾸지뽕나무에 지은 까치집과 아들의 대학입시를 연관 짓는 내용이다.

소설에서 전풍식은 마을 기우제를 놓고 이장, 부녀회장, 지방의원인 매제, 그리고 친동생 등과 의견이 엇갈려 그들과 말씨름을 한다. 전씨는 그런 꼴같잖은 인간들이 판을 치는 세상이 보기 싫다. 그런 판국에 텃밭머리의 꾸지뽕나무에 까치가 와서 둥지를 틀자 그가 뛸 듯이 기뻐한다.

전은 자기만 알게 미소를 지었다. 꾸지뽕나무는 집에서 한길로 난 길턱이자 밭둑을 겸한 텃밭머리에서 스스로 나고 자라 오늘을 보고 있는 나무였다. 키는 전봇대와 겨루고 둥치는 아름이 넘는데다, 흙이 씻겨 땅 위로 들솟은 묵은 뿌리와 바위 옷처럼 이끼가 더덩이 져서 등걸로 보이기가 십상인 밑동으로 하여 누가 헤아리나 줄잡아도 백 년은 넘어 된 고목이었다. (중략)

모양도 그만하면 무던한 편이었다. 돌뽕나무와 마찬가지로 가지가 부드러워서 어떤 풍우대작風雨大作을 치러도 꺾인 법이 없었으니, 첫째로 우듬지가 가지런한 것이 뭇사람의 눈길을 끌어온 터수였다. 그렇지만 잊을 만하면 찾아와서 받을 금을 놓으라고 집적거리는 조경업자들은 점잖게 생긴 나무 모양보다 뽕나무 종류 가운데에도 이렇게 아름드리 고목이 있다는 사실에 놀라고 신동하여 탐을 내는 것 같았다. '이 꾸지뽕나무는 내가 어렸을 적에두 거점 이만했었시다. 무슨 말인고 허니 대한제국 시대에 태어난 대선배라 이거유.

그러니 워느 집은 누가 원제 나서 원제 죽구, 워느 집은 누가 원제 이사 왔다 원제 이사 가구, 워느 집 메누리는 원제 시집오구, 워느 집 뇌인네는 원제가 팔순이구, 좌우간 이 진마뒷굴에서는 인륜대사부터 동네 잡사에 이르기까지 이 나무만치 아는 이가 없을 것이다 그런 얘기유. 그러니 아무리 살림이 째두 팔아먹을 게 따루 있지, 사램이 돈 몇 푼에 워치게 그럭허겄수. 또 없었으면 워떡헐 뻔했어. 참말루. 놔두슈. 나무도 이웃입디다.' 그가 한 조경업자에게 그렇게 다질러 말한 뒤에는 흥정하러 오던 사람들도 차츰 발길음을 줄이더니, (중략)

그런데 그러던 참에 까치가 와서 둥지까지 짓는 것이 아닌가.

그는 뛸 듯이 기뻤다. (중략) 이 가지 저 가지를 요모조모로 살펴본 다음, 쪼아도 보고 꺾어도 보고 물어뜯어도 보고, 어떤 가지는 부리로 물어당겨 껍질을 벗겨보기까지 하는 것이었다. 알자리를 본다! 그는 대번에 알아차렸다. 이윽고 됐다! 하고 속으로 외쳤다. (중략) 남에게 아니 아내에게도 섣불리 발설을 했다가는 사위스러울 것 같은 느낌이 들어서 이 일은 입이 무거울수록 좋은 것이라고 스스로 다짐을 한 거였다. 그는 이튿날부터 눈만 뜨면 꾸지뽕나무부터 쳐다보게 되었다. 까치는 열심히 둥지를 지었다.

전씨가 꾸지뽕나무에 까치집 짓는 것에 이렇듯 기쁜 마음으로 관심을 가지는 까닭은 집안 나무에 까치가 둥지를 만들면 과거에 급제한다는 옛날 속설을 알고 있기 때문이다. 그는 꼴같잖은 인간들이 판을 치는 세상이 보기 싫지만, '나이 들면 자식이 명함'이라고, 아들이 대학에 가서 신분이 상승되면 아들을 등에 업고 자신도 사회의 주류가 될 수 있다는 희망을 까치집에 투영시킨 것이다. 이것은 우리 부모들 세대의 전형적인 의식이라고 할 수 있고, 현재 우리 사회의 단면이기도 하다.

한편, 까치는 살아 있는 나무에만 둥지를 만든다고 한다. "병든 나무에는 새도 안 앉는다."는 속담과 궤를 같이하는 현상이다. 의식이 없고 말도 못한다는 식물과 동물이 자연 속에서 본능에 따라 교감하며 살아가는 모습이다. 큰 나무는 옮겨 심은 뒤에도 이삼 년은 지나야 활착과 생존을 확신할 수 있다. 그러니 옮겨 심은 큰 나무에 까치가 둥지를 짓는다면, 그 나무는 생존할 가능성이 높다고 봐도 좋을 것이다. 만물의 영장이라고 하는 사람이 미물로부터 배울 것이 참 많다.

까치호랑이 무신도
(출처: 한국민속문화대사전)

법정 스님은 명상 에세이집 『새들이 떠나간 숲은 적막하다』에서 이렇게 말하였다. "우리 곁에서 새소리가 사라져 버린다면 우리들의 삶은 얼마나 팍팍하고 메마를 것인가. 새소리는 단순한 자연의 소리가 아니라 생명이 살아서 약동하는 소리를 자연이 들려주는 아름다운 음악이다. (중략) 새가 깃들지 않는 숲을 생각해 보라. 그건 이미 살아 있는 숲일 수 없다. 마찬가지로 자연의 생기와 그 화음을 대할 수 없을 때, 인간의 삶 또한 크게 병든 거나 다름이 없다."

까치는 자연 속에 살고 있는 수많은 종류의 새 가운데 하나일 뿐이다. 많은 종류의 새들이 깃들어 사는 숲은 건강하다. 그리고 사람은 그들의 소리를 들음으로써 청량감과 평온을 얻는다.

숲속 새들의 목소리 품평회

숲속에서 새소리를 들으면 청량하고 즐거운 기분이 든다. 나무 사이를 날아다니며 우짖는 새는 산속에서 만날 수 있는 좋은 벗(山中好友林間鳥)이라고 하였다. 그래서 옛 선비들은 숲 언저리에 지은 누정에서 새들과 벗하기도 했고, 새들의 지저귐을 듣기 위해서 뜰 안에 소나무를 심었다는 이야기도 있다. 물론 소나무가 지니고 있는 지조 · 절개 · 장생 등의 의미에 가치를 두었겠지만, 소나무에 붙은 벌레를 잡아먹기 위해서 새들이 오기 때문이라는 것이다.

조류를 연구하는 사람들은 숲속에 사는 새들을 조사할 때 새의 실물보다는 새의 울음(노래)소리를 듣고 서식 여부를 판단한다고 한다. 새의 종류에 따라 제각각 울음소리가 다르게 구별되기 때문에 가능한 일이다.

판소리 〈적벽가〉 중 조조가 적벽강에서 화공으로 배와 군사를 모두 잃은 뒤에 패잔병을 이끌고 화용도로 들어가는 대목에서 새타령이 나온다. "적벽강에서 죽은 군사들이 원조라는 새가 되어 지지웨라 지지웨라 울고, 촉혼조는 꾀꾀꼴 꾀꾀꼴, 흉년새는 솟뎅 솟뎅, 초혼조는 입삐쭉 입삐쭉, 까마귀는 까옥까옥, 쑥국새는 쑥국 쑥쑥국, 호반새는 수루루루 루루루루, 종달새는 노고지지 노고지리, 따오기는 따옥 따옥, 할미새는 행통행통, 때쩌구리는 그르르 또르락 끔벅지끈 때그르르르르 제각각 다른 소리로 운다."

소리꾼들은 새타령을 할 때 최대한 새소리를 사실적으로 내기 위해서 피나는 수련을 한다. 그 사례로 조선 말기 판소리 명창이었던 이날치는 춘향가 중의 나팔소리와 인경소리의 묘사와 적벽가의 새소리 묘사에 특출한 재주를 가졌다고 한다. 그가 익산 미륵산 자락의 심곡사에서 새타령을 수련할 때 얼마나 새소리를 사실적으로 내었던지 산속의 새들이 모여들었다고 한다. 귀명창들은 소리꾼이 새소리를 묘사하는 것을 듣고 그 소리꾼의 수준을 가늠하기도 한다.

새들의 목소리와 관련된 옛날 일화가 있다. 조선조 숙종 임금께서 민정시찰을 하던 중에 어느 마을에 당도하였다. 삼경(子時)이 넘은 시각에 글 읽는 소리가 들려서 과객으로 그 집을 찾아 들어갔다. 방안에 들어가 둘러보니 문지방 위에 〈무와불우시無蛙不遇時〉란 글이 쓰인 편액이 걸려 있었다. 임금께서 이 편액을 걸어둔 연유가 무엇인지 물었다. 주인 남자는 여러 해 과거를 보았으나 줄곧 낙방하였고, 특별한 연줄도 없고, 살림살이도 변변치 않아 누구에게 자리 청탁도 못한 채, 하릴없이 과거공부만 하고 있노라고 대답했다.

'무와불우시'란 개구리가 없어서 좋은 시절을 만나지 못한 것을 한탄하는 말로 쓰인다. 여기에서 개구리란 청탁용 뇌물을 가리킨다.

이 "개구리가 없어서 좋은 시절을 만나지 못한다."는 것이 바로 숲속에 사는 새들의 목소리 품평회에서 유래된 것이다. 나름대로 목소리가 우아하다고 자존심을 가지고 있는 꾀꼬리, 두견새, 그리고 왜가리가 목소리 자랑에 나섰다. 심판관으로는 황새를 초청했다.

먼저 꾀꼬리가 노래를 불렀다. 꾀꼬리는 꾀꼬리과에 속하는 여름철새로서 침엽수림, 낙엽활엽수림, 혼효림 등에서 주로 생활하는데 도심 공원이나 사찰 등의 숲에서도 볼 수 있다. 사람에 대한 경계심이 많아 항상 나무 위 높은 곳에 숨어 있다. 조류도감에서는 꾀꼬리가 '우갸아, 우갸아' 하고 고양이 울음소리 비슷하게 운다고 한다. 이 울음소리를 사람들은 최고로 쳐서 특히 여자의 좋은 목소리를 '꾀꼬리 같다'고 한다. 세간에서 하는 말 그대로 꾀꼬리 목소리로 멋지게 한 곡 부른 것이다. 노래가 끝나자 심판관인 황새가 다음과 같이 심사평을 하였다. 혹평이다.

> 打起黃鶯兒 莫教枝上啼
>
> 啼時驚妻夢 不得到遼西
>
> 꾀꼬리 새끼가 깃을 치고 일어나 우는구나
>
> 나뭇가지 위에 앉아 계속 우는 것을 그치거라
>
> 네가 울어대니 각시가 놀라 남편 만날 꿈을 깨어
>
> 요서에 가는 뜻을 이룰 수가 없구나

다음으로 두견새가 목소리 자랑을 할 차례였다. 두견새는 보통 두견이라고 하는데, 산 중턱이나 우거진 숲속에 숨어서 생활하기 때문에 눈에 잘 띄지 않는다. 이놈은 둥지를 직접 만들지 않고 휘파람새의 둥지에 알을 위탁하여 포란하고 새끼를 깨인다. 숙주의 알 한 개를 부리로 둥지 밖으로 떨어뜨리고 둥지 가장자리에 앉아서 자신의 알을 낳는다. 제 알을 위탁하는 것까지는 봐준다지만, 집주인의 알을 밀어내어 한 해 농사를 망치게까지 하니 얌체도 수준급이다.

두견이과에 속하는 뻐꾸기란 놈도 때까치 · 개개비 · 멧새 · 촉새 등 다른 새의 둥지에 알을 낳는데, 먼저 깨인 뻐꾸기 새끼는 다른 새의 알을 둥지 밖으로 밀어내 버리고 양부모가 물어다 주는 먹이를 독차지하면서 자란다고 한다.

독일의 민담에는 이렇게 뻐꾸기가 둥지를 짓지 않고 다른 새들의 신세를 지어 새끼를 키우는 사연이 다음과 같이 담겨 있다.

> 하나님이 시간을 창조하고, 독일의 흑림黑林도 창조하였고, 흑림에 사는 사람들을 위해 벽시계를 창조하면서 시계 안에 시간을 알려주는 뻐꾸기를 넣었다. 어떤 사람이 매시간 울어 대는 뻐꾸기 소리가 시끄럽다고 벽시계를 숲속에 내동댕이쳤다. 그런데, 시계 밖으로 튕겨져 나온 뻐꾸기는 혼자 힘으로 숲속에서 살아가는 방법을 알지 못했다. 그래서 다른 새들의 신세를 지어 알을 낳고 새끼를 양육하게 되었다.

두견이의 수컷은 '홀딱 자빠졌다' '쪽박 바꿔주우' 혹은 '키욧, 키욧, 쿄, 쿄, 쿄' 하며 울고, 암컷은 '삐, 삐, 삐' 하며 운다고 한다. 두견이 사촌인 등검은뻐꾸기는 '홀따악 벗고, 홀따악 벗고' 하고 운다는 말도 있다.

아마도 목소리 자랑에는 수컷이 출전했을 가능성이 높다. 두견새가 노래를 마치자 심판관인 황새의 심사평이 이어졌다. 나그네의 심사에 빗대어 썩 좋은 평이 아니다.

> 旅館寒燈獨不眠 客心何事轉凄然
> 故鄕今夜思千里 霜鬢明朝又一年
> 추운 불빛 가물거리는 여관에 홀로 잠 못 이루는데
> 나그네의 마음은 무슨 일을 어찌 할지 몰라 처연하네

오늘밤 고향땅에서 천리 길 떠나온 나를 생각하니
서리 맞은 머리카락 위로 내일 아침 또 한 해가 지나가겠지

마지막으로 왜가리가 목소리를 자랑할 차례였다. 왜가리는 백로과에 속하는 대형 조류로서 우리나라에서 흔히 번식하는 여름 철새이다. 풀이 자라는 습지, 논, 개울, 하천 등에서 생활하며 낮에 먹이활동을 한다. 먹이는 어류, 개구리, 뱀, 들쥐 등이다. 둥지는 소나무류, 은행나무, 아카시나무 등에 나뭇가지를 이용하여 접시 모양으로 짓는다. 왜가리가 둥지를 튼 숲은 배설물의 독성에 의해 망가지기 일쑤이다. '와-악, 와-악' 하며 큰소리로 운다.

왜가리의 목소리 자랑이 끝나자 다음과 같은 황새의 심사평이 이어졌다.

飛將衝天 鳴卽驚人
네가 날아오르니 하늘이 울리고,
네가 우니 사람이 놀랜다

최고의 평가였다. 이 평가는 초나라 장왕의 고사에 나오는 '一鳴驚人'을 인용한 것이다. 춘추전국시대에 초나라를 5패국의 최대강자로 만들었던 장왕莊王은 즉위 후 3년 동안 국정은 살피지도 않고 주색에 빠져 있었다. 자신에게 충언하는 자는 목을 베겠다고 했으니, 충언하는 신하도 없었다. 어느 날 오거라는 사람이

장왕에게 "3년 동안 날지도 않고 울지도 않은 새가 있는데, 이 새가 무슨 새입니까?"라고 물었다. 목숨을 걸고 비유로써 충언한 것이다.

그러자 장왕은 "그 새가 한 번 날고 울면 천하를 놀라게 할 것이다."라고 대답하였다. 자신이 '不飛不鳴'한 이유가 '一鳴驚人'을 준비하고 있었음을 충신에게 나타낸 것이다. 장왕은 승전 축하 연회 도중에 어둠 속에서 애첩을 희롱한 장수를 적발하여 징벌하지 않기 위해서 모든 신하와 장수들의 갓끈을 뜯게 한 '절영지연絶纓之宴' 고사의 주인공이기도 하다.

우리가 듣기에 왜가리 울음소리는 돼지 멱따는 소리가 아니면, 술을 과하게 마시고 토하는 소리 정도로 듣기에 거북스럽다. 그런데도 왜가리가 꾀꼬리와 두견새를 물리치고 이렇게 좋은 평가를 받은 것은 왜가리와 심판인 황새 사이의 부정거래가 있었기 때문이다. 왜가리란 놈이 목소리 자랑을 하기 전에 미리 잡아다 놓은 싱싱하고 튼실한 개구리를 황새에게 뇌물로 주었던 것이다.

지금도 올림픽이나 월드컵을 유치하기 위해서 심사위원들에게 국가적 차원에서 로비를 한다든지, 나라 안에서 벌어지는 각종 스포츠 경기에서 심판을 매수한다든지, 이런저런 경연대회에서 인맥과 뇌물을 동원하여 불공정한 심사가 이루어진다든지 하는 일들이 일어나고 있다.

우리 대한민국은 경제적으로나 외교적으로 국제경쟁력이 높은 것에 비해 국가투명도는 아주 낮은 편이다. 2009년 국제투명성기구(TI) 한국본부가 발표한 바에 따르면, 우리나라의 부패인식지수는 10점 만점에 5.5점으로 조사 대상 180개 나라 가운데 39위에 랭크되었다. 부패인식지수(CPI)란 공무원과 정치인 사이에 어느 정도 부패가 존재하는지에 대해 국민이 느끼는 인식 정도를 표시한 것이다. 또 2015년 아일랜드 공영방송 RTE의 발표에 의하면, 2013~2014년 Open Data Barometer를 기준으로 측정한 국가투명도에서 우리나라는 86개 나라 가운데 17위로 나타났다.

그리고 어느 학자의 분석에 따르면 우리나라의 부패와 부조리는 '인텔리카르텔' 유형에 속한다고 하였다. 소위 잘나가는 사람들끼리 서로 영합하여 이권을 챙기는 유형이다. 하지만 우리나라에는 인텔리카르텔형 부조리만 있는 것이 아니라, 저개발국가들에서 볼 수 있는 정치적 · 행정적 권력이나 경제적 권력을 쥐고 있는 계층들이 저지르는 권력형 부조리도 만연하고 있는 상황인 것 같다. 비리와 부조리는 다 욕망의 꽃이고, 욕망의 결실은 아름답지 않다.

공정한 경쟁을 통한 발전, 비리와 부조리가 적은 투명하고 신뢰할 수 있는 사회, 이런 것은 욕망을 줄이는 것으로부터 가능하다. 그래서 노자는 『도덕경道德經』에서 만족할 줄 아는 사람이 곧

부자(知足者富)라 하였고, 욕망대로 좇지 말고 적당한 때에 멈출 줄을 알면 위태로움에 처하지 않는다(知止不殆)고 하였다. 공자 또한 이익 되는 것을 보면 의를 생각하라(見利思義)고 가르쳤다.

필명을 둥팡숴(東方朔)로 쓰는 중국의 린훙신(林宏星)은 그의 저서 『상쾌한 순자荀子』에서 다음과 같이 〈대장부론〉을 말하였다. "욕망은 눈앞에서 흔들리는 당근과 같아서 욕망 때문에 앞으로 전진하도록 유혹을 받는다. 대장부의 기개란 두 손에 권력을 쥐고 허리에 돈다발을 두른 그런 개념이 아니라, 명예와 이익의 각종 유혹 앞에서 과감한 결단을 할 수 있느냐 없느냐의 개념이다."

권력 · 돈 · 명예 등의 욕망을 좇는 것은 부나방이 불을 좇는 것과 같아서, 전등에 달려들면 몸이 으깨어져 죽고, 불속에 뛰어들면 몸이 타서 죽는다.

숙종 임금은 "조만간 별시別試가 있을 것이란 소문이 있는데, 별시가 열리면 나도 나갈 것이니 과거장에서 만납시다." 하고는 그 집을 떠났다. 임금은 환궁 후 별시를 열어 〈무와불우시〉를 시제試題로 출제하여 그 남자를 급제시켰다고 한다. 일화이므로 사실 여부는 정확하지 않지만, 숙종은 측은지심으로 한 사람의 인생을 바꾸어 줌과 동시에 한편으로는 불공정 게임으로써 권력형 비리를 범한 선례를 남긴 것이다.

『삼국유사』에는 금개구리 이야기가 나온다.

북부여의 왕 해부루는 늙도록 아들이 없었다. 어느 날 산천에 제사를 시내 대를 잇게 해달라고 빌었다. 이때 타고 가던 말이 큰 연못(鯤淵)에 이르러 큰 돌을 마주보고는 눈물을 흘렸다. 왕이 괴이하게 여겨 사람을 시켜 그 돌을 옮기자 금빛 개구리 모양을 한 어린아이가 있었다. 왕은 하늘이 내려 준 아이라고 기뻐하여 거두어 기르면서 이름을 금와金蛙라고 하였다. 부루가 죽자 금와가 자리를 이어받아 왕이 되었다.

이 이야기 때문에 우리나라에서는 황금개구리나 황금두꺼비를 귀하게 여기는지도 모르겠다. 금개구리 꿈과 금두꺼비 꿈은 태몽으로는 훌륭한 자식을 낳고, 집안에 경사가 생길 일이 있으며, 재물이 들어오고, 추진하는 일이 성사될 길몽으로 친다. 하지만, 이해관계가 있는 사람으로부터 황금 개구리나 두꺼비를 받는 것은 삼가야 할 일이다. 왜가리가 황새에게 준 개구리 뇌물과 같은 것이어서 패가망신을 불러올 수 있으므로.

2016년 9월 28일은 대한민국 국민들의 일반 정서와 오래된 관습을 깨는 법률이 시행된 날이다. 〈부정청탁 및 금품 등 수수의 금지에 관한 법률〉로서 소위 '김영란법'으로 불린다. 김영란 전 국민권익위원회 위원장이 2012년에 발의하였기 때문이다. 2015년 3월 27일에 정식으로 제정되어 1년 반의 준비와 유보 기간을 둔 다음 본격 발효되었다. 아직도 법률의 효과, 적용 대상의 범위, 행위의 범위, 시장경제의 위축, 축산업의 위축, 미풍양속의 파괴 등 수많은 논란이 있다. 하지만, 이 법률을 통해서라도 우리 사회에서 다양한 형태로 만연되어 있는 불합리가 개선되고, 나라 전체의 투명도가 높아지면 좋겠다.

우리 사회의 단면과 사람들의 탐욕을 보면, 비록 우화이긴 하지만, 숲속 새들의 목소리 경연이 인간세태를 비웃는 교훈이 아닌가 싶다.

사람과 새의 교감, 매사냥

'꿩 대신 닭'. 쓰고자 하는 어떤 것이 없으면 그보다는 조금 못하지만, 그와 비슷한 다른 것으로 대체하여 쓸 수도 있다는 말이다. 또한 최선이 아니라면 차선을, 최상이 아니라면 차상을, 본래의 목표를 이루지 못한다면 그 목표에 버금가는 성과를 선택하거나 그것에 만족해야 하는 상황 등을 비유하는 말이다.

이 말의 연유는 무엇일까. 우리나라에서는 새해를 맞는 설날 아침 제례를 지낼 때 메밥과 탕을 쓰지 않고 떡국을 쓰고, 아침에 누구나 떡국을 먹는 것이 풍속으로 되어 있다. 이것은 묵은해가 가고 천지만물이 갱생부활하는 새해 첫날을 엄숙하고 정결하게 맞이하기 위한 원시종교적 의미에서 비롯되었다.

떡국은 병탕餠湯이라고도 하며, 흰 가래떡과 꿩고기(雉肉)로 끓인다. 그런데 꿩을 구하지 못한 집에서는 꿩의 사촌인 닭고기를 쓸 수밖에 없었고, 꿩고기를 구하기 힘들어진 요즈음에는 거의 모두 쇠고기나 닭고기를 쓰고 있다. 그래서 '꿩 대신 닭'이란 말이 여러 상황을 비유하는 속담으로 굳어져 내려온 것이다.

지금처럼 사냥개를 데리고 다니면서 엽총으로 꿩을 사냥하기 전에는 어떻게 하였을까? 꿩은 나무에 앉지 않고 주로 땅에 기어 다니거나 덤불 속에서 은신하는 습성을 가지고 있다. 그러니 지금 사냥하는 방법에서 알 수 있듯이, 먼저 개가 휘젓고 다니면서 덤불 속의 꿩을 공중으로 날려 올려야 사냥이 가능하다. 명궁이라면 활을 쏘아서 공중에 나는 꿩을 잡을 수 있었겠지만, 이런 특별한 경우를 제외하고는 활로 꿩 사냥을 하는 것은 어려운 일이었다. 그래서 사람이 생각해 낸 방법이 맹금류인 매를 활용하는 것이다.

매사냥은 길들인 매로 숲속에서 꿩이나 토끼 등을 잡는 사냥 방법을 이르는 말이다. 매사냥은 고대 중앙아시아의 숙신족에서 발원한 오랜 역사를 가진 인류의 산림문화이다.

이사李斯의 일화를 보면 중국에서도 매사냥의 역사는 오래된 것 같다. 중국을 통일한 진秦나라의 시황제 밑에서 재상을 지냈던 이사는 한비자를 비롯하여 많은 현자와 실력자들을 모함해서 죽였다. 물론 자기의 권력을 유지하기 위해서였다. 그런 그가 아들과 함께 능지처참을 당하면서 큰아들을 돌아보며 했다는 말이다. "고향에서 강아지를 데리고 꿩 사냥을 하느니만 못하구나."

우리나라에서도 매사냥의 역사는 오래되어 고구려를 중심으로 삼국시대에는 나라 전역에서 널리 성행하였다고 전한다. 『삼국유사』 권3 「영취사靈鷲寺」 편에 매사냥의 사례가 나오는데, 이 때는 통일신라 대에 해당된다.

> 신라 진골 제31대 신문왕 대인 영순永淳 2년 계미년(683)에 재상 충원공忠元公이 장산국萇山國 온천에서 목욕을 하고 성으로 돌아오는 길에 굴정역 동지야에 이르러 머물게 되었다. 문득 어떤 사람이 매(鷹)를 놓아 꿩을 쫓는 것을 보았는데, 꿩은 금악金岳을 지나 자취를 감추어 버렸다. 그래서 매 방울소리를 듣고 찾아가 보니 굴정현 관청 북쪽의 우물가에 이르렀다. 매는 나무 위에 앉아 있고 꿩은 우물 속에 있는데, 물이 핏빛을 띠고 있는 것 같았다. 꿩은 양쪽 날개를 펴서 새끼 두 마리를 품고 있었고, 매 역시 그것을 어여삐 여겨서인지 함부로 덮치지 않고 있었다. 공이 그것을 보고 불쌍히 여기고 감동하여 그 땅을 점쳐 보니 절을 세울 만하였다. 서울로 돌아와 이 사실을 왕에게 아뢰어 그 현의 관청을 다른 곳으로 옮기게 하고 그곳에다 절을 세운 뒤 영취사靈鷲寺라고 이름 지었다.

위 내용에서 보면 사람은 매를 시켜 꿩을 잡고자 하였지만, 매의 발톱에 몸이 찢긴 어미 꿩은 새끼를 살리려고 필사의 모정을 보여 주고 있다. 그 모정을 어여삐 여기고 공격하지 않은 매 또한 영험한 짐승으로 추앙되고 있다.

고려 말기부터 조선조에는 매의 사육과 매사냥을 담당하는 관청인 응방鷹坊을 두기까지 하였다. 응방은 몽골에서 들어왔다. 생계를 위해 직업적으로 매사냥을 하는 부류도 있었지만, 매사냥은 특히 귀족층 사이에서 레저 스포츠로서 성행되었다. 고려 말엽의 충렬왕은 매사냥의 매니아였다고 한다.

조선조에는 응방의 운영에 대해 여러 차례 논란이 있었다. 응방을 운영하기 위해서는 전국에서 좋은 매를 잡아 조달해야 했기 때문이다. 지리산 천왕봉에서도 매를 잡아 진상했다는 사실을 선비들의 지리산 기행문에서 볼 수 있다. 관련 내용에는 매를 잡는 사람들의 고단한 삶과 관리들의 부조리가 함께 나타나 있다. 조선 초기인 1472년에 점필재 김종직이 지리산을 유람하고 쓴 「유두류록遊頭流錄」에는 시루봉 근처에 있는 매 잡는 사람들의 초막을 보고 쓴 내용이 있다.

물가의 초막 두어 채를 살펴보니, 울타리를 둘러쳤고 흙으로 만든 구들이 있었다. 이 집은 바로 내상內廂(병마절도사가 주둔한 병영을 중심으로 형성된 취락)에서 매를 잡는 초막이었다. 나는 영랑재에서부터 여기에 이르기까지 능선 곳곳에 매를 잡으려고 설치한 기구를 보았는데, 이루 다 기록할 수 없을 정도였다. 그러나 가을

이 아직 깊지 않아서인지 매를 잡는 사람은 볼 수 없었다.

매는 하늘을 나는 생물이니 험준한 곳 깊은 숲속에 덫을 설치하고 노리는 자가 있는 줄 어찌 알겠는가? 먹이를 보고 탐내다가 순식간에 그물에 걸리거나 올가미에 걸려드니, 또한 사람들에게도 경책이 될 만하다. 게다가 나라에 진헌하는 것은 한두 마리에 불과한데, 노리갯감으로 충당하기 위해 해진 옷을 입고 겨우 밥 한 술 뜨는 사람들에게 밤낮으로 눈보라를 무릅쓰고 천 길 봉우리 위에서 엎드려 있게 하니, 어진 마음을 지닌 사람은 차마 하지 못할 일이다. [『선인들의 지리산 유람록』(돌베개, 2000)에서 인용].

어우당 유몽인(1559~1623)이 이보다 140년쯤 뒤인 1611년(광해 3)에 지리산을 유람하고 기행문 「유두류산록遊頭流山錄」을 남겼는데, 이 기행문 중 천왕봉 바위틈에 있는 매 잡는 사람들의 움막을 보고 쓴 내용도 비슷한 상황을 보여 준다.

매를 잡아 응방에 바치는 백성들의 고통과는 상관없이 매사냥은 여섯 가지의 취미인 응鷹마馬주酒색色난蘭석石 중에서 으뜸으로 꼽혔다. 조선시대 성대중(1732~1809)이 쓴 「운악유렵기」에는 매사냥 장면과 그 즐거움이 다음과 같이 묘사되어 있다.

꿩이 앞에서 차고 올랐다. 매가 박차고 곧장 나가 순식간에 위로 솟구치더니 멈추고 둘러보았다. 꺾어서 내려와 선회하더니 높이 날개를 펴서 비스듬히 흘겨보다가 가볍게 잡아채어 잽싸게 낚

아채었다. 깃을 거두고 발톱을 오므리더니 깍지로 돌아왔다. 몸을 움츠리고 사방을 돌아보고 몸을 쭉 편 뒤에 쉬었다. 이로써 매가 꿩 잡는 솜씨 부리는 것을 마쳤다. 무리가 모두 기뻐하며 통쾌하다고들 했다.

매사냥은 사냥에 부릴 매를 잡는 일, 잡은 매를 훈련시키고 사육하는 일, 매를 훈련시키거나 부려서 사냥하는 사람을 양성하는 일, 실제로 매를 부려서 사냥하는 일 등으로 이루어진다. 매사냥에 사용되는 매는 보라매와 수진이로 구분된다. 보라매는 둥지에서 태어난 새끼를 잡아다 길들인 1년생 신출내기이고, 수진이는 사냥으로 몇 년 단련된 매이다. 산에서 야생하는 생매를 산진이라고 부르는 것에 대응하여 손에서 길들여진 매라는 뜻일 것이다.

"산진이 수진이 해동청 보라매 떴다 봐라 저쪽"이라는 민요에 나오는 해동청海東靑은 우리나라의 매를 일컫는 다른 말이다. 고려 말 북한지방의 사납고 용감한 매를 원나라에 사냥용으로 수출(조공)하였는데, 이때 생긴 이름이다. 깃이 푸른 매를 해동청이라 부른다고 하였으며, 매 중에서 해동청 보라매를 으뜸으로 쳤다고 한다. 세종대왕은 명나라에서 조공으로 요구한 말 2만 5천 마리를 대신하여 해동청 열다섯 마리를 보냈다고도 한다. 보라매는 우리나라 공군사관학교의 마스코트이기도 하다.

고려해동청행高麗海東青行

고려가 이 매를 천자에게 바치어
그 용맹함에 모두 바로 보기 무섭네
옥 발톱과 금 눈을 따를 님이 없고
팔 위에 있어도 그 마음만은 하늘을 날으니
평생 그 사나운 기 따를 님이 없으며
홀로 날으면 공중의 봉황 앞에 고르매
그 날카롭고 사나움이 고니를 능가하며
오늘 찬 서리 산야를 짚으니
높이 날아올라 숲속을 내려보며
구름과 안개를 뚫고 석양으로 날아드니
교활한 토끼와 고상한 두꺼비 꼼짝못하며
몸은 묶여 돌아오면 닭이나 같아라
많은 새가 고공을 다투어 나니
너희가 그 재주 없으면
대궐 부엌에는 고기가 없으리라

숙종 이후 응방이나 응사가 폐지되었으나, 매사냥은 일제시대에도 부유한 계층을 중심으로 지속되었다. 관련 내용은 1900년 러시아에서 발간한 『한국시』에서 볼 수 있다.

한국 전역에 서식하는 매는 다음과 같은 방법으로 포획하였다. 높은 바위 위에 미끼로써 닭 한 마리씩을 넣어 몇 개의 그물을 친다. 닭을 발견한 매는 이에 달려든다. 이때 그 안에 설치한 작은 그물에 걸리게 되어 날아갈 수가 없게 된다. 잘 길들여진 매는 9달러까지 하였다. (중략) 칼즈(Carles)는 한국 사람들이 매로 사냥을 할 때 두 가지 품종의 매를 이용하고 있으며, 그중의 하나는 수입한 것 같다고 지적하였다. 한국산 매는 새를 잡고도 주인에게 돌아올 줄도 모르고 포획물 근처에 남아서 그것을 뜯어먹기 시작하는 것이다. 매가 새를 잡아 뜯어먹기 시작하면 사냥꾼은 매가 있는 곳으로 달려가 매에게서 포획물을 강제로 빼앗아야만 하였다. (중략) 길들여진 매를 갖고 있지 못하거나 자신이 길을 들일 수도 없는 사람들은 꿩사냥에 개를 사용하였다.

사냥에 쓰기 위해서 잡아다 길들인 매의 발목에다 주인의 이름과 주소를 새긴 가죽 띠를 매달기도 하고, 꽁지깃에 소뿔을 깎아 만든 이름표를 방울과 함께 달기도 하는데, 이것을 시치미(패)라고 한다. 사냥을 나가기 전에 매 꼬리에 매방울을 다는데, 매방울은 호두알 크기의 쇠방울로 얇고 가벼워서 그 소리로써 멀리서도 매의 위치를 알 수 있게 해 준다. 방울과 함께 흰 거위털을 달기도 하는데, 이것은 매가 공중에 날아올라 갔을 때 빛의 반사를 통해서 밑에 있는 사냥꾼들이 매의 회전방향을 쉽게 알아채기 위해서라고 한다.

매사냥에 있어서 중요한 것은 훈련과 함께 매의 사냥본능을 돋우는 것이다. 그래서 사냥 전날 저녁부터는 굶기면서 손가락 굵기로 만든 솜뭉치에 꿩의 피나 닭의 피를 발라 먹이거나 목화씨를 먹인다. 또한 전날 밤 매의 가슴을 계속 쓸어주어 잠들지 못하도록 하여 허기와 함께 신경을 예민하게 함으로써 사냥본능을 높게 한다.

매사냥은 손이 없는 날과 방향을 택해 출발하였는데, 사냥을 나갈 때는 여러 가지 금기사항이 있다. 사냥을 나가는 길에 여자가 앞을 가로질러 지나가면 재수가 없다고 하여 소리를 질러 지나가는 여자를 멈추게 하고, 만약 지나가 버리면 아예 매사냥을 포기하는 경우도 있다고 한다. 또 생일집이 있어도 들르지 않고, 상가 앞에도 지나가지 않고, 출산부가 있는 마을도 지나지 않았다.

일반적으로 매가 첫 꿩을 잡으면 반드시 꿩 머리는 매에게 주며, 꿩의 깃털 세 개를 뽑아 땅에 꽂아놓고 산 쪽을 향해 절을 하면서, "이 산 산신령님, 저 산 산신령님, 오늘 저희들이 매사냥을 나왔는데 그저 많이 잡게 해 주십시오."라고 빈다.

매를 놓아 사냥하는 기술을 응술鷹術이라고 한다. 매를 길들이고, 사냥욕구를 돋우고, 현장에서 매를 놓는 타이밍을 잘 맞추어야 꿩을 많이 잡을 수 있다. 사냥을 잘하는 매는 사냥꾼들의 부러움과 시샘의 대상이 된다. 그래서 사냥을 마치고 주막에 들러 꿩

고기를 안주 삼아 하루 사냥의 무용담을 곁들여 술판을 벌이는 도중에, 헛간에 나가 사냥 잘하는 꿩의 시치미를 떼어 바꾸어 놓았다가, 술판이 끝난 뒤에 바꿔치기한 매를 데리고 나간다. 또는 매를 훔쳐가서 시치미를 떼어내고 자기 것으로 삼기도 하였다. 남의 물건을 훔친다거나 대화 중에 불리하게 되면, 자신이 한 말을 딱 잡아뗀다거나 하는 경우에 쓰는 '시치미 뗀다'는 말은 여기에서 생겨난 것이다.

매사냥과 관련해서 '삼뜯기'라는 말이 있다. 매사냥에 몰입하여 가시덤불 속도 아랑곳하지 않고 헤매고 다니니 가시덤불은 사냥꾼의 바짓가랑이를 뜯고, 매사냥에 빠져 집안 살림은 돌보지 않으니 땔감도 없어서 안주인은 울타리를 뜯고, 매가 꿩을 채었을 때 꿩의 두 눈을 쪼고 골을 빼 먹으니 매는 꿩을 뜯는다는 것이다.

또한 매사냥과 관련된 속담도 여러 개 있다. 수풀 속의 꿩은 개가 몰아내고 가슴속의 말은 술이 몰아낸다, 꿩 잡는 게 매, 꿩 먹고 알 먹는다, 꿩 장수 후리듯 한다, 꿩도 매도 다 놓친다 등이다. "수풀 속의 꿩은 개가 몰아내고 가슴속의 말은 술이 몰아낸다."는 속담은 수풀 속에 숨어 있는 꿩을 개가 몰아내듯이 사랑고백, 서운한 감정, 고마운 마음 등 맨 정신으로는 차마 말하기 어려워서 가슴속에 묻어둔 말을 술기운을 빌려서 한다는 비유이다.

"꿩 잡는 게 매"는 어떤 일을 하는 데에 직접적으로 효과가 있는 것이 제일이라는 비유이고, "꿩 장수 후리듯이"는 꿩 장수가 매를 잘 조종하여 꿩을 잡는 것처럼 남을 잘 후려서 자기 이익을 도모하는 것을 비유하는 말이다. "꿩 먹고 알 먹는다"는 꿩을 잡고 보니 뱃속에 알이 들어 있어서 꿩고기와 알을 한꺼번에 먹을 수 있다는 말이니, 한꺼번에 여러 가지 이득을 취하는 것을 비유하는 속담이다. "꿩도 매도 다 놓친다"는 양다리를 걸치거나 여러 가지 일을 한꺼번에 도모하면 모두 잃는다는 비유이다. 이런 속담 외에도 일상에서 쓰이는 '매섭다' '옹골차다' 등도 매사냥에서 유래된 말이라고 한다.

매사냥 관련된 민요로는 〈까투리타령〉이 있다. 각 도의 이름난 산들을 찾아다니며 까투리사냥을 하는 전라도 민요로서 자진모리 장단의 빠르고 경쾌한 노래이며, 창조唱調가 사실적이다.

1절: 전라도라 지리산으로 꿩(까투리) 사냥을 나간다. 지리산을 넘어 무등산을 내려가 금성산을 당도하니.

2절: 충청도라 계룡산으로 꿩 사냥을 나간다. 충청도를 올라 계룡산을 넘어 경상도 가야산 당도하니.

3절: 경기도라 삼각산으로 꿩 사냥을 나간다. 경기도를 올라 삼각산을 넘어 광주산성을 당도하니.

4절: 경상도라 문경산으로 꿩 사냥을 나간다. 경상도를 올라 문경산을 넘어 청량산 보현산 당도하니.

5절: 강원도라 금강산으로 꿩 사냥을 나간다. 강원도를 올라 금강산을 넘어 오대산 설악산 당도하니.

6절: 함경도라 백두산으로 꿩 사냥을 나간다. 함경도를 올라 백두 산을 넘어 용왕담 모래산 당도하니.

후렴: 까투리 한 마리 푸두둥하니 매방울이 떨렁 우이여 우이여 어허 까투리 사냥을 나간다.

매사냥은 2010년에 한국, 아랍에미리트, 벨기에, 체코, 프랑스, 모로코, 카타르, 시리아, 사우디아라비아, 스페인, 몽골 등 11개국을 아울러서 유네스코 인류무형유산으로 등재되었다. 이어

전북 진안 백운의 전영태 응사(1999년 1월 7일, 한겨레신문 인용)

서 2012년에는 헝가리, 오스트리아 2개국이 추가되었다. 최근 우리나라에서는 선북 진안 백운의 전영태 씨가 봉받이(매사냥꾼의 으뜸 인물)로서 거의 유일하게 매사냥의 맥을 이어 왔는데, 그는 1998년(당시 83세)에 전라북도의 주요무형문화재로 지정받았다.

지금은 전북무형문화재 제20호인 진안 백운의 박정오 씨와 대전무형문화재 제8호인 박용순 씨 두 명의 응사에 의해 매사냥의 명맥이 이어지고 있다. 특히, 전라북도 진안군 백운면은 전통적인 매사냥의 원형이 잘 이어져 오고 있는 곳으로서, 전라북도에서는 진안에 매사냥 체험홍보관 조성을 추진하고 있다.

지금은 매를 잡아 진상해야 하는 백성들의 고달픔은 없는 세상이다. 사람과 매가 완전히 교감해야만 가능한 매사냥, 유구한 역사를 가진 숲과 관련된 생활문화로서 그 맥이 잘 이어지면 좋겠다.

제4부

산 이야기

백두대간과 태백산맥

내가 1977년 대학에 입학하여 2학년에 올라가면서 임학과를 선택하게 되었는데, 바로 선배님들의 권유로 교수님 실험실지기로 들어가게 되었다. 그때부터 대학원 박사과정에서 공부할 때까지 지도해 주셨던 교수님께서 1987년 8월에 정년퇴임을 하시고, 다음해 3월에 작고하셨다.

학과 도서실에 보관할 것과 버릴 것으로 구분하면서 그분의 소장 자료들을 정리하던 중에 모서리가 누렇게 변한 회색 표지의 책 한 권이 눈에 띄었다. 『山經表』라고 한자로 쓰여 있는 복사본인데 해가 무어 보였다. 늘 보던 전공서적이 아니어서 책장을 들춰 보니 백두산부터 시작하여 온통 산 이름이 적혀 있는데, 체계는 마치 족보 형태로 정리되어 있었다. 일단 챙겨 두었다.

그 책을 잊고 있다가 1990년에 구독하던 등산 전문 월간지에서 '백두대간'에 관한 기사를 보고, 그 책을 다시 꺼내어 내용을 찬찬히 훑어보았다. 이 책이 바로 기사에서 다루고 있는 백두대간의 출처임을 알게 되었다. 백두산에서 시작하여 조선팔도의 이름 가진 산을 갈래로 나누어 정리한 산의 족보였다. 한문을 많이 아시는 원로 교수님께 이 책을 보여 드리고 의논하여, 우리 대학의 학술림인 변산을 목적지로 삼아 족보를 더듬어 논문으로 발표하였다. 그때부터 우리 선조들의 지리와 산맥 개념에 관심을 가지게 되었다.

우리 선조들이 백두대간을 인식하고 있었다는 최초의 기록은 조선 문종 때인 1451년에 완성된 『고려사』이다. 『고려사』에는 9세기 말 신라의 승려이자 풍수지리가인 도선의 저서 『옥룡기』와 관련한 글이 나오는데, 그중에 "우리나라가 백두白頭에서 시작하여 지리智異에서 마쳤으니 그 형세가 물을 뿌리로 하고 나무를 줄기로 한 땅인지라……"라는 내용이 기재되어 있다.

또한, 어우당 유몽인의 지리산 기행문인 「유두류산록遊頭流山錄」(1611)에서 "두류산은 백두산에서 시작하여 면면히 4천 리나 뻗어온 아름답고 웅혼한 기상이 남해에 이르러 엉켜 모이고 우뚝 일어난 산으로, 열두 고을이 주위에 둘러 있고 사방의 둘레가 2천 리나 된다."고 하였다.

그 뒤 1751년에 이중환이 집필한 『택리지擇里志』에서는 우리나라 산맥 체계를 대간大幹과 지맥支脈의 개념으로 설명하고 있는 내용을 볼 수 있다. 「복거총론」「산수山水」 편에 기술되어 있는 대간 및 지맥과 관련된 주요 내용을 간추려 정리하면 다음과 같다.

- 백두산白頭山은 여진과 조선의 경계에 있어 온 나라의 눈썹처럼 되어 있다. 산 위에는 큰 못이 있는데 둘레가 팔십 리이다. 그 못물이 서쪽으로 흘러 압록강이 되고, 동쪽으로 흘러 두만강이 되었으며, 북쪽으로 흐른 것은 혼동강인데, 두만강과 압록강 안쪽이 곧 우리나라이다.
- 백두산에서 함흥까지는 주맥(山脈)이 복판으로 내려왔다. 거기에서 동쪽 지맥은 두만강 안쪽으로 뻗어 갔고, 서쪽 지맥은 압록강 남쪽으로 뻗어 갔다.
- 큰 줄기 산맥(大幹)이 끊어지지 않고 옆으로 뻗었으며, 남쪽으로 수천 리를 내려가 경상도 태백산까지 한 줄기의 영嶺으로 통해져 있다.
- 대저 백두산에서 태백산까지는 한 줄기의 영嶺으로 통한 까닭에 좌우에 딴 봉우리가 없다. 소백산 이하는 맥이 자주 끊어지는데, 끊어져서 된 산은 속리산俗離山이 처음이다.
- 지리산은 남해 가에 있다. 이것이 백두산 산맥이 크게 끝난 곳(白頭之大盡脈)이므로 산의 다른 명칭은 두류산頭流山이다. 세간에는 금강산을 봉래산, 지리산은 방장산, 한라산을 영주산이라 하는데 소위 삼신산이다.

이 『택리지』가 발행된 지 20년 쯤 뒤인 1769년에 여암 신경준에 의해 『산경표山經表』가 편찬되었다. 이 책은 총 102혈(쪽)로서 1,650여 개의 지명과 1,500여 개의 산과 고개를 수록하고 있다. 그리고 이 『산경표』에 의해 '백두대간白頭大幹'의 개념이 완성되었다. 『산경표』는 1913년에 육당 최남선이 주축이 된 '조선광문회'의 고전간행사업에 의해 인쇄본으로 재출판되었다. 『산경표』에 의한 한반도의 산맥 체계의 특징과 그 의미를 정리하면 다음과 같다.

- 조선의 산들을 백두산을 시작으로 씨족의 족보와 같이 종관계로 구성하여 백두대간, 장백정간, 13개 정맥의 계통으로 나누었다.
- 대간에서 갈래 쳐 나온 14개의 산줄기(1정간 13정맥)는 북쪽부터 대간에서 가지 친 차례대로 산줄기의 순서를 정하고 있다.
- 산줄기 이름은 산 이름으로 된 것이 백두대간과 장백정간 두 개이고, 나머지는 모두 열 개의 큰 강의 이름에서 따와 그 강의 남과 북으로 위치를 표시하였다.
- 산맥 구분의 원칙은 "산은 물을 가르고, 물은 산을 건너지 않는다(山自分水嶺)"이다.
- 산줄기는 10개의 큰 강에 물을 대는 젖줄이며, 그것들을 구획하는 울타리이다.
- 정맥은 산줄기의 높이, 규모, 명산 등과 관계하지 않고, 아무리 낮고 미약한 들판의 낮은 구릉지대라 하더라도 강의 유역을 가

르는 능선으로 인정하였다.

- 대간, 정간, 정맥, 여기에서 가지 쳐 나온 기맥으로 이 땅을 가늠한 산경은 이 땅의 모든 생활영역의 자연스러운 분계를 표시한 것이다.
- 산경표는 약 100년 뒤인 1861년, 김정호의 「대동여지도」 등 조선 지도 제작의 근간이 되었다.

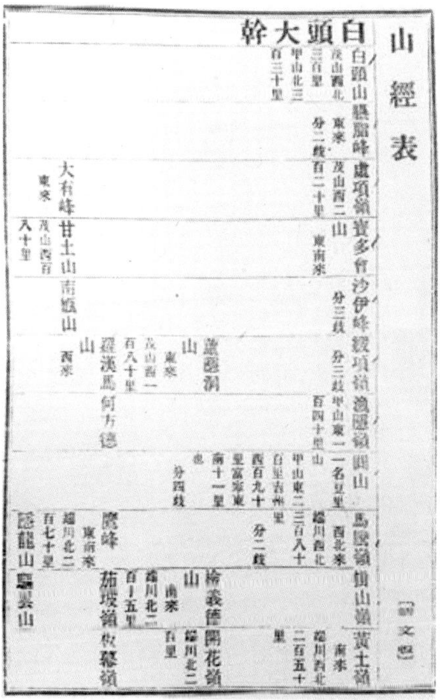
山經表

白頭大幹

『山經表』의 기술 체계

〈산경표에서 나눈 산줄기와 분수계〉

15개 산줄기	10개 강 및 그 분수계
백두대간 (백두산–지리산, 1,625km)	두만강 : 장백정간, 백두대간
장백정간	압록강 : 청북정맥, 백두대간
청북정맥	청천강 : 청북정맥, 청남정맥
청남정맥	대동강 : 청남정맥, 백두대간, 해서정맥
해서정맥	예성강 : 해서정맥, 임진북예성남정맥
임진북예성남정맥	임진강 : 임진북예성남정맥, 백두대간, 한북정맥
한북정맥(수피령–장명산)	한강 : 한북정맥, 백두대간(한남금북), 한남정맥
한남정맥(문수산–칠장산)	금강 : 금북정맥, (한남금북), 백두대간, (금남호남), 금남정맥
금북정맥(칠장산–안흥진)	섬진강 : 호남정맥, (금남호남), 백두대간
금남정맥(주화산–구드래)	낙동강 : 낙동정맥, 백두대간, 낙남정맥
호남정맥(주화산–망덕산)	
낙동정맥(피재–몰운대)	
낙남정맥(매리교–영신봉)	
한남금북정맥(칠장산–안흥진)	
금남호남정맥(영취산–주화산)	

지금 이 나라에 생존해 있는 모든 국민들은 백두대간의 산맥을 배웠던가? 공식적인 교육체제 안에서 백두대간을 배운 사람은 단 한 명도 없다. 그러면 백두대간은 어디로 갔으며, 우리는

무슨 산맥을 배웠을까? 이 땅의 모든 백성이 배워 왔고 배우고 있는 것은 '태백산맥太白山脈'이다. 현재 공식적으로 가르치고 있는 태백산맥을 근간으로 하는 우리나라 산맥 체계의 생성 과정을 살펴볼 필요가 있다.

지하자원 수탈을 목적으로 한 '조선광물탐사사업'의 학술책임자였던 일본의 지질학자 고토 분지로(小藤文次郎)가 1900년과 1902년 두 차례 입국하여 조랑말 4필과 보조원 6명을 이끌고, 총 266일 동안에 걸쳐서 한반도의 지질을 조사하였다. 그 결과를 바탕으로 1903년에 「조선의 산악론과 지질구조도」를 동경제국대학 논문집에 발표하였다. 그는 이 논문에서 우리나라의 전통 산맥 체계인 백두대간과 정간 및 정맥 등 15개의 산줄기를 36개로 분해하여 각 산맥에 이름을 부여하였다. 특히, 백두대간을 마천령산맥, 함경산맥, 태백산맥, 소백산맥 등 4개의 산맥으로 토막내었다.

이어서 1904년 야쓰쇼에이(矢津昌永)는 고토 분지로의 지질구조도를 단순화시켜서 한반도의 산맥지형도를 작성하여 동경에서 발간한 『한국지리』에 수록하였다.

1905년 대한제국이 통감부 체제로 들어간 뒤 1906년에 편찬된 『일입실잔시리』에 야쓰쇼에이의 산맥 체계를 도입하였다. 14개 산맥 명칭 가운데 13개는 고토 분지로 때에 명명된 것이고, 함경산맥이 이때에 추가되었다. 대한제국은 이 지리교과서를 편찬하면서 서문에 '신식 산맥 체계'로 전래의 산줄기 체계를 대신한다는 취지를 다음과 같이 천명하였다.

"우리나라의 산지는 종래 그 구조의 검사가 정확하지 못하여, 산맥의 논論이 태반 오차를 면치 못하고 있으므로, 이 책은 일본의 전문 대가인 야쓰쇼에이의 지리를 채용하여 산맥을 개정하노라."

1906년 정연호는 『최신고등대한지지』라는 교재에 우리의 산줄기를 있는 그대로 실었지만, 통감부에 의해 금서로 지정되었다. 1908년의 지리교과서인 『고등소학대한지지』에는 야쓰쇼에이의 산맥지형도를 바탕으로 한 오늘날과 유사한 14개의 새로운 산맥도가 수록되었고, 14개의 산맥들을 랴오뚱 방향, 조선 방향, 지나 방향의 세 범주로 구분하였다.

그렇다면 『산경도』를 기반으로 한 전통 산맥 분류 체계와 현재 교육되고 있는 '신식 한반도 산맥' 분류 체계 사이에는 어떤 차이가 있을까? 둘 사이에는 다음과 같은 근원적인 차이가 있다.

〈산경도의 산맥 개념〉

- 땅 위에 실존하는 산과 강에 기초하여 산줄기를 그렸다.
- 따라서 산줄기는 산에서 산으로만 이어진다.
- 산줄기는 실제 지형과 일치한다.
- 산줄기는 지리학적으로 자연스러운 선이다.

〈신식 한반도 산맥의 개념〉

- 땅속의 지질구조선에 근기하여 땅 위의 산들을 분류하였다.
- 산맥선은 인위적으로 가공된 지질학적인 선이다.
- 따라서 산맥선은 도중에 강에 의해 여러 차례 끊긴다.
- 산맥선은 실제 지형에 일치하지 않는다.

그런데, 자취를 감추었던 '백두대간'이 세상에 다시 나타났다. 그리고 우리 선조들이 정립해 놓은 전통 산맥 체계의 복원운동이 전개되었다. 그 경위를 정리해 보면 이렇다.

〈대동여지도〉를 연구하고 등산지도 만드는 작업을 하던 이우형 씨가 1980년 인사동 고서점에서 『산경표』를 발견하여 이를 기반으로 1985년 〈대동여지도〉의 재판을 찍어 냈다. 그가 1986년 『스포츠레저』 잡지의 '태백산맥' 연재와 관련하여 "태백산맥이라 하지 말고 백두대간이라 하자."는 제언을 하였다. 이때부터 까맣게 잊혀졌던 '백두대간'이라는 명칭이 세상에 다시 나오기 시작하였다.

1988년 한국대학산악연맹 소속 49명의 대학생들이 백두대간 종주기를 회보 「엑셀시오」에 게재하였고, 1990년 월간 『사람과 山』이 창긴 1주년 기념으로 11월호부터 백두대간 종주 기사를 연중 특집으로 게재하였다. 그러면서 전국 산악동호인들에게 백두대간 종주 붐을 일으키는 계기가 되었다.

1990년 박용수의 해설을 곁들인 영인본 『산경표』가 출간되었고, 1994년에 조석필의 『산경표를 위하여』가 출간되었다. 1994년부터 일반 매스컴에서 특집기사, 방송 인터뷰, TV 다큐멘터리 등 다양한 형태로 '백두대간'을 다루면서 일반 국민들에게 확산되었고, 정부 관련기관에서 관심을 가지기 시작하였다. 1997년 조석필의 『태백산맥은 없다』가 출간되면서 백두대간 부활에 들불을 놓았다.

환경부와 산림청에는 '백두대간' 업무를 담당하는 부서가 만들어지고, 2003년 〈백두대간 보호에 관한 법률〉이 제정되어 2005년부터 시행됨으로써 백두대간을 대상으로 훼손지 실태조사, 생태조사 등이 개시되었다. 전국 지리교사들의 모임을 중심으로 '우리 산줄기 이름 되찾기'운동도 전개되었다.

2005년 국토연구원에서는 위성영상처리, GIS공간분석기법, 실제 측량을 기반으로 3차원의 새로운 '한반도산맥지도'를 개발하여 발표하였고, 교육부에도 산맥도의 변경을 건의하였다. 국토연구원의 '한반도산맥지도'는 1차산맥 1개, 2차산맥 20개, 3차산맥 24개, 독립산맥 3개 등 모두 48개의 산맥으로 구성되어 있다.

이렇게 정부, 연구기관, 환경단체, 지리교사, 산악인 등에게 광범위하게 전통 산맥지형도인 백두대간이 일반화되었지만, 오로지 교육부와 지리학계에서만은 아직도 아무런 반응이 없다. 마치 우리의 고대사와 중국의 동북공정 사이에서 아직도 명쾌한 실마리를 찾지 못하고 있는 것과 다를 바가 없다.

내가 대학 3학년 때 읽고 감명을 받았던 『뜻으로 본 한국역사』에서 함석헌 선생은 백두산에서 지리산을 거쳐 바다를 건너 한라산으로 다시 솟은 한반도의 산줄기에다 우리나라의 역사를 투영시켰다. 영화와 수난, 흥성함과 쇠망함, 통일과 분열의 역사를 이 산줄기의 생김새에 비겨 볼 수 있다고 하였으니, 백두대간에는 우리 민족의 역사와 혼이 담겨 있다고 해도 과언이 아니다.

단군이 나라를 세운 후는 그 자리 잡고 있던 백두산이 만주와 반도의 정기를 한데 모아 구름 밖에 솟은 것같이 한민족의 높고 빛나는 이상을 가지고 위대한 역사의 주춧돌을 놓던 시대다. (중략) 끊어지려던 산줄기가 철령에서 다시 일어나 점점 높은 물결을 일으켜 드디어 만이천봉의 금강산을 보게 되니, 이것은 기운차고 빼어나고 아름답고 험하고 묘하고 웅장한 삼국시대 문화라 할 것이다. (중략) 태백산부터 산 기운이 점점 잔지러지고 갈라져 새재, 추풍령을 간신히 일으키고 지리산에 이르러 마지막 힘을 한 번 써 보고는 등뼈 줄기는 아주 자취를 잃고 말았으니, 이것으로써 제법 고려시대의 역사를 보는 듯하지 않은가? 조선 5백년의 역사는 지리산 남쪽 갈기갈기 갈라지는 소백산 줄기의 낮고 약한 산줄기들이다. 잔지러지다 잔지러지다 못하여 물속에 빠져들고 마는 작고 어지러운 산 갈래들의 헤어지고 얼크러지는 모양들이다. (중략) 우리는 멀지 않은 바다 속에 제주도와 그 한라산이 솟은 것을 본다. (중략) 갈라진 산줄기가 물속으로 들어가 한때 보이지는 않으나 한라는 분명 헤어지고 끊겼던 그 뼈산 줄기가 다시 모여 일어선 것이다. (중략) 이 섬은 서쪽으로 남중국과 동쪽으로 일본열도의 산맥이 이곳에서 서로 만나 셋이 서로 하나가 된 것임을 생각하면 그것이 새로 일어난 이 나라의 성격과 장차 오는 시대의 뜻을 보여주는 것이 아닐까?

백두대간은 1751년 이중환의 『택리지』로부터 시작하여 1905년까지 150년 동안 이어져 왔다. 우리 선조들이 나름의 원칙에 입각해서 나누어 놓은 산맥 체계는 일제의 압박에 의해 1906년 공식적으로 폐기되었다. 그때부터 우리나라가 주권을 되찾은 뒤의 70년을 합하여 110년 동안 태백산맥이 백두대간을 대체하였

다. 그리고 40여 년 전부터 백두대간을 되찾고자 하는 노력이 있어 왔다. 하지만, 우리는 지금까지도 우리 선조들의 '백두대간'과 일제의 잔재인 '태백산맥' 사이에서 혼돈을 겪고 있는 중이다.

북한에서는 1996년 1월 "우리나라의 산맥 체계에 일제의 잔재가 많이 남아 있어서……"라고 하면서 산맥 체계와 이름을 재정비하는 작업에 착수하여 '백두대산줄기'라는 이름으로 복원하였다고 한다. 산맥 체계와 명칭을 어떻게 했는지는 모르지만, 이것도 남과 북이 따로 갈 일은 아니므로, 역사 문제와 같은 수준의 공동 정비작업이 필요한 것 같다.

사유思惟의 숲길 트레킹

중국 명나라 말기의 문인이자 화가이며 서예가인 동기창董其昌은 인생을 제대로 알고 제대로 살아가려면 만 권의 책을 읽어 보아야 하고(讀萬卷書), 만 리를 여행해 보아야 하고(行萬里路), 만 명의 친구를 사귀어 보아야 한다(交萬人友)고 하였다. 책 다섯 수레 분량이면 만 권이 될까? 다양한 교통수단을 이용하는 지금은 걸어서 여행했던 그때 만 리 길의 백 배 아니면 천 배면 될까? 사람은 각인각색이니 인간사회를 제대로 알고 제대로 처신하려면 될 수 있는 대로 많은 사람을 사귀고 겪어 봐야 한다는 말인데, 사람마다 호불호好不好를 먼저 따지게 되니, 정치하는 사람과 사업하는 사람들 말고는 참 어려운 일이다.

나는 평소 학생들에게 대학 재학 중에 한시도 손에서 책을 놓지 말아야 한다(手不釋券), 여행을 많이 해라, 단짝을 만들지 말고 많은 인적 네트워크를 맺으라고 가르치고 있다. "지혜는 지식에 바탕을 두는데 책은 지식의 터전이다. 여행은 다양한 환경, 문화, 사람, 삶을 경험함으로써 새로운 자아를 확립하는 계기가 된다. 사람은 세상을 알게도 해 주지만 더불어 사는 세상에서 중요한 재산이 되기도 한다."고 그 이유를 설명한다.

알베르 까뮈는 "여행은 우리들의 마음속에 있는 내면적인 무대장치를 부숴 버린다."고 하였다. 사람이 자신의 굳은 신념과 지나친 자아(我想)로 단단한 마음의 성벽을 쌓고, 성문을 걸어 잠그고 사는 것은 위험하다. 이러한 상황으로부터 탈피하여 유연하게 변화 발전하는 삶을 위한 명약 가운데 하나가 여행이다. 프리드리히 니체는 「방랑자와 그 그림자」라는 산문에서 사람들의 여행 패턴을 다음과 같이 구분하였다.[시라토리 하루히코 엮음, 『니체의 말』(삼호미디어, 2010)에서 인용]

미지의 땅에서 막연히 여정을 소화하는 것만이 여행이라 생각하는 사람이 있는가 하면, 쇼핑만 하고 돌아오는 것이 여행이라 생각하는 사람도 있다. 여행지의 이국적인 풍경을 바라보는 것에 만족하는 여행자도 있고, 여행지에서의 만남과 체험을 즐기는 여행자도 있다. 나아가, 여행지에서의 관찰과 체험을 그대로 멈춰두지 않고 자신의 업무나 생활 속에 살려 풍요로워지는 사람도 있다. 인생이라는 여로에서도 그것은 마찬가지이다. 어떤 일이든 다시 시작되는 내일의 나날에 활용하고, 늘 자신을 개척해 가는 자세를 갖는 것이야말로 인생을 최고로 여행하는 방법이다.

여행의 목적과 접근 방법은 다르더라도, 또 어떤 형태의 여행을 하더라도, 목적지에 도착해서는 걷지 않을 수 없다. 여행의 목적에 따라서 걷는 시간에 차이가 나고, 걷는 시간에 따라 보고 즐기고 느끼는 것에 차이가 난다. 여행 가운데에는 걷는 것을 목적으로 삼는 여행이 있고, 그것을 즐기는 사람도 많다. 걷는 여행은 고통이 따르지만, 여유 있게 시간과 동행하며 과정을 온전하게 즐기고, 자신을 되돌아보는 느린 여행이고 사유思惟의 여행이다.

다비드 르 브르통은 산문집 『걷기예찬』(현대문학, 2010)에서 걷는 여행에 대해 다음과 같이 말한다.

> 걷는 것은 자신을 세계로 열어놓는 것이다. 발로, 다리로, 몸으로 걸으면서 인간은 자신의 실존에 대한 행복한 감정을 되찾는다. 발로 걸어가는 인간은 모든 감각기관의 모공을 활짝 열어 주는 능동적 형식의 명상으로 빠져든다. 그 명상에서 돌아올 때면 가끔 사람이 달라져서 당장의 삶을 지배하는 다급한 일에 매달리기보다는 시간을 그윽하게 즐기는 경향을 보인다. 걷는다는 것은 잠시 동안 혹은 오랫동안 자신의 몸으로 사는 것이다. 숲이나, 길, 혹은 오솔길에 몸을 맡기고 걷는다고 해서 무질서한 세상이 지워 주는 늘어만 가는 의무들을 면제받는 것은 아니지만 그 덕분에 숨을 가

다듬고 전신의 감각들을 예리하게 갈고 호기심을 새로이 할 수 있는 기회를 얻게 된다. 걷는다는 것은 대개 자신을 한 곳에 집중하기 위하여 에돌아가는 것을 뜻한다.

걷는 여행을 트레킹이라고 한다. 산티아고 순례길, 존 뮤어 트레일, 웨스트코스트 트레일 등 이른바 세계 3대 트레킹 길이 걷는 여행 즉 트레킹의 발단이 되었고, 트레킹 붐을 일으키는 주인공이기도 하다.

산티아고 순례길(Camino de Santiago)은 프랑스의 남부 국경도시에서 스페인의 산티아고까지 이어지는 약 800㎞의 구간으로서 원래는 프랑스 사람들이 산티아고에 있는 예수의 제자 야고보의 무덤을 찾아 성지를 순례하는 길이었다고 한다. 피레네 산맥을 넘어가는 자연환경도 무척 아름답고 종교적 의미도 있어서, 지금은 많은 순례자들과 함께 세계인이 걷고 싶어 하는 트레킹 길로 각광을 받고 있다. 미국의 횡단트레킹 코스인 존 뮤어 트레일은 환경운동가이자 국립공원의 아버지인 존 뮤어(John Muir, 1838~1914)를 기리기 위해 그의 이름을 붙였다. 미국 최고봉인 휘트니산(Mt. Whitney, 14,495ft)으로부터 캘리포니아주 시에라네바다 산맥에 위치한 요세미티(Yosemite) 국립공원 해피아일스까지 이어지는 구간이다. 1938년에 완결된 총 358㎞의 트레킹 코스로서 3천 미터 이상의 수많은 봉우리와 계곡 그리고 호수 등이 자연 그대로 보존되어 있는 미국에서 가장 아름다운 산악경관을 감상할 수 있는 루트이다.

캐나다의 웨스트코스트 트레일(The West Coast Trail)은 밴쿠버의 서쪽에 위치한 섬의 서남부 해안에 1907년에 조성된 트레일이다. 북쪽 뱀필드(Bamfield)의 파체나 베이(Pachena Bay)에서 남쪽 포트 렌프류(Port Renfrew)의 고든 리버(Gordon River)까지 전체 거리는 74㎞이다. 이 트레일은 본래 태평양의 묘지(The Graveyard of the Pacific)로 알려진 이 해역에서 발생하는 조난사고에 대비해 구조활동용 접근로를 확보하기 위해 조성된 것이다. 많은 부분이 울창한 숲을 통과하지만, 습지와 강을 건너기도 하고, 해안을 따라 걷기도 하는 모험적인 트레킹 코스이다.

우리나라에서는 2007년을 기점으로 국내 도보여행 문화가 형성되기 시작하였다고 본다. 그 발단은 '제주올레'와 '지리산둘레길'이다. 두 곳의 트레킹 길이 탄생하게 되는 배경은 다르지만, 공교롭게도 문을 연 시점은 어느 쪽이 앞이고 뒤라고 할 수 없을 정도로 비슷하다. 또 각자 우리나라 남한의 대표적인 산인 지리산과 한라산을 가운데에 품고, 그 언저리를 에돌아 걷도록 한 것도 닮은 점이다. 하지만, 지리산길은 산길이 주가 되는 데에 비해 올레는 바닷길이 주가 된다는 점에서 그 질감과 느낌이 다르다.

제주올레는 현재 '사단법인 제주올레'의 서명숙 이사장이 2006년 산티아고 순례길을 걷는 도중에 만난 외국 여성과의 대화에서 영감을 얻어 탄생한 도보여행길이다. 그에 따르면, 오랫동안 성공적인 직장(언론사) 생활을 접고 나섰던 산티아고 트레킹 중에 만난 외국 여성에게 "우리나라에도 이런 길이 있으면 좋겠다."고 했더니, 그녀가 "당신이 돌아가서 만들면 되지 않느냐?"고 해서, 그 말에 많은 생각을 했다고 한다. 그는 2007년 2월부터 제주도 길을 시범 답사한 후 그해 9월 지금의 법인을 발족시켰고, 12월까지 옛길을 찾고 끊어진 길을 이어서 3개 코스를 개장하였다. 2012년 11월 21코스를 개장함으로써 21개 본선 코스와 5개의 지선 코스를 합해 총 410㎞에 달하고, 제주 전체를 순환하는 올레가 완성되었다. 올레는 마을 골목, 들판, 중산간지대, 바닷가를 걸으면서 제주의 속살과 매력을 온전하게 느끼게 해 주는 길이다.

'사단법인 제주올레'는 2011년 규슈 올레와 업무 협약을 체결하여 일본의 규슈 지방에 트레킹 길을 개척하는 데에도 도움을 주고 있다. 내가 2015년에 4일 동안 규슈 올레를 걸으면서 보고 들은 바에 의하면, '올레'라는 명칭과 길 표시인 '간세'를 제주올레와 동일하게 쓰고(간세인형도 같음), 코스의 심사를 제주올레에서 하고 있다. 차이라고 하면, 제

규슈 올레의 간세 길라잡이

주올레는 항상 인파로 붐비는 데 비해, 규슈 올레는 나흘 동안 트레킹하는 사람을 한 명도 만나지 않았을 정도로 한산하다는 것이다. 결코 코스가 매력적이지 않아서가 아니라, 그쪽 사람들이 우리만큼 극성스럽지 않기 때문일 것이다.

지리산둘레길의 조성 내역을 간추리면 이렇다. 2004년 생명평화탁발순례단이 지리산권의 안심하고 걸을 수 있는 도보길의 필요성을 제기한 뒤 지리산생명연대, 녹색연합, 지리산권 시민단체 등이 지리산 대안운동으로 '걷는 길' 기본구상에 참여하였다. 2005년 타당성조사를 마치고, 2007년 2월 '사단법인 숲길'에서 산림청 녹색기금의 민간 공모사업인 '환지리산트레일 조성사업'으로 첫 발을 떼었다. 2012년 지리산국립공원을 가운데에 두고 3개 도(전남, 전북, 경남), 5개 시 · 군(구례, 남원, 함양, 산청, 하동), 20여 개 읍 · 면, 100여 개 마을을 잇는 274㎞의 환형의 걷는 길 지리산둘레길이 완성되었다. 지금은 순환로를 포함하여 285㎞가 운영되고 있다. 이로 인해 노고단, 반야봉, 세석평전, 천왕봉 등 주요 봉우리의 등정과 능선을 종주하던 지리산 탐방이 강변길, 마을길, 논밭길, 고갯길, 숲길을 따라 지리산의 허리를 감도는 탐방으로 바뀌게 되었다.

이렇듯 2007년을 기점으로 형성되기 시작한 국내 도보여행 문화는 국민들의 여행문화에 큰 변화를 가져왔다. 여행 좀 한다는 사람들은 지리산둘레길과 제주올레를 다녀오지 않으면 마치 낙오자나 된 것처럼 이쪽으로 모여들었다. 1990년대 중반부터 불붙기 시작했던 '백두대간 종주'의 사위어 가는 불씨가 이 두 곳에서 다시 점화되어 타오르기라도 한 모양새였다.

이러한 분위기에 편승하여 전국의 지방자치단체마다 앞을 다투어 각각의 역사 · 문화 · 경관 · 환경의 특장을 담아 정감 있는 이름을 붙인 트레킹 길 개발에 나섰다. 국민의 복지 향상과 관광 활성화를 통한 지역경제 살리기라는 두 마리 토끼를 잡겠다는 사업이다.

지리산둘레길과 제주올레는 여행 패턴을 바꾸어 놓았을 뿐만 아니라 우리 국민들이 산을 이용하는 '산림휴양활동'에도 큰 영향을 미치고 있다. 2010년에 산림청에서 실시한 〈산림에 대한 국민의식 조사〉의 결과에 따르면, 정상정복형 등산과 산기슭의 숲길을 걷는 트레킹의 선호도가 각각 54.1%와 45.1%로 나타났다. 이것은 과거에 성행했던 정상정복(정상등정) 위주의 등산활동이 다양화되고, 수평적 산림휴양활동으로 정착되고 있다는 것을 의미하는 결과이다.

산 정상을 넘어가는 것도 걷는 것이고 산허리를 도는 것도 걷는 것이지만, 근육운동을 위주로 한 산행에서 느끼는 산행으로 바뀌고 있다는 의미이다. 물론 수평적 산행이 근육운동에 효과가 없는 것은 아니지만, 산에 가는 주목적이 다르다는 것이다. 또 수평적 산길걷기를 하는 사람들이라고 해서 모두가 느끼는 산행을 하는 것도 아니라는 사실을 산에 가면 극명하게 볼 수 있다.

이러한 국민의 산림휴양활동에 부응하기 위해 산림청은 2011년 3월에 공포된 〈산림문화 · 휴양에 관한 법률〉에서 '숲길'에 대한 법적 근거를 마련하였다. 이 법률 제2조의 6에서는 숲길을 "등산 · 트레킹 · 레저스포츠 · 탐방 또는 휴양 · 치유 등의 활동을 위하여 산림에 조성한 길(이와 연결된 산림 밖의 길을 포함)"로 정의하고 있다. 그리고 숲길의 종류와 기능을 다음과 같이 구분하고 있다.

1) **등산로**: 산을 오르면서 심신을 단련하는 활동을 하는 길
2) **트레킹 길**: 길을 걸으면서 지역의 역사 · 문화를 체험하고, 경관을 즐기며, 건강을 증진하는 활동을 하는 다음 각 목의 길
   가. **둘레길**: 시점과 종점이 연결되도록 산의 둘레를 따라 조성한 길
   나. **트레일**: 산줄기나 산자락을 따라 길게 조성하여 시점과 종점이 연결되지 않는 길
3) **레저스포츠 길**: 산림에서 하는 레저 · 스포츠 활동(산악레포츠)을 하는 길
4) **탐방로**: 산림생태를 체험, 학습 또는 관찰하는 활동을 하는 길
5) **휴양 · 치유 숲길**: 산림에서 치유 · 휴양 등 건강증진이나 여가활동을 하는 길

또한, 위의 법 제22조의 2에 의거하여, 산림청장은 국민의 등

산 · 트레킹 · 레저스포츠 · 탐방 또는 휴양 · 치유 등의 활동을 증진하기 위하여 매 10년마다 숲길의 조성 및 관리 기본계획을 수립하여야 한다.

산림청에서는 위의 법에 근거하여 지리산둘레길을 조성 완료한 이후에 낙동정맥트레일 · 금강소나무길 · 내포문화숲길 등 335㎞의 트레일을 조성하였고, 한라산둘레길과 DMZ 펀치볼 둘레길 등도 조성 중이다. 또한 앞으로 백두대간과 정맥 그리고 DMZ 등 주요 산림지역을 근간으로 생활권과 연계한 전국 숲길 네트워크를 구축할 계획이다. 이러한 숲길 조성의 확대와 국민의 숲길 탐방 증대에 대응하여, 안전하고 만족도 높은 숲길 탐방을 돕기 위하여 '숲길체험지도사' 등의 인력도 양성하고 있다.

아무리 좋은 걷는 길이 많이 만들어진다고 하더라도, 많은 사람들이 절제 없이 활용하다 보면 여러 가지 폐해가 나타난다. 다른 나라 국민들에게는 없는, 대한민국 국민들에게만 있는 독특한 국민성 중의 하나가 '극성'이라고 한다. 적극성 또는 열정과는 다른 뉘앙스를 가지는 말이다.

최근에 공영방송 TV에서 공익광고 형태로 둘레길 이용의 폐해가 방영된 적이 있다. 집안 기웃거리기, 아무 곳에나 대고 사진 찍기, 떠들기, 쓰레기 버리기 등이 폐해로 등장하였다. 권역이 넓은 곳보다는 경남 통영의 동피랑 벽화마을, 전주 한옥마을처럼 권역이 작은 곳에서 그 폐해가 더 심각하게 나타난다. 이 외에 농작물 훼손도 폐해에 해당된다. 이러한 폐해 때문에 제주올레에 포함되어 있는 마을들 가운데 올레 코스에서 제외시켜 달라고 요청하는 곳도 있다고 한다.

산과 숲도 마찬가지이다. 이름난 산에 올라가 보지 않으면 산꾼 축에 들지 않은 것 같고, 어디 좋은 트레킹 길이 있다 하면 가보지 않고는 못 배기고, 편백숲에 가보지 않으면 산림휴양이나 힐링을 모르는 사람 같고. 그래서 극성스럽게 달려들다 보니 명산은 발길에 헐벗고, 편백숲은 마당 쓸어놓은 듯하고, 도시 주변의 산은 거미줄같이 샛길이 나 있는 것이다. 나무가 건강하고, 숲이 건강하고, 숲에 사는 생명들이 건강해야 사람이 받는 혜택이 많아진다.

앞에서 언급했듯이 트레킹, 즉 걷기 여행은 느림과 사유를 기반으로 하는 여행문화이다. 법정 스님은 『서 있는 사람들』의 「직립보행」에서 "인간이 사유를 하게 된 것은, 모르긴 하지만 보행으로부터 시작된 것이 아닐까? 한곳에 멈추어 생각하면 맴돌거나 망상에 사로잡히기 쉽지만, 걸으면서 궁리를 하면 막힘이 없이 술술 풀려 깊이와 무게를 더할 수 있다. 칸트나 베토벤의 경우를 들출 것도 없이, 위대한 철인이나 예술가들이 즐겨 산책의 길에 나선 것도 따지고 보면 걷는 데서 창의력을 일깨울 수 있었기 때문일 것이다."라고 하였다.

숲길 트레킹에는 어느 정도의 침묵을 필요로 한다. 다비드 르

아들, 딸과 함께 Kota Kinabalu 트레킹을 시작하기 전 (2015. 1. 30)

브르통은 말한다. “숲이나 사막이나 산 혹은 바다에서는 때로 침묵이 너무나 속속들이 스며들어 있어서 다른 감각들은 상대적으로 시효가 끝났거나 무용한 것같이 느껴진다. 언어는 무력해져서 그 순간의 위력과 그 장소의 경건함을 표현하지 못한다. 감동은 판에 박힌 말로 표현되지만, 사실 그 순간 그 말과 더불어 진정한 감동은 사라져 버린다.”

사유와 자기성찰이 담긴 트레킹은 출발할 때의 사람과 돌아올 때의 사람을 다르게 하는 마력을 지니고 있다. 전국 도처의 산과 숲, 들, 강, 바다에 만들어진 아름다운 길는 길을 찾는 국민들이 걷기 여행의 참맛을 느끼고, 걷기 여행문화를 성숙시키는 날이 빨리 오기를 바란다.

조선 개국의 정통성과 마이산馬耳山

마이산은 전북 진안군 마령에 있는 산인데, 중심에 솟아 있는 두 개의 봉우리 언저리로 그리 넓지 않은 산자락이 사방으로 펼쳐져 있다. 그중 남쪽의 숫마이봉(680m)은 생김새가 남성의 상징을 닮아 있고, 북쪽의 암마이봉(686m)은 둥그렇고 펑퍼짐한 형상을 하고 있다. 다른 이름으로는 문필봉, 돛대봉 등도 있다. 마이산에는 다음과 같은 전설이 있다.

아주 옛날 신령(또는 조물주)이 강원도에 천하명산 금강산을 1만 2천 봉으로 만들기로 하고, 전국에서 수려하고 웅대한 산봉들을 모아들인다는 방榜을 내었다. 이 방을 듣고, 남쪽에 있던 한 부부산이 금강산 1만 2천 봉에 끼기 위해서 아들산과 딸산을 거느리고, 북쪽을 향하여 장도에 나섰다.

산이 움직이는 것이 사람의 눈에 띄면, 부정을 타서 더 이상 움직일 수 없는 것으로 되어 있었다. 그래서 밤에만 이동하고, 낮에는 그 자리에 머물러 있기를 반복하면서 북쪽으로 가던 도중에 진안에 도착하여 휴식을 취하게 되었다. 진안에서 쉬고 나서 밤이 되자 남편산이 걸음을 재촉하였다. 아내산은 진안의 순박한 인심에 끌려서 오래 머물고 싶은 생각도 있고, 먼 여정에 피곤하기도 하여 게으름을 피웠다. 남편의 성화를 못 이겨 출발하기는 했으나, 준비가 늦어서 동틀 녘에야 움직이기 시작하였다. 그때 이른 아침 마을 샘터에 나온 아낙네들의 눈에 띄어서 아낙네들이 "산이 움직인다!"라고 소리치는 바람에 이 부부산은 부정을 타서 더 이상 움직이지 못하고, 그 자리에 주저앉게 되었다.

그래서 남편산과 아내산은 심하게 말다툼을 하였다. 남편산은 두 팔에 아들산과 딸산을 안고, 금강산에 들어가지 못한 성이 풀리지 않은 듯, 아내산을 노려보는 모습으로 서 있다. 아내산은 잘못을 뉘우치기라도 하는 듯 돌아앉아서 고개를 떨군 모습으로 서 있다. 그래서 진안에서는 이 산을 부부산이라고 부르게 되었다.

마이산과 조선 개국과의 관계를 살펴보자.

고려 말 이성계 장군은 도탄에 빠진 나라와 백성을 구하기 위해 새로운 왕조를 세우고자 하는 뜻을 가지고, 새 왕조 건립의 정통성을 인정받기 위해 유명한 산과 절을 찾아다니며 수양과 함께 산신령과 부처님께 치성을 드렸다는 이야기가 많이 전해지고 있다. 이 장군이 새 왕조 건립의 흉중을 처음으로 드러낸 것은 1380년(우왕 6) 9월에 남원 운봉에서 황산대첩을 거두고, 귀경하는 길에 조상의 고향인 전주 교동의 오목대에서 종친들과 연회를 베푼 자리에서라고 한다.

진안 곰티재를 넘어 전주에 다다른 그는 관아로 향하지 않고, 고을 동남쪽 승암산 자락의 언덕배기로 향하였다. 이 언덕배기는 옛적에 배나무가 많이 있었던 탓인지 이목대梨木臺로 불리는 곳이며, 이성계의 4대조인 이안사李安社가 살았다고 알려진 곳이다. 이 언덕배기의 끝자락이 바로 오동나무가 많았던 탓에 오목대梧木臺라고 불리는 곳이며, 여기에서는 전주가 한눈에 조망된다. 오목대와 이목대는 일제가 이곳에 전라선 철도를 개설하면서 나뉘었는데, 철도가 이설된 지금은 도로에 의해 단절되어 육교로 연결되어 있다.

오목대의 연회 자리에서 이 장군은 한고조 유방이 지은 대풍가(大風起兮雲飛揚 威加海內兮歸故鄉 安得猛士兮守四方)를 읊었다고 한다. 당시 종사관으로 참전하였던 포은 정몽주가 그 뜻을 헤아리고, 말을 달려 전주천 건너 남고산南高山 만경대에 올라 우국시 〈登全州望宋臺〉를 짓고, 북향사배 하였다고 한다. 그 시는 지금도 남고사 옆 만경대 바위에 새겨져 있다.

千仞崗頭石逕橫 登臨使我不勝情 青山隱約夫餘國
黃葉繽紛百濟城 九月高風愁客子 百年豪氣誤書生

天涯日沒浮雲合 翹首無由望玉京

천길 뫼 뿌리에 돌길을 돌고 돌아
나 홀로 올라가니 무거운 마음 누를 수 없네
푸른 산에 깊이 잠겨 맹세하던 부여국은
누런 잎은 어지러이 백제성에 쌓여 있네
구월의 소슬바람에 나그네의 수심 깊어지고
백년의 호탕한 기상을 서생은 그르쳤네
하늘 가 해가 지고 뜬구름은 뒤섞이는데
고개 들어 하염없이 송도만 바라보네

드라마 〈정도전〉에서 정도전이 이성계 장군에게 역성혁명을 도모할 것을 줄기차게 건의하지만, 이 장군은 매번 회피 내지 거절하는 것으로 나오는 것과는 다른 이야기이다.

이 장군이 산신들에게 새 왕조의 정통성을 구하는 내용을 살펴보자. 이 장군이 어느 날 밤 한 신선이 나타나 금척金尺을 가지고 말 귀와 닮은 산에서 우리나라 강토를 재고 있는 꿈을 꾸었다.(다른 이야기에서는 꿈에 신인이 나타나서 금척을 하사하면서, "바라건대 이 잣대를 가지고 삼한의 강토를 재어 보오"라고 했다.) 꿈을 깨고 난 뒤부터 왕이 되어 이 나라를 다스리겠다는 포부를 품게 되었다. 그리고 여러 명산을 찾아다니면서 산신에게 꿈을 이룰 수 있게 해 달라고 기도하였다. 보통은 백일기도이고, 만일을 기도한 곳(순창 회문산 萬日寺, 무학대사와 함께 이곳에서 만일기도를 드렸다고 전함)도 있다. 고려 말 정치적 회오리 속에 있으면서 그 많은 백일기도와 만일기도를 드릴 수 있었는지 의아한 일이다.

그 첫 번째로 전라도에 있는 지리산에 가서 산신에게 백일기도를 하였다. 그러나 지리산 신령은 새 왕조를 건설하는 것을 승낙해 주지 않았다. 이어서 경상도 남해 섬에 있는 명산에 들어가 바위굴 속에서 백일기도를 드렸다. 이번에는 산신령에게 자신이 왕이 되고 나면 신령의 거처인 온 산을 비단으로 둘러 주겠다는 약속을 했다. 결과적으로 산신령은 개국의 정통성을 인정해 주었는데, 조선을 개국한 후에 비단을 둘러 주는 대신 '금산錦山'이라는 이름을 하사하였다고 한다. 금산의 보리암 옆 골짜기에는 이씨기단李氏祈壇 터가 남아 있어서 이 장군이 소년시절 이곳에서 공부를 했다는 또 다른 설과 백일기도를 드렸다는 설을 뒷받침하고 있다.

앞에서도 언급한 바 있지만, 훗날 황산대첩을 이루고 귀경하는 길에 이 장군은 전주에 들르기 전에 남원과 오수를 거쳐 진안으로 향했다. 오수에서 진안 사이에 있는 여러 지명들이 그 행차를 뒷받침하고 있다.

임실군 지사면의 관기리館基里는 이 장군이 진안으로 향하면서 하룻밤을 묵었던 곳이라 하고, 조치朝峙는 그가 아침에 재를 넘었다고 해서 붙여진 이름이라고 한다. 성수면聖壽面이라는 이름은 상이암上耳庵(무학대사 은거지)이라는 절에서 그가 잠시 머물면서 기도 끝에 하늘로부터 용이 내려와 세 번이나 목욕을 시켜 주었고 성수만세聖壽萬歲 소리가 세 번 메아리쳤다는 데서 생긴 이름이다. 상이암이라는 이름도 원래 도선암이었다가 그에 의해 바뀐 이름이라고 한다.

왕방리枉訪里는 이 장군이 지나치면서 쉬어 갔다고 해서 지어진 이름이고, 대운치垈雲峙(속칭 대운이재)는 그가 지나칠 때 상서로운 구름 속에 싸여 있었다고 해서 지어졌다고 하며 일명 대왕大王재라고도 불러 그와의 관련성을 짐작케 해 주고 있다. 구신리求臣里는 고개를 넘으면서 주위 사람에게 충신이라고 할 만한 사람이 누구냐고 물었다는 데서 연유했고, 백운면 가림리의 어수정御水井은 그가 지나치면서 마셨던 샘물이라고 한다.

마이산 입구의 암벽에 주필대駐蹕臺라는 붉은 글씨가 새겨져 있다. 주필이란 원래 임금이 거둥길에 잠시 머무르거나 묵어 가던 것을 의미하며, 이곳은 이 장군이 말을 매놓고 쉬던 곳이라 전하여진다. 숫마이봉 아래에 있는 은수사銀水寺는 그가 절 옆에 있는 우물물을 마시면서 은하처럼 차고 맑다고 해서 지어진 이름이라고 하고, 은수사 뜰에 자라고 있는 청실배나무(천연기념물 제380호)는 그가 이곳에서 먹은 배의 씨앗을 심어 자란 것이라고 한다.

마이산에 들러 이 장군은 비로소 금척金尺의 꿈에서 본 산을 보게 되었다. 다음은 이 장군이 지은 것으로 전해지는 시인데, 마이산에 얽힌 전설과 산의 형용이 모두 담겨 있다.

天馬東來勢而窮 霜蹄未涉蹶途中
涓人買骨留其耳 化作雙峰屹半空
천마가 동쪽으로 왔으나 세가 이미 궁하여
흰털 말발굽 더 건너지 못하고 도중에 쓰러졌네
상인이 몸통만 사 가고 귀만 여기 남겼는가
변하여 두 봉우리 되어 반공중에 솟아 있네

그리고 마이산 산신령께 백일기도를 드렸는데, 마지막 밤에 산신령이 현몽하여 금척을 내려 주면서 개국의 정통성을 인정해 주었다. 그래서 금척을 하사받은 산이라고 해서 마이산을 속금산束金山이라고 이름 지었다고 한다. 일설에는 전라도 지역에는 금씨金氏 성이 득세하고 있었기 때문에 이 세력을 두고는 새 왕조의 위상을 제대로 세울 수가 없다고 생각하고, 이 산의 이름을 금씨의 세력을 누른다는 의미로 속금산이라 하였다고도 한다.

진안 지역에서는 이 장군이 꿈속에서 신인神人으로부터 금척을 받은 장소가 바로 마이산이라는 전설이 정설로 되어 있다. 현재도 마이산신제와 함께 진안의 민속무용으로 〈몽금척夢金尺〉이 공연되고 있는 것도 이와 관련이 있다.

조선 건국 후 태종이 즉위 13년에 남행하였을 때 속금산에 가기 위해 진안에 있는 성묘산 정상에 올랐다. 임금이 속금산을 바라보고 "과연 저 산은 말의 두 귀를 꼭 닮았다."고 찬탄하였다. 그리고 산의 이름을 마이산馬耳山으로 고쳐 부르도록 하였고, 그때부터 마이산으로 불린다고 한다.

조선왕조에서 용상의 뒤에 펼쳐져 있는 병풍에는 〈일월오악도日月五嶽圖〉가 그려져 있다. 그림은 해, 달, 두 개의 강줄기, 분수령인 다섯 개의 산봉우리, 넓게 펼쳐진 평야, 만경창파의 바다, 두 그루의 부상扶桑으로 구성되어 있다. 해와 달 그리고 부상을 제외한 내용으로 볼 때, 이 그림의 발상지는 바로 마이산이라고 단정하는 설도 있다. 그 이유는 산봉우리의 모양이 마이산을 닮았고, 마이산은 섬진강과 금강의 분수령이며, 두 강은 서쪽으로 흘러 김제 만경평야와 군산 옥구평야를 적시고 서해 칠산바다로 흘러 들어가기 때문이다.

앞에서 본 바와 같이 마이산신은 다른 산신들에 비해 확실하게 새 왕조의 정통성을 인정해 주었다. 그래서 태조는 조선왕조를 세운 뒤에 정통성을 가장 확실하게 인정해 준 마이산신령에 대한 보답으로 매년 태자와 지방관을 제주祭主로 삼아 산신제를 지내게 하였다. 제단은 은수사 옆 미륵 모양의 숫마이봉 남서쪽 아래에 차려져 있다.

마이산은 신라 때부터 나라에서 제사를 올리는 신령스러운 곳이었다고 한다. 신라시대에는 삼산三山과 오악五岳에서 제사를 지냈는데, 마이산은 삼산오악에 들지 않으므로, 나라에서 마이산에 제사를 지냈다는 것은 소사小祀였던가 보다. 정인지의 『고려사』「지리」 편 〈전라도 전주목〉 항에 의하면 "고려 초에 진안현이 되었으며, 뒤에 감무監務를 두었고, 공양왕 3년에 마령을 겸무하도록 했다. 마이산(신라 때는 西多山이라 하고 小祀를 지냈다)이 있다."는 기록이 있다.

『태종실록』에 의하면, 태종은 즉위 13년 9월에 신하들의 반대를 누르고 '임실로 사냥을 가기 위해서'라는 목적으로 남행하였다. 그 경로는 충남 유성과 금산을 지나 진안 용담, 진안읍, 마령면, 성수면, 임실, 전주이다. 9월 25일에 내시를 보내 용담현 용연龍淵(용이 살고 있는 못)과 주즐산珠崒山(여의주를 품은 산)의 신에게 제사 지내고, 9월 26일 사자를 보내 마이산의 신에게 제사 지냈다. 이후 태종은 몰이꾼을 모두 놓아 주라고 명하고, 임실에 와서 사냥을 하지 않고 전주로 향한다.

그 뒤에는 진안읍에서 봄과 가을에 제사를 지냈다고 한다. 그 이후 일제치하에서 한동안 마이산 산신제가 거행되지 않다가, 1984년에 '마이산신제'가 부활되었는데, 진안 군민의 날 행사의 일환으로 거행된다. 제의는 유교식으로 거행되며, 특별한 경우를 제외하고는 진안 군수가 초헌을, 지방의회 의장이 아헌을, 유림 대표가 종헌을 올린다. 제전 내용은 영신제迎神祭라 하여 본제에 앞서 마이산신을 모셔 오는 의식으로서 바로 제단 옆에서 행례하고, 이어서 산신제를 올린다.

당나라 유우석劉禹錫은 〈누실명陋室銘〉에서 "산은 높아서가 아니라 신선이 살아야 이름을 얻고, 물은 깊어서가 아니라 용이 살아야 신령스럽다.(山不在高有仙則名 水不在深有龍則靈)"고 하였다. 마이산은 높지도 않고 규모가 작아도, 이렇게 영험한 산신령 덕분에 조선왕조의 길을 열었고, 역사와 문화적으로 유명해진 것이 아닌가 싶다.

마이산신제를 지낼 때는 신인(신령)이 이성계에게 금척을 하사한 것을 춤으로 엮은 금척무金尺舞를 함께 춘다. 금척무는 새 왕조 창업의 뜻이 바로 하늘이 부여한 천명이라는 점을 강조하기 위해 만든 궁중무용이다. 금척무는 궁중무용 제1호로서 나라의 경사가 있을 때마다 공연되었다. 태조 2년(1393) 7월에 개국공신 정도전이 금척사金尺詞를 지어 바쳤고, 이 금척사의 내용에 따라 무용이 구성되었으며, 금척무의 형식과 진행은 『악학궤범』에 근거한다. 금척사의 내용에 "산의 사면은 모두 돌로 우뚝 솟아 돛대

진안에서 공연되는 금척무

와 같은데 그 아름다움이 그지없이 좋도다."라고 하여 마이산이 몽금척의 현장임을 가늠케 하고 있다.

마이산 태극전의 몽금척도

금척을 소재로 한 가사는 〈몽금척夢金尺〉이라 하여 『태조실록』 4권에 수록되어 있다. 이 〈몽금척〉이 이처럼 중요시되었던 것은 조선의 건국이 사사로운 욕심에 의한 것이 아니라, 천명에 의한 것이었음을 강조하기 위함이었다. 이것은 고대 중국에서 은나라가 하나라를 멸망시킬 때, 주나라가 은나라의 주왕을 정벌하고 멸망시켰을 때, 모두 천명에 의해 하늘을 대신한 것이라는 점을 강조한 것과 맥을 같이한다고 볼 수 있다.

금으로 만들어진 자를 뜻하는 금척이 우리 문헌에 처음 등장하는 것은 신라의 시조 박혁거세와 관련된 설화에서이다. 이 설화는 신라의 고도 경주의 지지地誌인 『동경잡기東京雜記』에 실려 있다. 그 금척설화의 내용은 다음과 같다.

박혁거세가 아직 평범한 신분이었을 때 꿈에 하늘에서 신인이 내려와 금척을 전해 주었다. 신인은 금척이 왕권의 신표임을 알리고, 금척으로 나라를 바로잡고 자손 대대로 전하라고 했다. 박혁거세가 놀라 꿈에서 깨어나자 신인은 간 데 없고 머리맡에(혹은 손에) 금척이 놓여 있었다. 신라의 왕들은 이 금척을 소중히 보관하여 후손에게 전했는데, 어느 땐가 신라 왕실에 이 보물이 있다는 것이 당나라 황제에게 알려졌다.

당 황제는 이를 탐내 신라에 사신을 보내서 이를 보여 달라고 청했으나, 신라로서는 아무리 당 황제라 하더라도 나라의 보물을 내어 줄 수는 없었다. 그래서 여러 모로 궁리한 끝에 경주의 한쪽에 30여 개의 무덤을 만들고, 그중 어느 한 곳에 몰래 금척을 묻어 버렸다. 이 방책으로 당의 요구는 물리칠 수 있었으나, 그 후로 어느 무덤에 금척이 묻혔는지 모르게 되었다고 한다.

산은 개국설화와 밀접하게 관련되어 있다. 고조선이 그렇고, 고구려가 그렇고, 신라가 그렇고, 조선이 그렇다. 성씨의 시조가 탄생한 곳도 산이다. 박혁거세의 나정숲, 김알지의 계림, 제주 고·부·양씨의 삼성혈이 그 예이다. 그래서 산은 영험한 곳이다.

권세와 지혜의 대결장, 울산바위

강원도 속초시 쪽에서 설악산을 들어가면 접근할 수 있는 유명한 명소로서 권금성, 신흥사, 흔들바위와 울산바위가 있다. 권금성에는 1970년대에 설치된 케이블카가 운행되고 있어서 외설악산 지구에서 내설악까지 설악산의 비경을 볼 수 있으므로, 많은 관광객을 유인하는 곳이다.

신흥사는 아미타불을 주존主尊으로 봉안하는 대한조계종 제3교구 본사로서 불교신도뿐만 아니라 관광객과 템플스테이로 방문객이 많은 곳이다. 그래서 신흥사 지구에는 오래전부터 관광호텔 등 관광인프라가 갖추어졌고, 신혼여행부터 가족여행 · 단체관광까지 각광을 받았던 곳이다. 하지만, 국립공원 밖 인근에 새롭고 세련된 시설들이 들어선 이후에 지금은 옛 시설들이 쇠락하여 흉물로 남게 되었다.

산문山門을 통과하여 신흥사 사천왕문에서 담장을 끼고 오른쪽으로 접어들면, 흔들바위와 울산바위로 갈 수 있다. 신흥사에서 바라보아도 하얀 병풍처럼 산꼭대기에 우뚝 둘러선 울산바위는 웅장하고 신비롭다. 능선 반대쪽인 미시령 넘어가는 길에서 보면, 바위의 모습이 완전히 다르다. 기이함도 덜하고, 산 위로 도로가 올라붙어 있어서 규모는 크고 훤하게 보이지만, 웅장한 모습도 덜하다.

나는 1977년 대학 1학년 때 여름방학에 처음 울산바위에 오른 적이 있고, 20년쯤 뒤인 1995년에는 학생들을 데리고 올라갔다. 바위 밑에서부터 거의 수직으로 놓인 철제 계단을 딛고 바위 틈새를 지나서 정상에 올라가는 상당히 힘든 구간이었다. 두 번째 갔을 때 바위에서 내려오시는 자그마한 체구의 할머니를 만났다. 얼굴 주름으로 보아 칠순을 넘어 팔순도 족히 되어 보이고 허리도 약간 굽었다. "할머니 혼자서 울산바위를 다녀오시는 거예요?" 하고 물었다. "그러요. 내가 언제 또 와 보것소, 이번이 마지막인 듯 싶소." 할머니의 대답이었다. 내려가시는 걸음걸이를 보니, 내가 데리고 간 스물두세 살 여학생들보다 강단이 있었다. 나는 그 할머니 나이 되어서 울산바위에 오를 수 있을 만큼 성성할까 하는 생각을 했다.

그로부터 또 20년쯤이 지난 2016년 8월 울산바위에 갔다. 이번에는 오른 것이 아니라 울산바위의 절경이 한눈에 보이는 근처에 가 가까운 발치에서 바라보았다. 산림생태복원대회 현장평가 일정으로 갔기 때문이다. 국립공원관리소에서 오랫동안 노력하여 등산로 주변에 40여 년 동안 자리 잡고 영업해 온 휴게소들을 철거하고, 그 자리들을 잘 복원한 덕분에 숲의 생태와 경관이 되살아났다. 울산바위의 조망도 시원하고 완전하게 되었다. 바위에 오르는 사다리도 위치가 바뀌어 예전보다 더 안전하고 덜 힘들다고 한다. 이제 또 한 번 20년이 지나면, 나도 예전에 울산바위에서 뵈었던 할머니의 나이가 된다.

설악산 울산바위

울산바위에는 두 개의 전설이 있다. 하나는 울산바위라는 이름이 붙게 된 연유와 관련 있는 전설이고, 다른 하나는 그 이름 때문에 생긴 분란과 관련 있는 것이다. 먼저 이름의 연유와 관련 있는 전설이다.

아주 먼 옛날 조물주께서 강원도에 천하명산 금강산을 1만 2천 봉으로 만들기로 하고, 크기나 미모에 자신 있는 산이나 봉우리나 바위들은 어느 날 어느 시까지 그곳에 도착하면 심사하여 금강산에 들여놓겠다는 방을 냈다.

이때 경상도 울산에 있던 둘레가 십리나 되는 바위도 이 소식을 듣고, 길을 떠나 헐레벌떡 태백산을 지나왔다. 그런데 워낙 몸집이 크고 무거워서 피곤하여 지금의 설악산 근처까지 와서 하루를 쉬었다. 다음날 육중한 몸을 이끌고 금강산 어귀에 들어서 보니 이미 금강산은 다 되어 버린 것 같았다. 이 바위가 조물주를 보고 "보시다시피 내 몸집이 유난히 크고 무거워서 빨리 걸을 수 없어 좀 늦기는 하였으나, 금강산의 주역 자리 한 자리를 내 주시오."라고 말했다. 조물주가 바위의 모습을 살피더니 "족히 금강산의 주역 노릇을 할 만하나, 안타깝게도 시간이 늦어 앉을 자리가 없다."고 대답했다.

이 바위는 그 말을 듣고 자존심이 상하여 홧김에 발길을 돌렸다. 그런데 돌아오면서 가만히 생각해 보니, 금강산에 들어간다고 소문을 쩡하게 내놓고 떠나온 터라, 고향 땅에 가면 웃음거리밖에 되지 않을 것 같아 오도 가도 못하는 신세가 된 것을 깨달았다. 이때 문득 설악산의 수려한 모습과 어젯밤 쉬었던 바로 그 자리가 떠올랐다. 그래서 다시 찾아와 앉은 곳이 지금의 설악산 울산바위가 된 것이라고 한다.

이 전설대로라면 울산바위는 원래부터 이곳에 있었던 것이 아니라, 멀리 경상도 울산에서 왔기 때문에 붙여진 이름이다. 이와는 다르게 울산바위라는 이름은 '산을 둘러치고 있는 바위', 즉 '울타리바위'를 의미하는 말이라는 이야기도 있다.

두 번째 울산바위라는 이름 때문에 생긴 큰 소동과 관련된 전설이다.

조선시대, 불교를 억압하고 유교를 숭상할 때였다. 유생들의 기세가 등등할 때라 어느 울산 원님이 울산바위의 전설을 듣고, 신흥사 승려들을 골탕 먹여 돈을 뜯어낼 생각으로 찾아왔다. 주지를 만나자 그는 다짜고짜 큰소리로 "나는 경상도 울산 부사이다. 너는 어이하여 내 고을의 바위가 너희 절터에 와 있는데도 땅세를 이제까지 물지 않았느냐? 오늘은 천리를 멀다 않고 내가 직접 땅세를 받으러 왔으니, 준비하여 바치거라."라고 호통을 쳤다.

이때 주지는 항거도 못해 보고 울산 부사가 물라는 대로 해마다 세금을 바치기로 승낙하고 말았다. 해마다 과중한 세금을 물다 보니 절의 재정이 어려워져서 어느 해에는 도저히 세금을 물 수 없는 형편에 이르렀다. 자나 깨나 시름에 젖어 있는 주지 스님의 모습을 본 이 절의 한 동자승이 주지 스님에게 "앞으로 울산에서 세금을 받으러 오면 저에게 맡겨 주십시오. 제게 그것을 해결할 방도가 있습니다."라고 하였다. 주지 스님은 물에 빠진 사람이 지푸라기라도 잡는 심정으로 동자승에게 세금 일을 맡겨 버리고 말았다.

그 뒤에 울산에서 세금을 받으러 왔을 때였다. 동자승이 "그 거창한 바위덩어리가 우리 절터에 와 앉아 있어서 그 때문에 나무 한 포기 풀 한 포기 나지 않게 되었으니, 도리어 우리에게 손해가 이만저만이 아닙니다. 우리가 울산에 땅세를 줄 것이 아니라, 당신 고을에서 도리어 우리한테 손해를 배상해 주어야 할 형편이오.

우리는 금년부터 땅세를 줄 수 없으니, 그리 알고 가시든지, 그렇지 않으면 바위를 울산으로 도로 옮겨 가든지 하시오."라고 했다. 울산 사람들도 수긍하고, "좋다. 네 말대로 바위를 울산으로 도로 옮겨 갈 터이니, 내가 요구하는 대로 옮겨 갈 채비를 해 주겠느냐? 내 말대로 채비를 해 주면 옮겨 가고, 옮겨 가지 못하면 다시는 땅세를 받으러 오지 않겠으니, 그렇게 하겠는가?"라고 했다.

동자승이 그리 하겠다고 하니, 다시 "그러면 재로 새끼를 꼬아 울산바위를 얽어매 놓아라. 그렇게 하면 우리가 와서 울산바위를 옮겨 가겠다."고 했다. 재로 새끼를 꼬아서 둘레가 십 리나 되는 바위를 얽어매 놓으라니, 난처하기 짝이 없는 주문을 한 것이었다. 동자승이 자신 있게 그렇게 하겠다고 대답하였다.

그리고는 마을 사람들과 절의 모든 승려들을 불러 모아 볏짚으로 새끼를 꼬아 울산바위를 칭칭 얽어매었다. 그런 뒤에 관솔에 불을 붙여 새끼를 다 태워 버리니, 울산바위는 완전히 재로 된 새끼로 얽어매지게 되었다. 그리고 나서 울산 사람들을 데리고 와서 "당신들과 약속한 대로 울산바위를 재로 꼰 새끼로 얽어매 놓았으니 이제 가져가시오."라고 했다. 울산 사람들은 아연실색하여 아무 소리 못하고 그냥 돌아가고 말았다.

물론 선설은 내용의 태반이 허구이지만, 조선시대의 중·후반기로 가면서 불교에 대한 억압이 심해져서 사찰과 승려들에게 갖가지 세금과 노역이 부과되었던 것은 사실이다. 따라서 이 전설은 당시의 숭유억불이라는 시대적 상황을 대변하는 내용을 담고 있다고 볼 수 있다. 전설에서 보면, 나이 든 주지 스님은 울산 원님의 요구, 즉 유교적 권력에 속수무책으로 당하고 있다.

마치 다산 선생의 시 〈중이 솔을 뽑는 사연(僧拔松行)〉의 내용과 다름없다. 다산 선생이 전남 강진에서 유거할 때 백련사의 승려들이 탐관오리의 소나무 목재와 비자의 수탈을 피하기 위해 어린 소나무와 비자나무를 뽑아 없애는 광경을 목격하고, 이를 꾸짖고 한탄하는 내용이다.

> 백련사 서쪽 석름봉에서
> 백련사를 지키던 중 한 사람
> 자축거려 다니면서 솔을 뽑네.
> 어린 솔 싹 자라나서 겨우 두세 치
> 여린 줄기 연한 잎이 귀엽기도 하거니.
> 어린 아이 기르듯 애호해야
> 해묵어 큰 재목이 될 것이어늘.
> 어찌하여 눈에 띄는 대로 모조리 뽑아버리나
> 싹도 씨도 남기지 않으려는가.
> (중략)
> 중을 불러 그 연유를 캐어물으니
> 중은 목이 메어 말도 못하고
> 두 눈에서 눈물만 비 오듯 쏟아지네.

이 산에 솔 기르기 그 얼마나 애썼던가
스님 상좌 할 것 없이 성심성의 가꿨어라.
땔나무 아끼느라 찬밥으로 끼니하고
골골마다 순찰 돌며 새벽종을 울리었네.
고을 성안 초부들도 감히 접근 못하고
시골 농민 도끼야 얼씬이나 하였으랴.
수영 방자 달려와서 사또 분부 내렸노라
산문에 들어서며 벌 같은 호령이네.
지난 여름 폭풍우에 절로 꺾인 소나무들
중이 남벌하였다고 책잡아 매질하네.
하느님 맙소사 이 설움 견딜소냐
절간 돈 만 냥으로 그 미봉하였다네.
금년 들어 솔 베어선 항구까지 메어 가며
큰 배를 만들어서 왜놈 방어 한다더니
그러나 항구에는 배 한 척 뜨지 않고
애매한 이 산만 벌거숭이 되었다네.
이 애솔이 자라면 큰 소나무 될 것이니
화근을 뽑아라 쉴 새 없이 뽑아라.
이로부터 솔 뽑기를 솔 심듯이 하였도다.
잡곡이나 남겨두어 겨울 채비 하리라
오늘 아침 관첩 내려 비자 따서 바치라니
비자나무마저 뽑고 산문을 닫으리라.

이때 어린 싹까지 뽑아 없애서 그런지 최근 강진 백련사 주변 다산에 가서 보니, 소나무와 곰솔의 큰 것은 듬성듬성하고, 제대로 된 비자나무는 몇 그루에 지나지 않았다. 물론 그 사이에 벌목도 여러 차례 있었을 것이고, 소나무 병해충도 겪어서 그럴 터이지만, 시대적으로 안타까운 일이다. 지금은 자연생의 어린 후박나무들과 대단위로 조림한 황칠나무가 활엽수들 아래에서 자라고 있다.

다시 전설로 돌아가서 뒷부분을 보면, 울산 원님과 집권 유교 권력을 이겨낸 것은 동자승의 지혜이다. 권력과의 대결에서 주지 스님은 완패했지만, 동자승은 완승을 거두었다. 논리적 허구이기는 하지만, 새끼로 바위를 얽어맨 다음 불을 지르는 동자승의 발상은 어린아이들의 맑은 영혼에서만 나올 수 있는 창의적인 재치이다.

실제로 어린아이들이 가끔 뜬금없는 말을 해서 어른들을 놀라게 하는 경우가 있다. 이럴 때 흔히 아이를 보고 '어른스럽다'고 말한다. 하지만, 현실 속에서 폐쇄적이고 틀에 박힌 사고를 하는 어른의 머리에서는 결코 나올 수 없는 발상이니, 이런 걸 보고 어른스럽다고 해서는 안 될 것이다. 반대로, 어른들이 어린아이와 같은 순수함과 사고의 유연성을 잃지 않도록 노력해야 한다.

제5부

산림문화

맹세의 나무와 산

오늘은 2016년 9월 18일 닷새의 추석 연휴 마지막 날이다. 엊그제부터 내리기 시작한 비가 계속 내리고 있다. 앞서서 영남지방과 울릉도에서는 폭우로 인해 많은 재해가 발생하였지만, 우리 고장에서는 두어 달 만에 오는 약비이다.

연구실에서 작업을 하면서 나나 무스꾸리(Nana Mouskouri)의 목소리로 슈베르트의 〈보리수〉를 들었다. 고등학교 때 배웠던 곡조와 가사의 일부가 생각나서 흥얼거려 보았다. 그리고는 책장에서 대학 1학년 때 샀던 『학생애창 600곡집』을 꺼내어 가사를 음미하면서 다시 한 번 들었다. 그러자 문득 '보리수나무 가지에 새겨놓은 사랑의 말'에 생각이 끌려 이 주제를 잡게 되었다.

장래를 약속하는 것을 맹세라고 한다. 그것도 굳은 약속, 굳은 맹세라고 한다. 맹세 가운데 많은 비중을 차지하는 것은 사랑의 맹세일 것이다. 그냥 "죽을 때까지 변치 않겠다."고 맹세하면 믿기지 않는다. 그래서 영원히 변하지 않는 무엇인가에 걸고 맹세한다. 하늘에 걸기도 하고, 해 · 달 · 별 그리고 자신이 믿는 신에게 걸고 맹세하는 경우가 가장 많은 것 같다. 때로는 바위 · 나무 · 산에 걸고 사랑의 맹세를 하기도 한다. 자기가 맹세하기 이전에 이렇게 한 모든 맹세가 다 지켜지지 않았다는 것을 알면서도.

먼저 나무에 걸고 한 사랑의 맹세를 보자. 사람만 사랑의 맹세를 했던 것은 아니다. 그리스 신화에는 아폴론신이 요정 다프네에 대한 사랑을 월계수나무에 맹세한 이야기가 있다. 월계수나무는 요정 다프네가 변신한 나무이다. 신화의 내용은 대략 이렇다.

아폴론신이 하루는 아름다움의 여신인 아프로디테의 집에 들렀다. 아프로디테의 아들인 에로스가 활을 가지고 노는 것을 보고 말했다. "활은 이 아저씨가 쓰는 것이지 꼬마가 가지고 놀다가는 다친다." 그러자 에로스가 짜증스럽게 대꾸한다. "아저씨 활이 센지 내 활이 센지는 대봐야 알지요." 기분이 상한 에로스는 잠들어 있는 아폴론의 가슴에 금촉 화살을 쏘았다. 에로스의 금촉 화살을 맞은 자는 처음 보는 자를 사랑해야 하는 운명을 맞게 되어 있다. 상대가 누구이든 화살을 맞은 자가 선택할 수 없다. 에로스는 아폴론이 깨어날 순간 지나가던 요정 다프네의 가슴에 구리촉 화살을 쏘았다. 구리촉 화살을 맞은 이는 누구의 사랑도 받아들일 수 없는 운명에 처하게 된다. 아폴론에게는 그나마 다행스러운 상황이었다.

깨어난 아폴론은 다프네를 보자마자 사랑을 고백하면서 잡으러 뛰어갔고, 다프네는 사랑을 피해 온힘을 다해 도망쳤다. 연약한 요정이 어찌 대단한 능력을 가진 아폴론신을 물리칠 수 있었겠는가. 아폴론에게 잡히려는 순간 강의 신이자 변신을 주관하는 아버지에게 "아빠, 저를 나무로 변신시켜 주세요."라고 외쳤다. 그러자 다프네의 손가락 끝에서부터 온몸이 잎, 가지, 줄기로 변하였다. 월계수나무의 탄생이다.

아폴론은 월계수나무를 붙잡고, "다프네여, 우리의 사랑을 맺지는 못하였지만 내가 그대를 사랑하는 마음을 온 천하에 전하고, 모든 사람들이 영원토록 기억하도록 하겠소."라고 맹세하였다. 그리고는 지금까지 머리에 쓰고 다녔던 참나무 가지로 엮은 관을 벗어 버리고, 월계수 가지로 관을 엮어 머리에 쓰고 다니다가, 운동경기에서 우승한 청년들에게 그 관을 씌워 주곤 하였다.

이 사건으로부터 유래되어 지금도 올림픽 경기의 꽃이라고 하는 마라톤 우승자에게는 금메달과 함께 월계수관을 씌워 주고 있다. 이루어지지도 않은 저주받은 외사랑 때문에 변신한 나무를 두고 한 아폴론의 맹세는 사람들로 하여금 다프네를 기억하게 하면서 영원토록 이루어지고 있는 셈이다. 신화의 현장인 그리스에서는 지금도 월계수를 '다프니'라고 한다.

나무에 사랑의 징표를 새겨 놓고 서로 맹세하는 경우도 있다. 바로 오늘 감미로운 목소리로 들었던 슈베르트의 가곡 〈보리수(Lindenbaum)〉에서 그 사례를 찾아보자. 이 곡은 1828년에 출판된 프란츠 페테르 슈베르트의 두 번째 가곡집 「겨울 나그네(Winterreise)」에 다섯 번째로 실려 있다. 이 가곡집은 독일 시인 빌헬름 뮐러(Wilhelm Muller)의 시에 곡을 붙인 스물네 곡으로 이루어져 있다. 실연으로 고독해진 젊은 청년이 절망에 빠져서 눈보라치는 겨울에 방랑하는 모습을 묘사한 작품들이다. 〈보리수〉의 내용은 사랑을 잃은 나그네의 쓸쓸한 추억을 담고 있다. 다음은 우리말로 번역된 〈보리수〉의 가사이다.

성문 앞 우물 곁에 서 있는 보리수
나는 그 그늘 아래 단꿈을 보았네.
가지에 사랑의 말 새기어 놓고서
기쁠 때나 슬플 때 찾아온 나무 밑.

오늘 밤도 지났네 보리수 곁으로
캄캄한 어둠 속에 눈 감아 보았네.
가지는 흔들려서 말하는 것 같네
"그대여, 여기 와서 안식을 찾아라"

시의 행간을 보면, 보리수나무 가지에 애인과 함께 사랑을 맹세하는 말을 새겨 두었건만, 그녀가 떠나 버렸다. 시에서 사랑의 말(liebe wort)은 사랑을 맹세한 말일 것이다. 사랑이 있을 때에는 둘이서 이 보리수나무를 찾아와 그늘에 앉아 달콤한 사랑을 나누었고, 사랑이 떠난 뒤에는 실연의 아픔을 안고 혼자서 그곳에 찾아와 그녀를 그리워하곤 했다. 방랑을 하던 중에도 그 나무를 찾아왔다. 보리수나무는 잎을 살랑이며 지쳐 있는 방랑자에게 자기에게로 와서 안식을 찾으라고 속삭인다. 쉘 실버스타인의 『아낌없이 주는 나무』를 연상케 한다.

우리가 번역해서 부르고 있는 〈보리수〉에서 확인하고 넘어가야 할 것이 두 가지 있다. 내가 감성이 없거나 분위기를 몰라서 그런 것이 아니다. 우리가 지금까지 아는 대로도 좋지만 제대로 알 것은 알고 즐기는 것이 좋겠다 싶어서이다. 먼저, 사랑의 말을 새긴 것은 가지가 아니라 나무 둥치의 껍질이다. 시의 원문에도 나무껍질(Rinde, 영어 Bark)로 되어 있다. 맹세의 말을 새기려면 오래 묵고 단단한 둥치의 두꺼운 껍질에 깊이 새겨야지, 바람이나 눈에 꺾여 나갈지도 모르는 작은 가지에 새기면 되겠는가. 또 앉은키나 선키의 높이에 새겨야 앉아서 보든 서서 보든 눈으로 확인하고 손으로 어루만질 수 있지 않겠는가.

다음은 보리수나무의 이름이다. 시에 등장하는 보리수(Lindenbaum, 영어 linden tree)는 불교의 깨달음의 나무인 보리수

보리수나무로 잘못 알려지고 있는 피나무의 잎과 열매

영화 〈라파누이〉에서 노로와 라마나가 나무에 새긴 사랑의 징표

菩提樹가 아니라 피나무류에 속하는 낙엽성 교목이다. 깨달음의 보리수는 인도, 네팔, 미얀마, 중국 남부 등에 자라는 뽕나무과에 속하는 인도보리수나무(*Ficus religiosa*, Buddha Tree)로서 30미터 이상 자라고 잎은 뽕잎이나 포플러 잎을 닮았다. 또 우리나라 산과 들에서 자라는 중간키나무인 보리수, 뜰보리수, 보리장나무 등과도 구별할 필요가 있다.

유럽에서는 피나무 종류를 공원수나 가로수로 많이 심기 때문에 도시와 생활 주변에서 커다란 피나무들을 흔히 볼 수 있다. 우리나라에서는 오래전부터 사찰에서 피나무 종류를 심어 두고 보리수라고 불러 왔다. 그래서 나무에 전문적 식견이 없는 사람들은 동남아시아에 자라고 있는 상록교목인 인도보리수나무와 혼동하고 있는 것이다. 그런 인식 탓에 슈베르트 가곡이 우리나라에 소개될 때부터 Lindenbaum을 보리수로 번역한 것으로 보인다. 노래는 보리수로 부르되 알 것은 알자는 이야기이다.

나무 둥치에 사랑의 징표를 새겨 놓고 맹세한 사례를 하나 더 보자. 케빈 레이놀즈 감독의 영화 〈라파누이(Rapa Nui)〉에 등장하는 이야기이다.

라파누이(일명 Easter Island)는 남아메리카 칠레의 서부 해안에서 3,800㎞ 떨어져 있고, 180㎢의 면적을 가진 섬으로서 5세기경에 폴리네시아로부터 이주해 온 사람들이 정착하면서 문명이 시작되었다. 정착 초기에 기름진 땅과 풍부한 해산물을 기반으로 생활이 풍요로웠고, 인구는 1만 5천 명으로 늘어났다. 그러자 나무를 베어내고 경작지를 확장하였으며, 숲으로부터 생활에 필요한 물자를 조달하였다. 한편으로는 신앙과 제례의 상징인 '모아이' 석상 세우기가 확산되면서 600여 개의 거대한 모아이가 제작되었고, 제작된 모아이를 옮기기 위해서 섬 안의 나무를 베어 통나무 받침으로 사용하였다.

계속된 숲 파괴로 비가 오지 않게 되고, 토양은 척박해져서 식량 생산이 줄어들었고, 기아와 사회적 불안으로 이어져 부족 간의 전쟁이 일어났으며, 종국에는 상대 부족의 포로를 잡아먹는 식인 풍습까지 생겨났다. 오늘날 이스터 섬에는 소수의 원주민들만이 남게 되었다.

이와 같은 사실은 1772년 네덜란드인 선장 로헤번 제독이 이 섬을 처음 방문했을 때 갈대 오두막이나 동굴에 살면서 부족끼리 전쟁을 벌이고 식인 풍습을 가진 약 4천 명의 원시부속을 목격한 이후 세상에 알려졌다. 영화는 이때 알려진 내용을 바탕으로 만들어진 것이다.

영화에서는 긴귀 부족의 족장 후계자인 청년 노로이냐와 짧은 귀 부족인 아가씨 라마나가 다른 부족과는 혼인할 수 없다는 금기를 깨고 사랑하게 된다. 두 사람은 동산의 무성한 야자나무 숲속 한 나무의 둥치에 태양을 상징하는 사랑의 징표를 새겨 놓고, 이 나무 아래에 와서 사랑을 속삭이곤 한다.

모아이 석상을 세우는 데 필요한 통나무를 조달하기 위해 온 섬의 나무가 다 베이고 오직 이 사랑의 나무 한 그루만 남게 되었으나, 노로의 절규에도 불구하고 결국 도끼질을 당하고 만다. 정식 결혼을 하지 않았으나 라마나가 아이를 낳고, 섬은 긴귀 부족을 축출하기 위한 전쟁으로 학살과 함께 불길에 휩싸인다. 우정 때문에 목숨을 건진 노로는 라마나와 갓난 딸을 데리고 장인이 만들어 준 조각배를 타고 섬을 떠난다. 사랑의 징표를 새긴 나무는 자취를 잃었지만, 두 사람은 야자나무 둥치에 새긴 사랑의 맹세를 지킨 셈이다.

산에 걸고 한 사랑의 맹세를 보자. 조선시대 충주 목사인 전목이 재임 중에 관기인 금란金蘭과 애틋한 관계를 맺었다. 전 목사가 다른 곳으로 전근을 가게 되자, 두 사람은 사랑인지 정인지 모르지만 변치 않기를 맹세하였다. 금란은 관기라 속해 있는 관내를 벗어날 수 없으니, 굳은 맹세를 남기고 쓰디쓴 이별을 한 것이다. 하지만, 얼마 뒤에 전 목사는 금란이 역참 관리인 역승驛丞을 좋아한다는 소문을 듣게 되고, 금란에게 다음 시를 보내 변심을 나무란다.

> 듣건대 너는 단월 역승에 반하여
> 깊은 밤마다 역으로 달려간다 하니
> 내 언젠가 세모 방망이를 들고 가서
> 월악산 무너진 맹세를 따져 보리라.

그러자 금란이 다음 시로 답을 하였다.

> 북에는 전 서방이 있고 남에는 역승이 있어
> 이내 마음 뜬 구름처럼 정할 길 없소
> 만약 맹세로 인해 산이 변해진다면
> 월악산은 지금까지 몇 번이나 무너졌을꼬.

아마 금란이 월악산에 걸고 전 목사에 대한 마음을 결코 변치 않겠다고 단단히 맹세하였던가 보다. 옛날에는 기생집에서 삼가야 할 다섯 가지(妓房五不)가 있었다. 기생의 맹세를 믿지 말라, 기방에 꽃을 들고 가지 말라, 기방에서 치첩자랑 하지 말라, 기방에서 문자자랑 하지 말라, 기생 앞에서 제 집안 효녀 · 열녀 자랑하지 말라. 그중에서 첫째가 기생의 사랑 맹세를 믿지 말라는 것이다.

그럼에도 불구하고 기생 사랑에 패가망신한 일이 많았다. 배비장이 그렇고, 소금배를 달포 만에 털리고 쫓겨난 놈팽이도 그렇다. 오죽하면 "기생 치마 속은 소금 배 한 척을 삼키고도 허기진다."고 했을까. 민요에도 "일 년 열두 달 머슴 살아 청치마 밑에다 다 털어 넣네."라고 했다. 돈 보고 생긴 사랑은 그렇게 허무한 것이다.

흔히 남자들에게는 단골 술집이 있다. 술이란 것이 집집마다 다른 맛을 가질 리는 만무하고, 아가씨나 주인이 술맛을 가르기 때문일 것이다. 입맛이 길들여진 것이 아니라 마음이 길들여진 탓이다. 인격적 · 정서적 교감을 통해 바람직하게 친밀한 관계가 맺어지기도 하지만, 남자란 조금만 잘해 주면 착각하기 쉬워서 자칫 큰 실수나 망신으로 이어질 수도 있다. 전 목사와 금란의 월악산 무너진 맹세로부터 교훈을 받을 일이다.

우리나라에는 사랑의 약속을 간직하고 있는 나무가 지금도 살아 있다. 경북 청송 관리의 천연기념물 193호로 지정된 왕버들이다. 사랑을 약속한 사람들은 가고 없어도, 나무는 남아서 수백 년 동안 사랑의 약속을 간직하고 있다.

옛날 이 마을에는 채씨 처녀가 살고 있었다. 어느 날 그녀의 아버지에게 징집명령이 날아들자 처녀를 좋아하던 한 총각이 대리 출정하였다. 전쟁이 끝나고 돌아와 혼사를 치른다는 약속을 전제로 한 것이었다. 총각은 처녀와 이별하면서 이 자리에 나무 한 그루를 심고, 돌아올 때까지 나무를 보며 자신을 잊지 말라는 당부를 하였다. 처녀는 그를 기다리며 왕버들을 정성껏 보살폈다. 나무는 부쩍부쩍 자랐다. 얼마 뒤에 전쟁은 끝났으나, 총각은 돌아오지 않았다. 처녀는 애타는 그리움을 견디지 못한 채 총각이 심어 자란 그 나무에 목을 매었다. 그 뒤 왕버들 곁에는 처녀의 넋인 양 소나무 한 그루가 자라났는데, 사람들은 만세송이라 불렀다. 왕버들과 만세송은 두 사람이 생전에 이루지 못한 사랑의 약속을 나무가 되어 이루는 듯이 오랫동안 사이좋게 자랐다. 안타깝게도 만세송은 해충 피해로 2006년에 베이고 말았고, 왕버들도 오랜 세월 이별의 아픔을 속으로 삭여온 듯 한창때의 절반 정도로 줄어들고 속도 썩어들었다.

요즈음에는 유명한 관광명소의 울타리나 교량의 난간 등에 자물통을 매달아 두고, 열쇠는 버리면서 사랑을 맹세하는 것이 세계 공통의 문화가 되었다. 파리의 세느강에 있는 보행자 전용인 퐁데자르 다리는 사랑의 다리로 불리고 있어서 여기에 오는 연인들은 누구나 자물통을 매달아 놓고 간다. 그 무게에 다리 난간의 일부가 무너져 내려서 그 뒤로 수리한 부분에는 자물통 매다는 것을 금지시켰다고 한다.

중국과 우리나라에서는 연리목連理木이나 연리지連理枝라는 사랑의 비유가 있어서 이 나무들에 자물통을 매달아 두는 사랑의 맹세 방법이 있다. 어디에 자물통을 걸어 두든 열쇠를 버렸으니, 여기에 사랑의 맹세를 영원히 가두어 두는 것이다. 대구 팔공산의 사랑터널에는 진실한 사랑, 건강한 사랑, 아름다운 사랑, 행복한 사랑, 영원한 사랑으로 구분하여 걸망을 세워 두었는데, 영원한 사랑에 가장 많은 자물통이 매달려 있었다. 추억 어린 이벤트에 불과한 경우가 대부분이겠지만, 사랑할 때 모든 연인들의 마음은 그런가 보다.

하지만, 사랑의 역사에서 보듯이 영원한 사랑은 흔치 않다. 그러니 사랑하는 동안 최선을 다하고, 사랑을 잃었을 때의 아픔과 시련은 성장통으로 삼을 일이다.

형제애와 남녀의 인연, 연리지

사람의 인연은 참으로 귀하다. 옷깃만 스쳐도 인연이라고 하는데, 같은 시간에 같은 장소에 있을 수 있는 것만도 깊은 인연의 결과라는 것이다. 그러니, 같은 가문으로 태어나고, 같은 고장에서 태어나서 함께 살고, 같은 학교를 다니고, 같은 직장을 다니는 것은 대단한 인연이 아닐 수 없다. 이런 인연들이 너무 강조되어 "우리가 남이가?" 또는 "우리는 하나다."라고 하면서 배타적 집단 행동으로 이어져 국가적인 부작용을 낳기도 한다.

부모형제의 관계로 태어난 것은 이보다 훨씬 깊은 인연의 결과이다. 형제자매로 태어날 수 있는 것은 오백생五百生의 인연이 있은 결과이고, 부자간이 될 수 있는 것은 칠백생七百生 인연의 결과라고 한다. 어마어마한 인연의 결과이다. 사람들은 형제간을 다른 말로 동기간同氣間이라고 한다. 같은 기운을 받은 사이라는 뜻이다. 무슨 기운을 같이 나누어 받았다는 것일까? 같은 부모로부터 같은 기운을 받은 것이다. 그 연유를 『천자문千字文』에서 찾아보자.

『천자문』에는 '孔懷兄弟 同氣連枝'의 여덟 글자가 연이어 나온다. 서로 깊이 생각해 주는 형과 아우는 기운이 같고 가지가 서로 이어진 것이라는 뜻이다. 그리고 그 해제에는 '兄弟 同受父母之氣 比諸樹 父母 根也 兄弟 枝之連也 爲兄弟者知此 則豈有不相愛者乎'라 하였다. 즉, 형제는 부모의 기를 같이 받은 것으로서 이것을 나무에 비유하면, 부모는 뿌리요 형제는 가지가 서로 붙어 있는 것과 같으니, 형제 되는 자들이 이것을 안다면 어찌 서로 우애하지 않을 수 있겠는가라고 하였다. 형제를 뿌리가 같은 나무에서 갈라져 나온 가지들이 하나로 붙어 있는 연리지連理枝에 비유하고 있다.

하지만, 우애하지 못하는 형제자매들이 많은데, 형제가 반목하는 이유는 재벌가부터 소시민에 이르기까지 대개 돈 때문인 것 같다. 재벌가에서는 돈과 함께 그룹의 경영권이라는 권력도 함께 작용한다. 종교 분야에서도 보면, 아브라함이라는 같은 믿음의 조상을 가지고 있는 형제 종교권 사이의 다툼으로 전쟁과 살육이 끊이지 않고 있다. 정치적 권력 때문에 동기간에 우애하지 못하고 반목한 경우도 역사에서 많이 볼 수 있다.

『구약성서』의 「창세기」에 따르면, 인류 최초의 형제간 갈등은 카인이 동생 아벨을 살해한 것이다. 「창세기」 제4장 3절부터 9절의 내용을 보면, 카인은 땅의 소산으로 제물을 삼아 여호와께 드렸고, 아벨은 양의 첫 새끼와 그 기름을 드렸더니, 여호와께서 아벨과 그 제물은 열납하셨으나 카인과 그 제물은 열납하지 않으신지라, 카인이 심히 분하여 형제가 들에 있을 때에 아벨을 쳐 죽였다. 하나님이 형제의 정성과 제물을 비교하여 차별한 탓에 형제살해가 발생하였고, 이로 인해 카인 이후의 인류는 본죄를 가지게 된 것이다.

또, 「창세기」 제26장에는 이삭의 쌍둥이 아들인 에서와 야곱이 그들의 어머니 리브가의 농간에 의해 아버지의 축복을 받고 못 받음으로써 갈등의 씨앗이 되는 내용이 있다. 아버지가 총애한 에서를 누르고 어머니의 총애를 받은 야곱이 신앙적 · 민족적 정통성을 잇게 된다.

중국에서 대표적인 사례는 조조曹操의 두 아들 조비曹丕와 조식曹植 사이에 벌어졌던 갈등이다. 한漢의 승상 조조는 용맹함과 문학적 소양을 겸비하였는데, 그의 용맹은 큰아들 조비가 타고났고, 문학적 소양은 셋째 아들 조식이 타고났다. 조식의 문학적 재능은 송나라 시인 사령운謝靈運이 "천하의 재주를 열 말이라고 한다면 조식이 여덟 말을 차지한다. 한 말은 내가 갖고, 나머지 한 말은 천하 사람들이 나누어 가지고 있다."고 평할 정도였다. 조조가 죽은 후 제위를 이어받은 조비는 같은 어머니(변태후)에게서 태어난 동생 조식을 경계하였다. 물론 조식의 재능과 함께 아버지로부터 이어진 신하들의 후원을 함께 경계한 것이다.

형은 동생의 문학적 재능을 비아냥거리면서 동생에게 일곱 걸음을 내딛는 동안에 시를 한 수 짓도록 명하였다. 시를 짓지 못하면 목숨을 내놓아야 한다는 조건이 붙었다. 조식은 목숨의 경계선인 일곱 걸음을 걷는 동안에 멋진 시를 지었다. 이것이 〈칠보시七步詩〉이다. 시에서 조식은 뿌리가 같은 콩깍지와 그 속에 들어 있는 콩을 의인화하여 동기간의 형제애로 호소하고 있다.

煮豆持作羹 漉豉以爲汁
萁在釜下燃 豆在釜中泣
本是同根生 相煎何太急
콩대를 태워 콩을 삶아
메주를 걸러서 간장을 만드니
콩깍지는 가마솥 아래에서 타고
콩은 가마솥 안에서 우는도다
본래 같은 뿌리에서 태어났건만
서로 삶아대는 것이 어찌 이리 급한가

우리 역사에서도 형제간의 갈등 때문에 나라가 세워지기도 하고 망하기도 한 사례를 볼 수 있다. 두 가지 유형을 모두 겸비한 경우는 고구려이다. 부여의 형제간 갈등 때문에 고구려가 세워졌고, 연개소문의 두 아들인 남생과 남건의 권력투쟁 때문에 국력이 쇠약해져서 망국의 빌미를 제공하였다. 후백제의 멸망도 그렇다. 조선 초기의 왕자의 난은 나라를 망친 것은 아니었지만 너무도 유명하다. 만약 『구약성서』의 천지창조를 믿는다면, 인류 최초의 형제의 난은 카인이 동생 아벨을 살해한 사건이다.

부모형제의 인연보다 더 깊은 것이 남자와 여자가 만나 부부가 되는 것이다. 부부의 인연은 몇 백생 몇 천생을 넘어 하늘이 맺어 준 것이라 하여 천생연분天生緣分이라고도 하고, 하늘이 미리 정해 준 짝이라 하여 천생배필天生配匹이라고도 한다. 이런 천생연분을 나무에 비유하면 연리지 또는 연리목連理木이다. 앞에서 연리지는 형제애를 비유하는 말이라고 하였는데, 후세로 내려오면서 의미가 바뀌었거나 한 가지 상징이 더해졌다고 볼 수 있다.

남녀 사이의 천생연분 또는 깊은 사랑을 연리지에 비유한 것은 당나라 시인 백낙천의 〈장한가長恨歌〉에서 시작되었다. 〈장한가〉는 당 현종(712~756)과 양귀비의 사랑을 읊은 시이다. 당 현종이 죽은 지 50년이 지난 806년 당시 35세의 백낙천이 친구 왕질부王質夫, 진홍陳鴻과 함께 선유사에 놀러 갔다가 거기서 현종과 양귀비의 로맨스를 듣고 지었다고 한다.

현종은 왕비를 잃은 뒤 오랫동안 왕비를 그리워하며 지내다가 신하의 천거로 양귀비를 맞아들였다. 며느리였지만 머리를 깎아

절에 두었다가 궁에 들여 귀비로 삼았고, 임금과 양귀비의 사랑은 지극하였다. 안록산의 반란으로 마외파馬嵬坡라는 곳에서 양귀비를 군사와 백성들에게 넘겨 죽게 한 뒤에 양귀비를 잊지 못하고 그리워한다. 신하들이 방사를 시켜 양귀비의 그림을 그려 놓고 혼령을 불러들여 임금을 위로한다. 다음은 〈장한가〉의 첫 대목과 마지막 대목이다.

漢皇重色思傾國 御宇多年求不得 楊家有女初長成
養在深閨人未識 天生麗質難自棄 一朝選在君王側
回眸一笑百媚生 六宮粉黛無顏色 (중략)
唯將舊物表深情 鈿合金釵寄將去 釵留一股合一扇
釵擘黃金合分鈿 但教心似金鈿堅 天上人間會相見
臨別殷勤重寄詞 詞中有誓兩心知 七月七日長生殿
夜半無人私語時 在天願作比翼鳥 在地願爲連理枝
天長地久有時盡 此恨綿綿無絶期

황제가 색을 좋아해 경국의 미인을 구하더니/여러 해 가도록 구하여도 구할 수 없네/양씨 가문에 갓 장성한 딸이 있었으나/깊숙한 규방에 있으니 아무도 알지 못했네/타고난 아름다움 그대로 묻힐 리 없어/하루아침에 뽑혀 군왕 곁에 있게 되었네/고개 들어 한 번 웃으면 백 가지 교태가 나오니/육궁에 단장한 미녀들의 안색을 다 가렸네/ (중략) /장차 오래 지닐 물건으로 깊은 정을 표하려니/자개 상자와 금비녀를 가지고 가라 하네/비녀는 반쪽씩 상자는 한쪽씩/황금비녀 토막 내고 자개상자 나눴으니/두 마음 이처럼 굳고 변치 않는다면/천상에서든 세상에서든 다시 보게 되리라네/헤어질 즈음 간곡히 다시 하는 말이/두 마음만이 아는 맹세의 말 있었으니/칠월 칠일 장생전에서/인적 없는 깊은 밤 맹세하던 말/하늘에서는 비익조가 되기를 원하고/땅에서는 연리지가 되기를 원하네/높은 하늘 넓은 땅도 다할 때가 있는데/이 슬픈 사랑의 한 끊일 때가 없으리

〈장한가〉의 마지막 대목에 등장하는 비익조는 각각 날개가 한쪽만 있어서 혼자서는 하늘을 날지 못하므로, 두 마리가 몸을 합쳐야 하늘을 날 수 있는 새이다. 비익조와 같은 뜻을 지니는 동물로서 비견수比肩獸라는 것도 있다. 비견수는 각각 반쪽만 앞뒤다리를 가지고 있어서 두 마리가 몸을 합쳐야만 제대로 걷고 뛸 수 있는 짐승이다. 비익조와 비견수 모두 떨어져서는 살 수 없기에 떼려야 뗄 수 없는 남녀 간의 깊은 사랑에 비유된다.

그러면 형제간의 우애와 남녀 간의 깊은 사랑을 상징하는 연리지와 연리목은 실제로 어떤 것일까. 연리지는 앞에서 말한 것처럼 한 나무에 난 두 개의 가지가 서로 붙어서 하나로 되어 계속 성장하는 것이다. 껍질이 있는 상태로 붙어서 각사 성장하는 경우도 있고, 바람에 스쳐 껍질이 벗겨져서 접목된 것과 같이 완전히 한 몸이 된 경우도 있다.

연리목은 가까이에서 자라는 두 그루의 나무가 성장하면서 몸이 닿아 줄기의 일부가 붙거나 엉키거나 한 것이다. 나무의 뿌리가 끼어들어 가거나 휘감은 형태도 연리목이라고 할 수 있다. 연리목은 서로 다른 나무이기 때문에 접목되듯이 조직이 완전히 하나로 되는 경우는 없다. 대개 각각 껍질을 가진 채 성장이 빠른 나무가 느린 나무의 줄기 속으로 파고들어 가는 형태이다.

내가 본 연리목 가운데 멋진 것으로는 정읍 신정동의 부부나무와 부안 하서의 칠형제나무이다. 부부나무는 백제 가사인 〈정읍사井邑詞〉의 탄생지이자 정읍이란 지명을 낳게 했다고 전해지는 정해(샘바다)마을의 앞마당에 있는 삼백 년 남짓 되는 나무이다. 팽나무가 왕버들의 몸속으로 파고들고 왕버들이 팽나무를 끌어안아 서로 휘감겨 있는 모습이다. 이 고장에서는 부부나무를 두고, 천삼백 년 전 정읍사의 주인공이었던 아내 월아(팽나무)가 남편 도림(왕버들)의 품에 안겨 있는 모습이라고 한다.

부안 하서의 칠형제나무는 일곱 그루의 팽나무가 뿌리부터 한 몸인 것처럼 뒤엉켜 있는 연리목이다. 이 마을의 입향조인 부안 김씨 집안의 일곱 형제가 우애를 다짐하면서 마을 앞뜰에 팽나무 한 그루씩을 심었는데, 세월이 지나면서 둥치가 커지자 서로 뒤엉키게 된 것이다. 나무들은 각자 햇빛을 잘 받을 수 있는 쪽으로 키를 키우고 가지를 뻗다 보니 수관이 전체적으로 둥글고 넓게 퍼져 웅장한 모습을 지니고 있다. 마치 일곱 형제의 우애가 넋으로 남아 두세 번의 세기를 지난 지금까지 끈끈하게 이어지고

백두산 장백계곡의 연리목
(자작나무와 소나무)

전남 나주 불회사 입구의 연리목

있는 듯하다. 이 나무를 보는 후손들과 주변 사람들에게도 형제애의 엄중함을 전해 주었을 것이다.

중국 땅이 되어 있는 백두산 장백계곡에 있는 연리목도 멋지다. 자작나무와 소나무의 씨앗이 한 자리에서 싹을 틔우고 자라서 뿌리부터 한 몸으로 엉켜 있는 모습이다. 중국 사람들과 외국인들이 백두산에 왔다가 이 연리목의 울타리에 자물쇠를 걸어 잠그고 열쇠를 깊은 계곡에 던지고 간단다.

나주 불회사佛會寺 입구 산자락에 있는 연리목은 에로틱의 극치를 보여 준다. 암반 위의 느티나무가 옆에 있는 나무의 밑둥치로 뿌리를 뻗어 밀고 들어가 있는 모습은 목욕을 마친 여인이 다리를 포개고 비스듬히 앉아 있는 자태이다. 아니면 누드모델이

지리산의 연리목
(굴참나무와 노각나무)

배롱나무 연리지

화가를 위해 가장 멋진 포즈를 취하고 있는 것 같기도 하다.

지리산 문수골에서 만난 연리목은 날씬한 여인(노각나무)이 두 다리로 늠름한 남자(굴참나무)의 밑둥치를 감고 앉아서 두 팔을 벌려 사랑을 고백하는 모습이다.

연리목과 연리지의 비유와 상징은 우리나라의 현대 문학작품에도 등장한다. 이승우의 장편소설 『식물들의 사생활』(문학동네, 2000)에 등장하는 내용을 보자.

"뭐가 보여?" 나는 약간 어이없다는 듯 실없이 웃으며 물었다. 형은 내가 던진 질문을 무시했다. "저건 소나무야." 형은 아무렇지도 않게 말했다. "키가 크고 몸통이 굵고, 그리고 껍질이 두껍지. 그런데 그 옆을 잘 봐라. 소나무하고는 영 다른 나무가 눈에 띌 거야. 마치 소나무를 휘감고 있는 것처럼 보이는, 가늘고 매끄럽고 부드러운, 피부가 곱고 까무잡잡한 여자를 연상시키는 저 나무를 아니?" "뭔데?" (중략) "때죽나무." 형이 짧게 발음했다. 나는 때죽나무, 하고 따라서 발음해 보았다. 나로서는 처음 듣는 이름이었고, 당연히 어떻게 생긴 나무인지 모습이 그려지지도 않았다. (중략)

"매끈한 나무줄기가 날씬한 여자의 나신을 연상시켜." 형은 취한 것처럼 말했다. (중략) "그런데 저 매끈하고 날씬한 때죽나무가, 무슨 사연일까, 굵고 우람한 소나무를 휘감고 있거든. 심상치가 않아." (중략) 정말로 옷을 벗은 여자의 몸처럼 매끈하고 날씬한 나무가 있었다. 정말로 옷을 벗은 여자의 매끈하고 날씬한 팔이 남자의 몸을 끌어 안듯 그렇게 소나무를 휘감고 있는 관능적으로 생긴 나무가 있었다. 흙을 파보면 모르긴 해도 뿌리들이 지상의 줄기들보다 훨씬 더 적극적이고 노골적인 모습으로 소나무를 휘감고 있을 것 같은, 그곳에 그런 나무가 서 있다는 사실이 믿어지지 않았다.

우리는 산에 다니면서 연리목과 연리지를 보면 형세산의 우애와 이성간의 사랑을 새겨 볼 일이다. 또 흙 한 줌 없는 바위틈에서 고달프게 자라고 있는 나무를 보면, 역경을 이겨내는 인내와 끈기를 배울 일이다. 숲을 그렇게 새겨서 보고 느낄 일이다.

귀신의 남녀차별, 목근통신木根通神

"아브라함은 시험을 받을 때에 믿음으로 이삭을 드렸으니 그는 약속들을 받은 자로되 그 외아들을 드렸느니라." 『신약성서』의 「히브리서」 제11장 17절의 내용이다. 「창세기」 제21장부터 22장의 내용을 보면 아브라함은 100세 되었을 때 아내 사라로부터 외아들을 얻어 이삭이라 이름 지었는데, 하나님께서 아브라함의 신앙을 시험하기 위해서 독자 이삭을 번제燔祭(제물을 불에 태워서 지내는 제사)로 바치라고 하였고, 아브라함은 그 지시를 따라 큰 축복을 받는 내용이 나온다.

아브라함과 이삭 부자가 계시 받은 제사 지낼 곳으로 걸어가면서 이삭이 묻는다. "불과 나무는 있거니와 번제할 어린 양은 어디 있나이까?" 아브라함은 번제할 어린 양은 하나님께서 친히 준비할 것이라고 말하고, 계시 받은 곳에 도착하여 그곳에 단을 쌓고 나무를 벌여 놓는다. 그리고는 이삭을 결박하여 나뭇단 위에 올려놓고 칼로 아들을 잡으려 한다. 그 순간 하나님의 시자가 나타나서 "네가 하나님을 경외하는 것을 확인하였으니 이삭에게 손을 대지 말라."고 한다. 아브라함은 수풀에 뿔이 걸려 있는 숫양을 거두어 번제를 드렸다.

이슬람교에서는 이 이야기의 주인공이 이삭이 아니라, 아브라함과 이집트 출신 여종 하갈 사이에서 태어난 이스마엘로 여기고 있다. 아브라함의 종교를 이스마엘을 통해 이어받은 것이 이슬람교이기 때문이다.

아브라함은 민족사회에 만연했던 우상숭배를 거부하고 유일신을 믿은 인류 최초의 인물로서 유대교, 기독교, 이슬람교 세 종교에서 믿음의 조상으로 추앙받는다.

이 내용으로부터 두 가지 사실을 알 수 있다. 하나는 인류는 초기부터 신에게 제사를 지낼 때 짐승(양)을 제물로 썼다는 것이다. 속죄양을 통해 인간이 지은 죄를 용서받은 것이다. 아브라함이 살던 구약성경 시대의 수메르인들은 다신교 신전에서의 일상적 제례에는 첫 수확물이나 맏배를 신에게 바쳤다.

다른 하나는 자식을 제물로 바치는 것은 최극단적인 의례라는 것이다. 하나님과 아브라함의 계약과 같이 수메르인들이 신과 특별한 계약을 맺을 때에는 흠 없는 청결한 어린아이를 희생제물로 쓰는 관습이 있었다. 그런데 아브라함의 순명 이후로 하나님께 드리는 제사에 사람을 희생제물로 쓰지 않게 되었고, 주로 양(희생양)을 제물로 바치게 되었다.

아즈텍과 잉카 문화권에서는 태양신에게 젊은이들의 심장을 꺼내 바치는 제례도 있었다고 한다.

중국에서도 하늘과 산천에 제사를 지낼 때 제물은 짐승이었다. 『서경』의 순임금의 업적을 기록한 「순전舜典」에 보면 순임금은 즉위 첫날에 하느님, 하늘과 땅, 봄·여름·가을·겨울 사철, 산과 강, 여러 신들에게 제사 지내는 것으로 왕업을 시작하였다. 다음으로는 태산, 형산, 화산, 항산에 차례로 들러 산과 강에 제사를 지냈다. 그리고 돌아와 종묘에 고하는 제사를 지냈다. 제물로는 종묘에 제사 지낼 때는 황소 한 마리를 바쳤고, 나머지 제사에는 살아 있는 새끼 양과 기러기 그리고 죽은 꿩을 바쳤다. 살아 있는 새끼 양과 기러기는 이생二生이라 하여 제사 때 경대부들이 들고 나가는 제물이고, 죽은 꿩은 일사一死라 하여 제사 때 선비들이 들고 나가는 제물이다.

또 주나라 성왕과 관련된 「소고召誥」 편에 따르면 하늘에 지내는 제사에 제물로 소 두 마리를 썼고, 새 도읍에서 땅에 지내는 제사에는 소 한 마리, 양 한 마리, 돼지 한 마리를 제물로 썼다.

『서경』의 「상서商書」에는 "귀신은 사람을 정해 두고 도와주지 않고 정성을 다하는 사람만을 돕고 복을 준다.(鬼神無常享 享于克誠)"고 하였다. 『주역』의 스물여덟 번째 괘인 「대과大過」에서는 '藉用白茅 无咎'라 하였다. 즉, 흰 띠풀을 깔고 그 위에 제물을 올려놓으니 탈이 없다는 것으로서, 신에게 제사 지낼 때 그만큼 정성을 들인다는 뜻이다.

이런 기록들로 볼 때 중국에서는 태고로부터 하늘 · 종묘 · 산천 그리고 여러 귀신을 섬기고 정성들여 제사를 지냈으며, 제물로는 소 · 양 · 돼지 · 꿩 등을 바쳤음을 알 수 있다.

우리 조상들도 오랜 옛날부터 하늘(천신)에 제사를 지냈다. 중국의 정사인 『삼국지』의 「조선전」에는 "언제나 10월이 되면 하늘에 제사 지내는데, 밤낮으로 술 마시고 노래하고 춤추며, 이를 무천舞天이라 한다."고 했다. 하늘뿐만 아니라 땅(지신), 산(산신), 물(수신), 바다(해신), 시조신, 가내의 잡신 등에게도 제사를 지냈다. 천지를 거스르면 5대를 빌어먹고, 하늘에 제사 지내는 것(文舞)을 저버리면 4대를 빌어먹고, 귀신을 희롱하면 2대를 빌어먹는다고 하니, 잘 받들지 않을 신령이 없다.

그런데, 『삼국유사』나 『삼국사기』에는 제사에 관한 기록이 거의 없다. 단지 신라 제5대 파사왕이 태백산 정상에 단을 쌓고 푸른 소(靑牛)를 제물로 삼아 하늘에 제사 지냈다는 내용이 나온다. 너무 일상적인 것이라 세세한 기록이 없을 수도 있다. 관련 연구들에 따르면 각종 제사의 제물은 주로 햇곡식, 햇과일, 술, 떡 등이었을 것으로 추정되고 있다.

기우제를 지낼 때에는 돼지나 개를 잡아 그 피를 신성의 기우제 지내는 곳에 뿌리기도 하였고, 강이나 늪에 소 · 돼지 · 개의 머리를 넣기도 하였다. 산신제를 지낼 때는 옛날에는 소나 돼지의 머리를 생것으로 올렸으나, 나중에는 삶아서 올리는 것이 통례로 되었다. 당산제, 귀신을 달래는 굿, 무사를 비는 고사 등의 제례에는 삶은 돼지머리가 제물로 올라간다. 지금의 공식적인 제물은 돼지머리로 정리된 것 같다.

정호승 시인의 『울지 말고 꽃을 보라』에 실린 이야기를 보면, 돼지머리가 이렇게 고사상에 올라오게 된 것은 한 씨돼지가 신에게 한 맹세를 지킨 덕분이다.

> 인간에게 강한 불만을 품고 있는 수퇘지 한 마리가 있었다. (중략) 그는 종돈이었다. 인간이 시키는 대로 인간이 보는 앞에서 암퇘지와 섹스를 나누고 분노의 눈물을 흘리는 씨돼지였다. (중략)
>
> 그러던 어느 여름날이었다. 거센 비바람이 몰아쳤다. 나무가 뿌리째 뽑히고 여기저기 인간의 집들이 떠내려갔다. 돼지들도 우리에서 벗어나 물속으로 뿔뿔이 흩어졌다. 수퇘지는 그제야 하늘이 인간을 벌한다 싶어 도도히 흐르는 황톳물을 신나게 헤엄쳐 나갔다. 그러나 얼마나 헤엄쳐 나갔을까. 몸에 힘이 빠진 그는 물에 떠내려가기 시작했다. (중략)
>
> 물의 흐름은 빨랐다. 어디로 흐르는지 알 수 없었다. 주위엔 어둠이 밀려오기 시작했다. 눈앞엔 죽음의 그림자가 어른거렸다. "살려주세요, 하느님! 살려주시면 인간을 미워하지 않고 살겠습니다. 아니, 인간을 위해 살겠습니다. 약속하겠습니다. 제발 살려주

세요!" 그는 신에게 간절히 매달렸다. (중략) 그때 건너편 언덕 위에 있던 한 청년이 거센 물결을 거슬러와 그를 건져내었다. "감사합니다, 하느님! 당신과의 약속을 꼭 지키겠습니다." 그는 너부죽이 엎드린 채 신에게 감사했다.

그 뒤 그는 늙어 종돈으로서의 역할을 다할 때까지 청년의 집에서 살았다. 그러다가 죽어서는 신과의 약속을 지키기 위해 청년의 집 잔칫상에 웃기로 놓여졌다. 지금도 우리가 고사를 지낼 때 돼지머리를 상 위에 올릴 수 있는 것은 그 수퇘지가 계속 약속을 지키기 때문이다.

그런데, 우리나라의 전설을 보면, 산신이나 바다신에게 지내는 제사의 제물로 열대여섯 살 난 처녀를 바치는 이야기가 심심찮게 있다. 이런 제물을 받는 신령은 인격신이나 호랑이가 아니라 대개 이무기, 수백 년 묵은 구렁이나 지네 등이다. 그리고 무사나 청년이 나타나 그 괴물을 죽이고 마을 사람들의 해묵은 한과 아픔을 없애 주었다는 해피엔딩이다. 이런 이야기들은 민담 형식으로도 전해진다. 고전소설에 등장하는 인당수에 바쳐진 심청이도 마찬가지이다. 신들의 성이 남성이니까 처녀를 제물로 바친 것이다.

그러면, 여성 신의 경우는 어떠했을까? 매년 제사를 받는 여성신의 대표는 영등할머니이다. 영등신은 바람을 일으키는 신이지만, 중부 이남의 내륙지역에서는 농사의 신으로 여기는 경향이 강하다. 영등할머니는 2월 초하룻날 내려와서 올라가는 날은 지역에 따라 2월 초사흘, 2월 보름, 2월 스무날 등으로 다르다. 영등할머니는 두 딸을 데리고 내려오기도 하고, 며느리를 데리고 내려오기도 한다.

두 딸을 데리고 오면 바람이 살랑살랑 부는데, 이것은 딸의 분홍치마가 바람에 나부껴 보기 좋으라고 한 것이란다. 며느리를 데리고 오면 일기도 불순하고 풍파가 일어난다고 한다. 이것은 며느리의 치마를 비바람으로 얼룩지게 하려고 영등할머니가 심술을 부리는 것이라고 한다. 그러고 보니, 고부간의 갈등은 여신으로부터의 내림인가 보다.

일설에는 영등할머니가 며느리와 함께 오면 풍년이 들고, 딸과 함께 오면 흉년이 든다고 한다. 그래서 어촌과 농가에서는 바람의 피해를 막기 위해서 '바람 올린다'고 하여 영등할머니와 그 며느리에게 매년 제사를 올린다. 그런데 제물은 고작 정화수 한 그릇이다. 주부가 새벽 첫닭이 울 때 우물에서 정화수를 떠서 장독대나 뒷간에 가져다 두고, 그해 농사의 풍요와 집안의 안녕을 빈다. 최고의 여신에게 드리는 소박하기 그지없는 제물이다.

사당에 모셔진 여자 귀신에게 제사 지낼 때도 살아 있는 남자를 제물로 바친 이야기는 볼 수 없다. 총각은 씨를 받아야 하니 바칠 수 없고, 중고품은 마누라와 자식들 때문에 바칠 수 없다. 생계를 위해서도 그렇지만, 마누라들이 한을 품으면 오히려 무는 탈이 생길지 모른다. 그렇다고 뭣도 아닌 폐기물을 바칠 수도 없다. 불경죄가 더 무섭기 때문이다. 다음의 두 가지 이야기에서 살아 있는 중고품을 여자 귀신에게 제물로 바칠 수 없는 이유를 엿볼 수 있다.

옛날 산촌에 아주 부지런한 젊은이가 살고 있었다. 장가도 들어서 더욱 부지런하게 품팔이도 하고, 나무도 해서 장에 내다 팔아 살림을 불려 나갔다. 어느 날 관청에서 사람들이 들이닥쳐서 이 젊은이를 잡아가겠다는 것이다. 아마 왕실 능원이나 사냥터 또는 나라에서 소나무를 보호하는 봉산이나 송금산에 들어가서 나무를 해 왔던 모양이다. 관원은 "지은 죄가 무거워서 감옥살이 정도가 아니라 좆 뿌리를 뽑는 벌을 받아야 될 것"이라고 야단을 쳤다.

그 말을 들은 아버지가 혼비백산 나서서 "저놈은 아직 씨도 못 받았으니, 대신에 내 것을 뽑아 가라."고 매달렸다. 그러자 부엌에 있던 마누라가 나오면서 "법대로 해야지, 죄지은 놈 것을 뽑든지 말든지, 왜 당신이 나서서 난리라요?"라고 했단다.

옛날 어느 바닷가 마을에서 배 타고 나간 남정네들이 풍랑을 맞아 생사를 모르는 가족들이 야단이 났다. 며칠 뒤 시신들이 떼밀려 와 부인네들이 너도나도 신원을 확인하였다. 한 여인이 자기 남편임을 알아보고는 시신이라도 돌아와 줘서 감사하다고 천지신명께 두 손을 비볐다. 그러다가 아랫도리를 살펴보니, 물고기가 베어 먹었는지 하초가 없어져 버렸다. 그 여인 땅을 치며 "아이고—오! 살아도 못 살어, 살아도 못 살어—어!" 했단다.

여신당에 바쳐진 목각남근

그러면 여자 귀신 특히 처녀 귀신(손각씨)들에게는 어떤 제물을 바쳤을까? 생명 없는 남성이다. 나무토막으로 깎은 남근을 한 두릅 엮어 신당에 바친다. 바치는 남근의 수는 세 개, 다섯 개, 일곱 개 등 홀수이다. 나는 이 제물을 '목근통신木根通神'이라고 부르고 싶다. 나무서방을 장가보내어 여자 귀신과 교통하고, 여자 귀신을 달랜다는 뜻이다. 귀신에 대한 남녀차별이다.

이러한 제사의 원형이 지금도 강원도 바다마을들에 전해지고 있다. 먼저, 강원도 고성군 죽왕면 문암리 앞바다의 망개마을에서는 매년 정월 초사흘에 성황제를 지내는데, 이때 여성황에게 남근을 깎아 제물로 봉헌한다. 남근은 제관 가운데 한 사람이 깎는데, 누가 깎는지 제사를 지내기 전까지 비밀에 부쳐진다. 남근은 오리나무로 길이 한 자, 지름 두 치 정도 크기로 세 개를 깎는다. 이 남근들을 여성황당의 바위구멍에 꽂아 한 번에 꼭 들어맞으면 풍어가 온다고 믿는다.

삼척 해신당

다음으로 삼척시 원덕읍 갈남리 신남마을 바닷가에 있는 해신당의 제례이다. 해신당에서는 매년 정월 대보름과 10월 첫 말날(오일午日)에 제사를 지낸다. 제주는 목각남근을 깎아 새끼줄에 엮어서 당집 안에 매달아 바친다. 이 마을에서 해신당을 짓고 여기에 제사를 지내는 연유는 다음과 같다.

애랑이란 아가씨가 혼인을 약속한 총각(덕배)과 함께 바다에 나가 조개를 잡고 해초를 따다가 애바위에서 풍랑에 휩쓸려 죽었다. 그 뒤로 마을 사람들은 그녀의 원혼을 달래기 위해 제사를 지내는 등 정성을 다했으나 여전히 고기가 잡히지 않았다. 어느 날 한 어부가 술에 취해 화풀이로 바다를 향해 오줌을 누었다. 다음 날 다른 어부들은 여전히 고기가 잡히지 않았는데, 그 어부만 만선이 되어 돌아왔다. 그 까닭을 알게 된 다른 어부들도 바다를 향해 오줌을 누니 다들 고기가 잘 잡혔다. 마을 사람들은 그동안의 재앙이 처녀로 죽은 애랑의 원한 때문이라 믿고, 애바위가 보이는 산 끝자락에 사당을 지어 애랑신을 모시고, 해마다 남근을 깎아 제물로 바쳐 혼인을 못한 애랑의 원혼을 달래 주었다.

2016년에는 음력 10월 첫 말날(甲午)인 11월 8일 자시子時에 제사를 지냈다. 오일午日에 제사를 지내는 것은 그날이 십이지신 가운데 남근이 가장 큰 말의 날이기 때문이란다. 세 명의 제관이 먼저 마을 옆 산등성이에 있는 성황당에서 제사를 지내고, 다음에 해신당에서 지냈다. 성황당과 달리 해신당에는 과일, 어포, 떡, 술과 함께 세 개씩 묶은 목각남근 두 줄이 제물로 바쳐졌다.

산신제나 당산제를 낮에 마을잔치 형태로 지내는 것이 대부분인데, 이 마을에서는 제관들만 참석하여 아주 엄숙하게 지내고 있다. 이번 제삿날은 밤새 바람도 없었고, 개 짖는 소리조차 들리지 않았으며, 평일이라 술판 벌인 관광객도 없어서 참으로 고요한 밤이었다.

여자 귀신에게 목각남근을 제물로 바치는 제의는 일종의 남근숭배 민속이다. 삼척시에서는 이 남근숭배문화의 현장을 관광자원으로 개발하여 재미를 보고 있다. 아니 19세 이상의 국민들에게 재미를 제공하고 있다. 내가 2003년에 방문했을 때에는 입구에서부터 당집 주변에 통나무로 거대한 남근들을 조각하여 스무

개 정도를 세워 두었었다. 어느 것도 허드레로 깎은 것이 아니었다. 입구에 서 있는 천하대남근, 행복한 밤 등 모양과 이름도 다양하였다.

그러던 것이 2005년 이후 계속 확장되어 지금은 애랑의 집, 남근조각공원, 성문화박물관, 어촌민속전시관, 생태공원, 애바위의 애랑상, 언덕배기에서 애랑을 애타게 부르는 덕배상 등이 구비된 종합 관광단지가 되었다. 처음 세웠던 것들 중 없어진 것들도 있지만, 남근 조각은 몇 차례의 대회를 거쳐 엄청나게 늘어났고 형태도 더욱 다양해졌다.

이곳에서 대부분의 남자들은 표정이 시무룩하고 쓴웃음을 짓지만, 여자들은 남우세스러워하지도 않고 각종 남근 조각들을 배경으로 갖은 포즈로 사진을 찍고 왁자지껄하다.

나무로 깎아 만든 남근만 한 맺힌 귀신에게 서방 노릇을 한 것이 아니다. 살아 있는 며느리에게도 나무서방이 있었다. 기둥서방이 아니다. 새 며느리를 보았으나 남편의 결함으로 아기를 갖지 못할 경우에 씨내리를 한다. 칠흑같이 어두운 밤에 건장한 과객을 며느리 방에 들게 하는 것이다. 그렇게 하여 며느리가 임신을 하면 나무서방의 효험을 본 것으로 치고, 외간남자를 받아들인 비밀은 덮이게 된다. 씨받이와 반대되는 상황이다.

이 며느리가 효험을 봤다는 나무서방은 무엇일까. 복숭아나무 토막이다. 복숭아나무를 홍두깨 모양으로 잘 다듬어 놓은 토막을 나무서방이라고 한다. 이것은 복숭아나무를 정기가 가장 좋은 나무로 꼽았던 인식, 복숭아가 상징하는 다산성, 그리고 복숭아를 남성의 고환에 비유한 성기유감 주술의 한 형태이다.

그래서 부녀자가 복숭아나무 토막을 사타구니에 끼고 앉아 밤을 새우면 성력이 강해진다고 하였고, 임신이 안 되는 여자가 밤마다 나무서방을 안고 자면 임신을 할 수 있다고 믿었다. 여름에 더위를 피하기 위해 남자들이 안고 자는 죽부인과는 쓰임새가 다른 것이다.

고도의 과학기술 시대, 특히 통신혁명의 시대에 사람들은 옛 풍습과 문화를 다시 찾는다. 메말라가는 정서에 여유와 멋과 기름칠을 더하는 방법이다. 여러 성문화공원이나 박물관에 전시되어 있는 다양한 모습의 나무 남근들도 그런 방면에서 한 몫을 담당하고 있다. 이것은 나무가 죽어서 할 수 있는 수많은 일들 가운데 하나에 불과하다.

벼슬을 상징하는 나무,
벼슬을 가진 나무

예전에 정읍에서 천리포수목원 후원회 집행부 모임을 한 뒤 내장산 탐방을 한 적이 있다. 비자나무 숲을 지나는데, 서너 명의 중년 남자들이 돗자리를 펴고 간식을 즐기고 있었다. 우리를 보고 한 사람이 "한 잔 하고 가세요." 했다. 우리 일행 중에서 나에게 "박 교수님이 대표로 한 잔 하고 오세요."라고 하자, 그쪽에서 "어이 김 학장, 저분이 교수라네."라고 했다. 그 순간 나는 그 사람이 말한 의도를 '내 친구는 학장인데, 너는 평교수구나!'라는 뉘앙스로 받아들였다. 그래서 내가 "저 앞에 가는 분이 우리 형 문수(실명임)구요, 저는 동생 교수입니다."라고 돌려주었다.

사람들은 본연의 직업 이외에도 직함이나 높은 지위를 중요시하는 경향이 있다. 직함이나 직위에는 권력이나 권위라는 힘과 명예가 따르고, 사람들은 머릿속에서 그 힘과 명예를 환영幻影으로 간직하기 때문일 것이다. 또한, 사람에게는 아브라함 매슬로의 여섯 가지 기본욕구에 속하는 평가욕구가 있어서, 자신이 조금은 훌륭하고 중요한 인간의 부류로 평가되기를 바라는 마음이 있기 때문이다. 『채근담』에서는 "명리에 대해 말하기를 꺼려하는 사람이라도 진정으로 명리의 정(미련)을 다 잊은 것이 아니다.(厭名利之談者 未必眞忘名利之情)"라고 하였다.

그래서 사람들은 자신의 직업 안에서 높은 직위에 오르기 위해 편법을 동원하기도 하고, 직장 외에서도 좋은 타이틀을 가지고 행세하기 위해 비정상적인 경쟁을 하는 경우도 수없이 많다. 어떤 자리를 두고 치른 경쟁에서 패한 뒤에 조직을 위해 자기의 능력을 기꺼이 보탠다면 다음에 좋은 기회가 올 수 있다. 하지만, 대부분은 '용 못된 이무기 심술만 느는 격'으로 사사건건 시비 걸고 태클 걸고, 대안 없이 비난하면서 앙갚음을 한다. 이런 행태는 일반 사회에서뿐만 아니라 대학이라는 울타리 안에서도 마찬가지이다.

어느 자리에서든 맡은 임무를 잘 수행하기 위해서는 전문성, 통찰력과 기획력, 조직관리능력, 도덕성, 소통과 공감능력 등 많은 능력이 필요하다. 바퀴가 튼튼한 수레가 큰 짐을 실을 수 있고, 물이 깊어야 큰 배를 띄울 수 있는 법이다. 그러니 자기의 능력에 겨운 자리에 앉거나 직함을 가지면, '모기가 산을 짊어진 격(使蚊負山)'이 되어 결국 곤욕을 치르게 된다.

『주역』의 스물여덟 번째 괘에서는 '대과동요大過棟橈'라 하여,

지붕이 너무 무거워 용마루가 휘어진다고 하였다. 또 『주역』의 「계사하전繫辭下傳」에서는 "인덕을 갖추지 못하면서 높은 자리에 앉고 지혜가 없이 대사를 치르려 하며, 힘이 부족하면서 중임을 맡는 자에게는 반드시 화가 내린다."고 하였다. 높은 자리에 앉아 직무에는 본분을 다하지 않고, 권력에 탐닉하거나 사익만을 추구하거나 교만에 빠지는 경우도 있다. 이런 태도는 추하고(取我是垢), 명예욕 때문에 수치도 잃어 덕이 녹아 없어지는 법이고, 결국 자신과 조직을 위험에 빠뜨리게 된다.

또 나아가고 물러날 때를 모르는 것을 철부지輟不知라고 한다. 나아가고 물러날 때를 알면 위태롭지 않지만(知止不殆), 그 때를 알지 못하고 연연하면 위태로움을 당한다(不知輟殆). 그래서 주희는 〈매계호씨객관…〉이란 시에서 "세상살이 사람의 욕심보다 더 위험한 것이 없다(世路無如人欲險)"고 하였다. 물러날 때를 놓치고 자리에 부여된 권한을 잘못 쓰게 되면 살아서 낭패를 당하기도 하고, 혹 무사히 생을 마쳤다 하더라도 사후에 불명예를 당하는 경우를 우리는 동서고금의 역사에서 무수히 보아 왔다. 아무리 좋은 권력이라도 십 년을 가지 못하며, 더구나 직위를 가지고 부리는 교만은 삼 년을 버티지 못한다(權不十年 驕不三年).

중국에서는 춘추시대부터 나무로써 신을 모셨을 뿐 아니라, 나무로써 벼슬을 표시하였다.

『서경』에는 사당에 나무를 심어 목신으로 섬긴 기록이 있다.

여기에서 사당社堂은 토지의 신을 모신 곳으로서 하나라 때에는 소나무를 심었고, 은나라 때에는 잣나무를 심었으며, 주나라 때에는 밤나무를 심었다.

나무로써 벼슬을 표시한 것은 주나라 때부터인데, 그 내용은 『천자문千字文』을 비롯한 여러 문헌에서 볼 수 있다. 『천자문』에는 '路挾槐卿(길 양옆에는 괴와 경이 늘어서 있다)'이라는 대목이 있다. 그리고 이 네 글자에 대한 해제는 다음과 같다. "路는 王朝之路也라 夾路左에 植三槐하니 三公位焉하고 右植九棘하니 九卿位焉이라 槐는 謂三公也라.[路는 조정의 길이다. 길 왼쪽에는 세 그루의 회화나무를 심었으니 삼공의 자리이고, 길 오른쪽에는 아홉 그루의 가시나무(대추나무)를 심었으니 구경의 자리이다. 괴는 삼공을 의미한다.]"

여기에서 '삼괴구극'은 주나라 벼슬의 품계를 나타낸다. 삼공三公은 태사太師, 태부太傅, 태보太保를 가리킨다. 이들 삼공이 외조外朝에 심은 회화나무를 향해 앉았기 때문에 삼괴三槐라고도 했다. 주나라에서는 조정 앞에 회화나무를 심었기 때문에 조정을 '괴정槐庭'이라고도 불렀다. 『주례周禮』와 『후한서』 등에서도 삼괴의 좌우에는 붉은 가시나무(대추나무)를 심었고, 이를 구극九棘이라 불렀다고 했다. 구극은 벼슬의 아홉 품계를 상징하며, 후대에는 나무 대신에 품계석으로 대치되었다.

또 주나라 때에는 묘지에 심는 다섯 종류의 나무가 있었다. 왕의 능에는 소나무, 왕족의 묘지에는 측백나무, 고급관리의 묘지에는 회화나무, 학자의 무덤에는 모감주나무, 서민의 무덤에는 사시나무를 심었다. 고관의 무덤에 회화나무를 심은 것은 바로 삼괴에서 비롯된 것이다.

이후 회화나무는 일인지하만인지상의 최고 벼슬을 상징하는 나무이고, 동시에 모든 벼슬을 상징하는 나무이기도 하다. 그래서 회화나무는 고대 중국의 공공기관과 아문衙門, 전정殿庭에 흔히 심었던 나무이다. 특히 한나라 궁중에는 수많은 회화나무가 심겼다. 한나라 때 이곳에는 200~300년 된 회화나무가 있었는데, 이 나무를 옥수玉樹라고 불렀다. 또한 황제가 거처하는 곳을 괴신槐宸, 장안 거리를 괴로槐路라고 부르기도 했다. 또 장안에 있던 아홉 개의 큰 시장 이름 가운데 괴시槐市가 있었는데, 이곳에서는 전국 각지에서 올라온 사람들을 위해 서적과 악기 등의 물건을 팔았다.

회화나무는 흔히 학자수學者樹라고 부른다. 그 이유는 고대 주나라에서 과거에 나갈 때, 급제할 때, 승진할 때, 관리가 공명을 얻은 후 관직에서 퇴직할 때에 이 나무를 심었기 때문이다. 또한 옛날 중국에서는 회화나무 꽃이 필 무렵에 과거시험 가운데 진사시험을 치렀다. 회화나무의 꽃은 음력 7월경에 연한 황색으로 핀다. 그래서 진사시험이 치러지는 시기를 괴추槐秋라고 부른다. 삼공까지 출세하고자 하는 욕망을 회화나무에 투영시켰던 것이다.

회화나무와 관련해서 '괴안몽槐安夢'의 이야기가 전해진다. 이 말은 일장춘몽이나 남가일몽南柯一夢과 같은 단어를 낳기도 했다. 이야기는 『이문집異聞集』에 수록되어 있다.

중국의 당나라 덕종 시절 강남 양주 땅에 순우분淳于棼이라는 사람이 살고 있었다. 그 집 남쪽에 커다란 회화나무 한 그루가 있었다. 그는 어느 날 친구들과 회화나무 아래에서 술을 마시고 집 마당 처마 밑에서 잠이 들었다. 잠시 후 괴안국이라는 나라에서 온 사신이라면서 두 관원이 자신을 데리고 갔다. 정신없이 따라간 순우분은 회화나무 아래쪽의 동굴 안으로 들어가 화려한 도성에 당도했다. 성문에는 금으로 새겨진 '대괴안국'이라는 현판이 달려 있었다. 곧 괴안국 왕의 환대를 받고 부마의 자리에 오른 후 남가군南柯郡의 태수에 임명되었다. 순우분은 그 후 다섯 아들과 두 딸을 두고 20여 년간 고을을 잘 다스려 백성들의 칭송을 받았다. 그러자 그를 시기하는 자들이 생겨났다.

이에 국왕은 그에게 3년 후에 다시 부르겠다고 하면서 고향에 다녀오라 하였다. 관원을 따라 고향집으로 돌아온 그는 처마 밑에서 관원의 큰소리에 눈을 떴다. 그는 그때야 처마 밑에서 잠이 들었던 것을 깨닫고 그간의 모든 일이 꿈이었다는 것을 알았다. 그는 너무나 생생한 기억에 회화나무로 가서 둥치 아래를 살펴보니 개미굴이 있었다. 나무를 더듬어 남쪽으로 뻗은 가지를 살피자 네모난 개미집이 있었다. 꿈에서 보았던 남가군의 형상이었다. 날이 어두워 다음 날 다시 보기로 했지만, 아침에 일어나 보니 간밤에 비바람이 몰아쳐 개미집은 사라지고 없었다.

위의 이야기처럼 오래된 회화나무의 썩은 껍질에는 개미들이 살고 있다. 그래서 개미집을 괴안국槐安國이라 부르기도 한다. 조선조 전기 호남에서 손꼽히는 도학자였던 하서 김인후의 〈소쇄원사십팔영〉 가운데 이십사영인 '의수괴석倚睡槐石'에 이 괴안국이 개미 왕이란 말로 등장한다.

自掃槐邊石 無人獨坐時
睡來驚起立 恐被蟻王知
몸소 홰나무 아래 바위를 쓸고 나서
혼자 앉아 있을 때에
졸다가 깜짝 놀라 일어서는 것은
개미 왕에게 알려질까 두려워서지

또한, 회화나무에는 자명괴自鳴槐의 전설이 얽혀 있다. 회화나무에 달린 열매를 모두 따서 한 그릇에 담아 두면, 그중에는 반드시 우는 것이 하나 있다. 날마다 그릇의 열매를 나누어 개수를 줄여 가다 보면 우는 열매를 찾을 수 있는데, 우는 열매를 잡은 사람이 그 열매를 삼키면 총명해진다. 그러나 나무에 달려 있을 때에는 까치가 그 열매를 먼저 먹어 버린다고 한다. 회화나무의 우는 열매를 먹고 총명해지면 공부가 잘 될 터이니 과거 준비하는 선비들과 회화나무는 인연이 깊다고 하겠다.

이러한 문화가 우리나라에도 전해져서 조선시대의 관직에서도 삼괴는 삼정승을 의미하였고, 이 때문에 삼괴정三槐亭과 같은 정자 이름이 지어지기도 하였다. 또한 승문원 앞에 회화나무를 심었기 때문에 승문원을 괴원槐院이라 부르기도 하였다. 성균관을 비롯한 유학 교육기관에도 회화나무를 심었고, 과거시험에 응시하러 가거나 급제했을 때 집안에 회화나무를 심기도 하였다. "회화나무 노란 꽃이 피니, 과거 응시생들 바쁘겠네."라는 고대가요도 그런 연유로 생겨난 것이다. 나는 조선 태조의 영정을 모신 전주 경기전에서 오목대에 이르는 태조로 구간에 회화나무를 가로수로 추천하였는데, 이 주변에 인재를 양성하는 전주향교도 있기 때문이다.

위에서는 사람의 벼슬 품계를 표시하는 나무에 대한 이야기였고, 이제는 높은 벼슬을 가진 나무에 대한 이야기를 소개한다. 사례는 중국 진시황의 오대부송, 조선 세조의 정이품송과 연산군의 가선대부송이다.

먼저 태산에 있는 진시황의 오대부송五大夫松 이야기이다. 전국시대 7국(戰國七雄) 가운데 하나인 진秦나라의 31대 왕인 정政은 초楚, 연燕, 제齊, 한韓, 위魏, 조趙 여섯 나라를 차례로 정벌하고 통일제국을 건설한 후에 시황제始皇帝가 된다. 기원전 219년 그가 도교의 성지이자 중국 오악五岳 중의 으뜸인 태산에 봉선封禪을 하기 위해 올라가던 도중에 갑작스레 소나기가 쏟아졌다. 마침 가까운 곳에 큰 소나무 한 그루가 있어서 그 가지 밑에 들어가 비를 피하고, 비가 그친 뒤에 무사히 봉선제를 마칠 수 있었다. 제사를 마친 시황제는 그 소나무를 고맙게 여겨 '오대부五大夫'의 벼슬을 내렸다. 오대부는 당시 스물네 작위 중 아홉 번째의

전주 경기전의 회화나무

작위이다.

사람들은 그 후로 이 소나무를 '대부송大夫松'이라 불렀고, 이 말(사건)을 '영화로운 일'의 의미로 여기게 되었다. 이 소나무는 뒤에 폭우에 떠내려가 소실되었다고 한다. 지금 태산을 오르는 도중에 만나는 두 그루의 오대부송은 청대인 1730년경에 심은 것이며, 한문과 영어로 된 안내문에는 위의 설화가 실려 있다.

조선 세조 때 전라도 관찰사였던 이석형李石亨의 시에도 영화로운 일의 상징으로 대부송이 등장한다. 그는 젊은 시절 신숙주, 성삼문, 이개, 박팽년, 하위지 등과 함께 공부하였고 세종 때 10여 년 동안 집현전 학자를 지냈다. 세조 2년(1456년) 그가 관찰사로서 익산을 순시하던 중에 사육신이 처형되었다는 소식을 듣고, 참담한 심정으로 다음의 〈次益山東軒韻〉이라는 시를 지었다. 이 시에 대부송이 등장한다. 대부송의 대구로 쓰인 이녀죽은 소상반죽瀟湘班竹의 다른 이름이며, 슬픈 일을 상징하는 말이다. 소상반죽은 순임금의 두 왕비였던 아황과 여영이 순임금의 죽음 소식을 듣고 소상강에 와서 슬피 울었는데, 그 눈물이 강가의 무성한 대나무 줄기에 떨어져 얼룩이 생겼다는 설화를 가지고 있다.

虞時二女竹 秦日大夫松 終是哀榮異 寧爲冷熱容

순임금 때는 이녀죽의 슬픈 일이 있었고, 시황제 때는 대부송의 영화로운 일이 있었네. 이것은 단지 슬프고 영화로움이 다를 뿐, 어찌 차갑다 뜨겁다 할 수 있으리오.

다음은 우리나라 '정이품송正二品松'의 이야기이다. 조선 세조 임금이 속리산 법주사에서 법회를 하고 수안보 온천에 들러 피부병을 치료하기 위한 행차에 나섰다. 먼저 법주사로 행차하였는데, 길옆에 큰 소나무 한 그루가 가지를 아래로 드리우고 서 있었다. 보통 소나무는 100년이 넘으면 가지가 아래로 처지는 현상이 나타나므로, 그 당시 이 소나무는 100년을 훨씬 넘은 노송이었던가 보다. 가지가 축 처져 있으니 가마를 어깨에 멘 채로 지나갈 수가 없었다.

가마행렬을 인도하던 사령이 "나뭇가지에 연輦 걸린다."라고 외치자, 이 소나무 가지가 번쩍 들려올라가 가마를 내리지 않고 지나가게 되었다. 임금이 탄 가마를 내려야 하는 것을 불경스럽게 여긴 소나무의 배려였다. 또한 세조가 이곳을 지날 때 이 소나무 밑에서 비를 피했다고도 한다. 세조는 이 소나무에 정이품의 벼슬을 하사하였고, 이 소나무를 '정이품송' 또는 '연걸이 소나무(掛輦松)'라고 부른다.

다른 전설에 의하면, 왕궁을 지을 목재를 전국에서 헌상 받을 때, 임금의 꿈에 한 노인이 나타나 "속리산의 소나무를 범해서는 안 된다."는 말을 남기고 사라진 일이 있었다. 그래서 임금은 그곳 일대를 금산禁山으로 정하고, 노송 한 그루에게 정이품의 벼슬을 내려 영목靈木으로 삼아 제사를 올리도록 하였다. 소나무 보호정책과 관련 있는 이야기이다.

정이품송은 천연기념물 제103호로서 그동안 지극한 보호를 받아 왔다. 아이러니하게도 보호 목적으로 시행한 과도한 복토로 인해 쇠약해졌고, 두세 차례의 태풍피해로 여러 개의 가지가 부러져 나가서 지금은 수형이 많이 훼손된 상태이다.

마지막으로 연산군의 '가선대부송嘉善大夫松'에 관한 이야기이다. 연산군은 왕자 시절에 식탐이 많았고 자주 소화불량에 걸려서 강희맹의 집에 보내져 안씨 부인의 보살핌을 받게 되었다. 어린 왕자는 이 집 뜰의 소나무 아래에서 많은 시간을 보냈다. 왕위에 오른 다음 이 소나무에 가선대부의 벼슬과 함께 금띠까지 하사하여 소나무에 둘러 주었고, 지위고하를 막론하고 이 소나무 앞을 지날 때에는 말에서 내리도록 하였다. 그래서 이 소나무를 가선대부송 또는 하마송下馬松이라고 부르게 되었다. 가선대부는 종이품의 문무관 벼슬로서 보통 참판에 해당하니, 선대왕인 세조가 소나무에 하사한 정이품보다 조금 아래 품계이다.

이렇듯 중국과 우리나라에서 나무로써 벼슬의 품계를 표시하고, 나무에게 벼슬을 내린 것은 기본적으로 나무를 숭배한 의식에서 비롯되었다. 또한, 나무를 의인화하여 나무와 교감한 자연조화적인 인식과 삶의 증거이기도 하다.

무당집의 대나무 깃발

예전에 숲해설을 하던 중에 "왜 점쟁이 집에는 대나무를 세워 두나요?" 하는 질문을 받은 적이 있다. "서낭당 같은 데에 가 보면 오색 천을 둘러놓은 신내림 나무라는 것이 있지 않느냐? 오래전부터 인류는 나무를 통해 신이 강림한다고 믿었다. 대나무는 그런 나무 중에서 키가 크면서도 가벼워서 베어다 세워 두기에 가장 알맞기 때문이 아니겠느냐?" 하고 대답한 것으로 기억한다.

그때의 이 대답은 늙은 소 밤길 더듬어 가듯이 어림잡은 것이었다. 그런 뒤에 늙은 말이 길을 알고, 늙은 조개에 진주가 생긴다(老蚄生珠)고, 공부에 좀 연륜이 쌓이면서 이와 관련된 내용을 조금 더 제대로 이해하게 되었다.

『삼국유사』 권1 「고조선」 편의 이야기이다. 우리나라 국민이면

다 아는 이야기이다.

> 옛날 환인의 서자 환웅이 자주 하늘 아래에 뜻을 두고 인간세상을 탐내어 구하였다. 아버지가 아들의 뜻을 알고는 삼위태백三危太伯을 내려다보니 인간을 널리 이롭게 할 만하여 즉시 천부인 세 개를 주어 내려 보내 인간세상을 다스리게 하였다. 환웅이 무리 3천 명을 거느리고 태백산太伯山 꼭대기 신단수神檀樹 아래로 내려왔다. (중략) 웅녀는 혼인할 상대가 없었으므로 매일 신단수 아래에서 아이를 가질 수 있게 해 달라고 빌었다. 환웅이 잠시 사람으로 변해 그녀와 혼인하여(雄乃假化而婚之) 아들을 낳았으니 단군왕검이라고 불렀다.

신라의 안함로安含老(579~640)가 지은 『삼성기三聖紀』에는 환웅의 배달국 이후에 "신인왕검神人王儉이 불함산不咸山의 박달나무가 우거진 터에 내려왔는데 이분이 단군왕검이고, 아사달에 도읍을 정하여 나라를 열어 조선이라 하였다. (후에) 웅족 여인(熊女)들이 시집갈 곳이 없어 매일 신단수 아래에 와서 주문을 외우며 아이 갖기를 빌었다."고 기록되어 있다.

고려 때 인물로 추정되는 원동중元董仲(?~?)의 『삼성기三聖紀』에는 "환웅이 무리 3천 명을 거느리고 태백산 마루 신단수 아래에 내려와 이곳을 신시神市라 하였고 이분이 환웅천황이시다."라고 하였다. 또한, 고려 말 행촌 이암李嵒(1297~1364)이 지은 『단군세기』에서 "단군왕검은 단웅檀雄을 아버지로 웅씨왕雄氏王의 따님을 어머니로 박달나무가 우거진 숲(檀樹)에서 태어났다."고 하였다. 두 기록 모두 『삼국유사』의 단군 탄생설과 차이를 보이고 있다. 『단군세기』에는 다음과 같이 기록하고 있다.

> 배달 신시 개천 1565년(BC 2333) 도해단군(11세 단군) 상월上月(10월) 3일에 신인 왕검께서 오가五加의 우두머리로서 무리 8백 명을 거느리고 박달나무(檀木) 터에 와서 백성과 더불어 삼신상제님께 천제天祭를 지냈다.

위의 네 가지 기록에서 눈여겨 볼 것은 첫째 환웅이 태백산 꼭대기에 있는 신단수 아래로 내려왔다, 둘째 신인 단군왕검이 불함산의 박달나무가 우거진 터에 내려왔다, 셋째 웅녀는 신단수 아래에서 아이를 가질 수 있게 해 달라고 하늘에 빌었다, 넷째 단군왕검은 박달나무 터에 와서 상제님께 천제를 지냈다는 것이다. 이 내용을 통해 먼저 환웅과 단군이 내려오기 전부터 사람들은 태백산 꼭대기에다 제단을 쌓고 하늘에 제사 지내는 풍습이 있었다는 것을 짐작할 수 있다. 그래서 환웅과 단군은 영靈으로서 하늘에서 땅으로 내려올 때 신단에 있는 나무, 즉 신단수를 매개체로 삼았고, 웅녀와 단군은 신단수 또는 박달나무가 있는 신단에서 하늘에 제사를 지냈다.

이것으로부터 고대 인류는 나무를 천상의 신령神靈이 인간세상으로 강림하기도 하고, 인간의 기원이 하늘의 신령에게 전달되기도 하는 매개체, 즉 통로로 인식하였다는 것을 알 수 있다. 거기에 더하여 높은 산, 그 산꼭대기에 자라는 나무를 설정한 것은 하늘에 가장 가까이 닿을 수 있다는 또 다른 염원일 것이다. 이러한 고대 인류의 나무숭배(거목숭배) 사상이 이어져 내려와 나무를 신의 강림 통로라고 믿는 의식이 일반화되었다고 볼 수 있다.

인류 역사에서 오랜 뿌리를 가지고 있는 샤머니즘의 주체는 무당巫堂이고, 무당을 주축으로 하여 민간에서 전승되고 있는 종교적 관습을 무속巫俗이라고 하며, 무속을 넓은 의미의 종교에 포함시켜 무교巫敎라고도 한다. 그리고 무속신앙에서 숭배의 대상이 되는 신을 무신巫神이라고 하는데, 무신 중에서 최고의 신은 천신으로서 하느님 · 옥황상제 · 제석천帝釋天 등이다. 또 무굿에서 흔히 접할 수 있는 무신들로는 가망신, 일월신, 일월성신, 골맥이신, 서낭신, 본향신, 군웅신, 장수신, 삼신(産神), 창부, 최참판, 바리공주신, 말명(조상신) 등이 있다.

무당이 되기 위해서는 기본적으로 신내림을 받아 신을 몸에 모셔야 한다. 이것이 접신接神 또는 신지핌이다. 자신도 모르는 사이에 신이 들어온 경우도 있지만, 그런 경우에도 대관령 국신당 같은 영험한 곳에 가서 정식 신고를 해야 한다. 신내림을 할 때는 서낭나무 또는 신목으로 정해진 나무에 오색 천을 매달고,

그 천을 잡고 빙글빙글 돌면서 몸에 감는 의식을 행한다. 바로 나무를 통해서 신을 받아들이는 것이다.

무당집의 신목

하늘의 신이 강림할 때 나무를 통로로 삼는다는 것, 무당이 나무를 통해서 접신한다는 것을 알았으니, 이제 대나무와 신의 강림에 대해 알아보자.

무속에서 가장 중요한 도구로서 신대(또는 신장대)가 있다. 신대는 무속에서 신령이 하강하는 통로 또는 신령이 재임하는 나무로서 신간神竿이라고도 한다. 일반적으로는 대나무나 나뭇가지에 백지나 베의 술을 묶어서 만든다. 그래서 무당의 은어로는 백씨白氏라고 한다. 즉, 신목이 신으로 모셔지는 살아 있는 나무인 데에 비해, 신대는 나무를 베어다 세운 것이다.

이상희의 『꽃으로 보는 한국문화』(1999) 제3권 〈대나무〉 편의 내용과 여타의 자료들을 바탕으로 신대(神竿)와 대나무의 관련성을 정리하였다.

신대는 지역에 따라 또는 굿이나 무속인이 모시는 신령에 따라 차이가 있다. 중부와 그 이북 지역에서는 비교적 짧은 나무 몽둥이를 신대로 사용한다. 예를 들면 서울 경기 지역의 무당이 성주맞이를 하는 경우에는 청솔가지로 50센티미터 가량 높이의 성줏대를 만들어 사용한다. 그러나 남쪽 지방에서는 주로 긴 대나무를 신대로 사용한다.

경북 영덕의 별신제別神祭에서는 굿이 시작되기 수일 전에 열 자가 넘는 대나무로 신대를 만들어 동네의 한 곳을 신성한 곳으로 정하여 세운다. 긴 베나 종잇조각을 대의 꼭대기에 묶고, 그 아래는 붉은 종이로 된 깃발을 달아 날리게 한다. 굿의 마지막에 그 신대를 당산나무의 구멍 난 부분에 박아 세워 생산과 풍농을 기원한다.

영남과 호남의 해안 지역 및 제주도에서는 영등할미(風神; 바람을 다스리는 신)를 위한 영등맞이에 대나무 신대를 세운다. 거제도 장승포의 경우 정월 그믐날 밤 각 집마다 대나무의 윗부분에 여러 색깔의 베 조각을 늘어뜨린 물대를 부엌이나 장독대에 모신다. 그리고 영등할미가 오는 2월 초하루 아침부터 19일까지 매일 정화수를 공양한다.

제주도의 사령제死靈祭인 산왕제山王祭에서는 굿마당에 스무 자가 넘는 신간을 세우고, 그 꼭대기에다가 푸른 대나무 가지를 꽂고 파랑 · 빨강 · 흰색의 종이를 매달고, 참죽나무 잎을 붙인 종이깃발도 걸고, 신간의 가운데쯤에는 고인의 두루마기와 쌀과 돈 등을 베에 싸서 걸어 두기도 한다.

민간에서 행해지는 굿 가운데 대나무를 이용한 '대(竿)내림'이란 것이 있다. 이 의례는 집안의 환자를 위하여 굿을 하거나 장례를 치르고 난 뒤에 자리걸이를 위한 굿을 할 경우에 행해지는데, 대나무를 통해서 신이 강림하는 절차가 시현된다. 먼저 푸른 잎이 달린 대나무 끝부분을 1미터 정도로 잘라 이것을 건장한 사람으로 하여금 정좌한 자세를 하고 한 손으로 잡게 한다. 대잡이가 대를 잡고 있으면, 무당은 강렬한 무악을 하고 축원이나 주문을 외운다. 한참 후에 대나무가 조금씩 떨리기 시작한다. 그리고 점점 크게 흔들린다. 신이 강림한 것이다. 그리고 무당의 물음에 따라 대나무가 흔들리는 모양과 방향을 보고 신의 뜻을 점친다. 여기에서 대의 흔들림은 곧 신의 계시인 것이다.

그러면 이와 같은 신대의 재료로 왜 하필 대나무를 사용하는 것일까? 그 이유는 대나무를 신령이 머무는 신비적인 영력이 있는 식물로 믿었기 때문이다. 그래서 청죽靑竹을 세워서 이를 신체神體로 보거나 신의 강림처로 믿었던 것이다. 대나무의 다음과 같은 특성이 그 영력의 근거가 되었을 것이다.

첫째, 대나무의 상록과 영생적인 생명력이다. 대나무는 잎사귀뿐만 아니라 줄기까지 녹색이다. 대나무 개체의 수명은 보통 20 내지 30년이지만, 번식기관인 지하경에 의해 매년 새 대나무를 자라게 함으로써 영속성을 유지한다.

둘째, 대나무의 비범한 생장 형태이다. 죽순이 나온 후 약 3개월 만에 대나무로 자란다. 하룻밤 새에도 엄청나게 자란 죽순을 본 옛날 사람들은 신비로움을 느꼈을 것이다.

셋째, 대나무의 속이 비어 있는 현상이다. 대나무가 나무가 아니라고 하는 특징이 바로 속이 비어 있는 것이다. 옛날 사람들은 대나무의 이 비어 있는 공간을 정령이 머무는 장소로 여겼을 것이다.

넷째, 중국의 소수민족 중에 이족彝族은 대나무가 폭발할 때

튀어나온 원숭이를 자신들의 선조라고 믿고 있으며, 아미족雅美族은 대나무에서 나온 여자와 거대한 바위에서 나온 남자가 혼인해서 낳은 사람을 선조라고 믿고 있다. 또 토산족土山族은 창세신이 자기 시조를 창조할 때 대나무로 골격을 만들었다고 믿는다. 이렇게 대나무에서 인간이 탄생한 것은 신령스러움을 자아내게 한다.

다섯째, 대나무의 신비로운 개화현상이다. 대나무는 보통 60년 또는 120년 주기로 꽃이 피고, 꽃이 핀 다음에는 모두 말라 죽는다. 옛날부터 대나무 꽃이 피면 천재지변을 예고하는 흉조로 여기는 경우가 많았다. 반대로 그것을 길조로 여기는 경우도 있는데, 이때는 죽실竹實(대나무열매)만 먹는다는 봉황이 올 징조로서 상서로운 일이 생길 것이라고 믿은 것이다. 대나무의 개화현상에 대해서는 혹성점주기설 · 영양설 · 기후설 · 화학성분 변화설 등이 있으나, 아직도 명확한 이유가 밝혀지지 않고 있으니, 신비롭기는 지금도 마찬가지이다.

무당집 대문에는 오색 깃발을 매달은 긴 대나무를 세워 신대로 삼음과 동시에 홍보효과도 거두고 있다. 대나무를 쓰는 이유는 다음과 같이 정리할 수 있다.

첫째, 고대로부터 나무는 신의 강림 통로로 여겨져 왔다.

둘째, 대나무는 여러 가지 영력을 가지고 있다.

셋째, 속이 꽉 찬 나무를 10미터 넘게 잘라다 대문에 세우는 것도 보통 일이 아니고, 세워 둔 다음에도 태풍 피해나 뒤처리를 감당하기가 어렵다.

넷째, 대나무는 속이 비어 있기 때문에 무게가 가벼워서 얼마든지 원하는 크기로 베어올 수 있고 뒷감당하기가 쉽다.

그러니 나무들 가운데서 신대로 쓰기에 가장 안성맞춤은 대나무가 아닐까.

신을 섬기는 방식 중에 나무와 연관되는 것으로 서낭나무와 당산나무가 있다. 신을 모시는 신당이 있는 경우에는 그곳이 신의 구역임을 표시하는 숲(신림神林)이 있다. 삼한시대에 각 읍락에 소도蘇塗를 마련하여 큰 나무로 솟대를 세우고, 여기에 방울과 북을 달고 제사를 지냈던 풍습도 신림의 변형된 형태이다.

그래서 경주의 계림鷄林, 천경림天境林, 신유림神遊林 등을 비롯하여 마을 부근에 남아 있는 숲들은 대부분 옛 신림의 유적일 가능성이 높다. 지금 볼 수 있는 신림의 전형은 서낭숲이다. 신당이 없이 신수만 있는 경우가 더 많은데, 이러한 유형이 바로 당산나무이다. 오래된 당산나무에는 신령이 깃들어 있기 때문에 그것을 해치면 동티가 나기도 하고 급살을 맞기도 한다고 믿어왔던 것이다.

2016년 7월에 바이칼 호수를 중심으로 펼쳐진 타이가(Taiga) 숲을 탐사한 적이 있다. 이때, 지금은 주류에서 밀려나 있지만 이 땅의 옛 주인이었던 브리아트족의 전통과 그 현장을 보았다. 브리아트족은 몽골 사람들과 닮았고, 1980년대까지의 우리 얼굴과도 많이 닮았다. 호수 안에 있는 아론섬에는 우리의 단군신화와 흡사한 '텡그리스 신화'가 있다. 텡그리스 천신이 강림한 곳은 호숫가의 '부르한'이라고 부르는 바위인데, 이 바위는 소련에 의해 파괴된 상태이다. 부르한은 신인왕검이 강림한 불함산을 브리아트족의 말로 표현한 것이 아닌가 하는 생각이 든다. 우리의 곰 토템 대신에 독수리 토템이 있고, 들판과 산에는 '잘라'라고 하는 오색 천이 휘감긴 서낭당과 서낭나무들이 곳곳에 서 있었다. 마치 무당골에 들어와 있는 것 같은 느낌이었고, 빛바랜 우리 전통문화와의 동질성을 확인할 수 있는 경험이었다.

아론섬 부르한 곶의 언덕에 서 있는
텡그리스 천신의 13자녀를 상징하는 신목

요즈음에는 무속인이나 보살들 집 대문에 대나무 대신 만년지기로 스테인레스 깃대를 세워 두는 사례가 늘어나면서 그네들 스스로 대나무 깃대의 의미를 퇴색시키고 있다. 그러니, 일반인들이 그 의미를 모른다고 해서 무슨 문제이겠는가.

산림 제례문화,
산신제와 기우제

오랜 옛날부터 우리 선조들은 높고 수려한 산을 천天, 지地, 인人의 삼재三才가 교감하는 신성한 곳으로 인식하여 산꼭대기에 제단을 쌓고 하늘에 제사를 지내기도 하고, 산을 섬기기도 하는 풍습을 이어 왔다.

우리 민족의 산신숭배사상에 대한 중국의 기록으로는 『후한서後漢書』와 『삼국지三國志』 「조선전」 등을 들 수 있다. 여기에서 "그 풍속은 산천을 존중하고" 또 "범에게 제사 드리며 그것을 신으로 섬긴다."고 하였다. 즉 고대에 우리 선조들은 범을 산중의 왕으로 여겨 신령스러운 존재인 산신으로 숭배하였던 것이다.

산신제는 수호신인 산신에게 지내는 제사이다. 국가적 차원에서는 국가수호, 왕조보존, 천재지변과 관련하여 진산鎭山의 산신에게 제사를 지냈다. 민간에서는 풍작, 아들 낳기, 호환과 역신으로부터의 안전, 산행안전 등을 기원하기도 하였다. 따라서 산간 지방에서 지내는 마을의 공동제의는 거의가 산신에 대한 기원의례로 나타난다.

산신신앙의 유래가 오래되었음은 단군신화를 통해 알 수 있다. 『삼국유사』의 하늘에서 내려온 환웅천왕은 태백산 꼭대기로 내려왔고, 그의 주거공간은 산이었다. 아들 단군왕검이 조선을 건국하여 다스리다가 아사달에서 산신이 되었다. 따라서 우리나라의 건국설화는 산신설화와 산신숭배의 한 형태를 띠고 있으며, 산신신앙의 뿌리는 단군신화에까지 거슬러 올라간다.

부여에서도 해부루왕이 자식을 구하기 위해서 산천에 제사를 지냈다는 기록이 있다. 고구려는 매년 삼월 삼일에 사냥과 풍요를 기원하는 국가적인 산천제를 지냈다. 『삼국사기』의 「고구려본기」〈평원왕〉 편에 의하면, 평원왕 대에 여름에 가뭄이 발생하자 왕이 식사를 줄이고 산천에 기도를 드리기도 하였다. 백제에서도 엄산嚴山에 제단을 설치하고, 나라와 왕실이 평안하기를 빌었다.

신라시대에는 산악숭배와 산신신앙이 성행하였다. 『삼국유사』에는 토함산의 산신으로 신봉된 탈해왕, 선도왕, 서술성모와 관련된 박혁거세의 건국설화 등 천신 혹은 산신과 관련된 기사들이 보인다. 신라 제5대 파사왕은 태백산 정상에 단을 쌓고 푸른소(靑牛)를 제물로 하늘에 제사를 지냈으며, 이후 중사中祠로 나라에서 제를 올려 왔다. 그 뒤로 산정에 태백산사太白山祀 속칭 천왕당天王堂을 짓고, 인근 경상도와 강원도의 주민들이 봄과 가을에 제사를 지냈다. 또 파사왕은 메뚜기로 인한 농작물의 피해가 생기자, 이를 막기 위하여 산천에 두루 제사를 지냈다. 제7대 일성이사금逸聖尼師今 역시 북쪽 변방을 순찰하고 태백산에 친히 제사를 지냈다. 이 밖에 신라에서는 오악五岳을 정하여 숭배하였다.

오악숭배사상은 고려에도 그대로 이어졌다. 『고려사』에 의하면, 고려는 태조가 산천의 음우로 나라를 일으켰다는 믿음에 기반을 두고, 천재지변이나 위기가 있을 때마다 오악명산에 가호를 빌었다. 특히, 고려 말 원나라가 망하고 명나라가 흥기하게 되자, 공민왕 19년에 명 태조는 도사 서사호를 보내 고려의 명산에 산천제를 지내도록 하였다. 고려 후기에 이르러서는 이러한 산천제가 국가적인 행사로 변하여 봄 · 가을이면 개성의 송악산, 적성의 감악산, 진천의 태령산, 남원의 지리산, 광주의 무등산, 정주의 비백산 등의 명산에서 산천제를 지냈다.

유교를 국시로 삼았던 조선왕조에서도 산악숭배사상은 전승되었다. 태조가 산천의 음우로 나라를 일으켰다는 유훈에 따라 오악과 명산, 곧 진산에 대한 숭앙과 제사를 교리화하였다. 그래서 국가수호, 왕실보존, 천재지변의 극복 등과 관련되어 산천제의 중요성이 더욱 더 강조되었다. 태조 때에는 금강산, 지리산, 삼각산, 묘향산, 오대산 등의 오산이 제사를 지내는 신산으로 지정되었다. 산신숭배에 대한 기록은 전대인 고려에 비하여 더욱 많아졌으며, 조선 후기로 내려오면서 신앙의 형태 또한 더욱 다양화되는 경향을 보이고 있다.

조선왕조의 지리산신사智異山神祠와 관련된 내용을 보자. 조선시대에 지리산은 일명 남악南嶽이라 했는데, 이는 백두산(북악)에 비교되는 호칭이므로, 남방에 위치한 대표적인 산이라는 의미이다. 지리산신사는 전남 구례군 광의면에 소재한 소의방所義坊, 즉 노고단의 서쪽 종석대鍾石臺(1,400미터) 중턱에 세워졌던 지리산 산신에게 제사를 지냈던 사당이다. 일명 남악사南嶽祠라고도 하며, 그 위패에는 '지리산지신智異山之神'이라 써 놓았다.

이 태조가 한양에 도읍을 정하고 개국의 터를 닦을 즈음, 태조는 전국 명산대천의 산신과 천지신명을 모아 종묘사직의 무궁함과 국태민안을 비는 제사를 올렸다. 이때 명산대천의 모든 산신들은 이 태조의 등극에 복종하였으나, 오직 지리산 산신만은 그의 개국에 불복하여 위패가 돌아섰다. 이 태조의 계속되는 간구에도 불구하고 지리산 산신은 끝내 불복하였다. 그래서 이 태조는 자기에게 불복하는 지리산신을 달래고 새로운 왕조의 정통성 확보를 위해 이 산신사를 짓고, 매년 봄과 가을에 산신제를 올렸다고 한다.

제관은 언제나 임금의 이름으로 제사를 지냈다. 제관은 남원도호부사가 맡았으나, 만일 국가에 큰 재앙이 있을 때에는 조정에서 당상관 이상의 중신을 파견하여 제관으로 삼았다. 산신제에는 생원, 진사, 남원향교의 교생 등이 참석하여 성황을 이루었다. 영조 13년(1737)에 남원부사 정동설에 의해 낡은 사당을 수리하고, 객사 5칸 · 유생청 3칸 · 지응청 3칸 · 마구 5칸 · 대문 1칸을 증축하여 산신제에 참석한 사람들에게 편의를 제공하였다. 이 산신제는 일제 때 민족정기 말살정책에 의해 남악사가 헐리면서 중단되었다가, 1969년 화엄사 맞은편에 남악사(전남 문화재 자료 제36호)를 재건하고, 구례군이 주관하여 매년 곡우穀雨에 약수제 또는 남악제란 이름으로 시행하고 있다.

〈각 왕조에서 숭배한 명산〉

신 라	고려조	조선조
삼산오악三山五嶽의 산신제	명산의 산천제	오악오진五嶽五鎭의 산신제
• 삼산: 나력奈歷, 골화骨火(영천), 혈례穴禮(영일) – 대사大祀를 지냄	개성 송악산 적성 감악산 진천 태령산 남원 지리산 광주 무등산 정주 비백산	• 오악: 금강산(동), 지리산(남), 삼각산(중), 묘향산(서), 백두산(북)
• 오악: 토함산(동), 지리산(남), 계룡산(서), 태백산(북), 부악父岳(중앙) – 중사中祠를 지냄		• 오진: 오대산(동), 속리산(남), 백악산(중앙), 구월산(서), 장백산(북) 등

이중환의 『택리지』 「복거총론」의 〈산수山水〉 편에는 "『地誌』에는 지리산을 태을선인太乙仙人이 사는 곳이며, 뭇 신선이 모이는 곳이라 하였다."고 기술하여 신성한 산으로 여겨 왔음을 확인

하고 있다. 지리산은 성모聖母신앙과 노구老嫗신앙도 품고 있다. 오악은 신군神君이라 하여 산신이 남신적 성격이 강한데, 유독 지리산은 여성신인 성모신앙과 노구신앙의 전통을 유지하고 있다. 지리산 천왕봉에는 산신사가 있었고, 그곳에 성모상이 모셔져 있었다. 따라서 지리산의 산신은 바로 이 성모천왕이다.

성모는 신라의 시조인 박혁거세의 어머니를 모시는 선도성모 신앙이 지리산까지 확대된 것으로 보기도 하고, 고려 태조 왕건의 어머니로 보기도 한다. 성모상의 존재와 성모가 누구인지에 대한 논란은 조선시대 선비들의 지리산 유람록에서 여러 차례 등장한다. 그리고 사람에 따라 이 성모상에 예를 갖추기도 하고, 미신으로 치부해 버리기도 한 것을 볼 수 있다.

지리산 산신에게는 선도산 성모에서 한 단계 격상하여 성모천왕의 칭호가 덧붙여졌다. 이 성모는 일명 마고 또는 마고할미라고도 하며, 한국 고유신앙의 유일한 유적으로 본다. 지리산 주변 사람들은 마고가 천왕봉에 좌정하여 영원히 그의 낭군인 반야를 기다린다고 하며, 마고의 열정이 발동하면 천왕봉과 반야봉에 안개가 싸이고 비가 온다고 믿고 있다.

또한, 삼국시대의 노구신앙은 두 가지의 성격을 가지고 있다. 하나는 왕의 양육신으로 등장하고, 하나는 왕권의 보호신으로 등장한다. 양육신으로서 노구는 국가의 왕과 왕비를 훌륭한 용모와 덕용을 갖추도록 키워내는 일을 맡았다. 특히, 건국시조가 탄생한 이후 어린아이를 거두어 비범한 인물로 성장시키는 데에 조력자의 역할을 하였다. 왕족의 보호모 역할이다. 노구는 '늙은 할머니'라는 뜻이지만, 여기서는 단순한 할머니가 아니라 신격화된 할머니이다. 그래서 지리산에는 노구의 다른 표현인 노고신老姑神에게 제사를 봉행하는 제단인 노고단이 있다.

한편, 외래종교인 불교는 한반도에 수용되면서 기존의 여러 토착종교와 커다란 갈등을 일으키지 않고 습합, 융화되었다. 오늘날 사찰에 자리 잡고 있는 산신각, 칠성각 등에 모셔져 있는 각 신들이 본래는 불교와 관계없는 신앙의 대상이라는 점이 이를 뒷받침해 주고 있다. 전국 대부분의 사찰에는 산신각이 있으며, 산신각이 따로 건립되지 못한 경우에는 다른 전각에라도 산신정화山神幀畵를 봉안하고 있다. 이러한 형태는 한국불교의 특색 중 하나이다.

현대적인 산신제례의 사례로는 인제의 산신제, 단양의 산신제, 태백산제, 지리산 평화제, 지리산 약수제 등이 행해지고 있다. 인제의 산신제는 강원도 인제군 가아 2리에 속한 네 개 자연마을(용수골, 후만동, 부대안, 새덕이)에서 음력 삼월 삼일과 구월 구일에 마을별로 따로 지낸다. 단양의 산신제는 충북 단양군 단성면 가산 2리 상선암 마을을 중심으로 곤지령 · 향로봉 · 창전곡의 주민들이 함께 지내는 산고사이다. 이 산고사는 매년 정월 초에 좋은 날(보름 이내)을 택일하여 지내고 있는데, 이를 도락산 산신제라 한다.

태백산제는 강원도 태백시에서 1982년부터 거행하고 있는 태백제의 일환으로서 태백산신에게 국가의 안녕과 시민의 길복을 비는 제사이다. 매년 시월에 태백산 중턱 산제터에서 지내는데, 시장을 비롯한 많은 시민들이 참여하여 봉행한다.

지리산 평화제는 산청군의 향토축제로서, 지리산의 평화와 산청군의 풍년과 태평을 기원하는 행사로 3일간 펼쳐진다. 제례의 순서는 먼저 천왕봉에 제신단을 모으고 평화와 풍년을 기원하며, 이어서 여순사건 때 죽은 많은 원혼을 달랜다. 그리고 나서 군민 평화행진을 비롯하여 민속놀이, 백일장, 시조경창 등 20여 개 종목의 문화행사가 열린다.

지리산 약수제는 구례문화원 주최로 지리산 노고단에서 행하는 제의로서 곡우절에 열린다. 이 약수제는 신라 화랑들이 명산대천을 찾던 유습과 임금에게 약수를 바치던 유습을 재현한 것으로서, 지리산권에서 생산되는 고로쇠 약수를 주제로 개최되고 있다. 약수제에서는 궁도대회와 씨름대회 등의 부대행사도 함께 이루어진다.

기우제祈雨祭도 산에서 지내는 중요한 제례 가운데 하나이다. 가뭄이 심할 때 나라와 민간에서 비가 오기를 기원했던 제사이다. 옛날 왕조들은 관개灌漑와 더불어 기우제례를 중요한 치정의 하나로 삼았다. 따라서 큰 한발이 계속되면 임금이 제주가 되어 기우제를 지내기도 하고, 지방관속과 민간에 이르기까지 기우제

강화도 마니산 참성단

를 실행하였다.

농본국가인 우리나라에도 예로부터 농사의 절기에 한발이 심하여 농민이 곤경에 처하게 될 때 비를 비는 기우제례를 행하였다. 기우제의 제신祭神은 천신, 지기地祇, 명산대천신, 풍운뢰우신, 서낭신, 토지신, 산신, 동신, 용신, 수신 등이었다. 기우제의 첫 기록은 227년 백제의 동명묘東明廟에서 올린 것으로 나타나며, 그 다음 253년 신라의 시조묘와 명산明山에서 올린 것으로 되어 있다. 기우제에 관한 기록은 신라 대에 들어 많이 나타난다. 조선시대에 들어와서도 초기에는 불교식 기우제가 지속되었다. 그 일례로 1482년 홍천사에서 기우제를 지낸 후 비가 내리자, 성종 임금이 불승들에게 상을 내렸다고 한다.

민간에서는 명산의 산봉우리나 큰 냇가에 제단을 만들고, 그 일대를 신성한 곳으로 정하여 부정한 사람의 통행을 금하였고,

전남 장성 백암산 국기단國祈壇

마을 전체의 공동행사로 제사를 지냈다. 제주는 마을의 가장 연장자 혹은 마을의 장, 지방관원이 맡았다. 제물로는 닭 · 돼지머리 · 과실 · 떡 · 포 등을 올리는데, 어떤 지방에서는 무녀의 가무까지 곁들였다.

기우제의 유형은 산천기우, 부정화기우, 국수기우, 쇄시기우, 현병기우 등으로 분류할 수 있다.

첫째, 산천기우山川祈雨는 기우제의 가장 일반적인 형태로서 산상이나 내, 못(池, 淵), 늪(沼), 보洑 등에서 지내는 산천형 기우제이다. 산천기우는 천신과 용신에게 비 오기를 기원하는 것이다. 기우제의 장소로는 산신단이나 서낭당 등을 피하여 신택하였다.

둘째, 부정화기우不淨化祈雨이다. 기우제를 지내는 장소는 천신인 산신이 내려오고 용신과 수신이 거처하는 신성한 곳이 된다. 이런 신성한 곳에 가장 불결한 짐승(돼지, 개)을 잡아 그 피를 뿌리거나 시체를 던져서 신들의 노여움을 사게 하고, 그 노여움이 비를 뿌리게 하는 득죄함우得罪含雨 형태의 기우제이다.

셋째, 국수기우掬水祈雨로서 옛날부터 “가물 때 물에 키를 씻으면 이에 감응하여 비가 온다.”는 데서 비롯된 기우 방법이다. 농가에서 일상생활에 사용하는 키에는 부정한 것이 많이 붙어 있으므로 이것을 내나 강 · 못 등에서 씻으면, 용신이나 수신이 노하여 비를 내린다는 것이다. 부인들만 참여하여 키로 물을 떠 올려 뿌리면서 “비요! 비요!” 하고 외친다.

넷째, 쇄시기우曝屍祈雨이다. 신성한 산신의 영지를 부정하게 하였으므로 마을 사람들이 그곳의 시체를 파냄으로써 이를 정화하고, 다시 그 시체를 땅에 버림으로써 부정하게 하면, 신이 또 노하여 비를 뿌려서 정화한다는 주술적 기우이다.

다섯째, 현병기우懸甁祈雨이다. 한발이 계속되면 집집마다 물병에 물을 넣고, 버드나무 가지로 마개를 해서 거꾸로 매달아 놓으면, 가지와 잎을 따라 물방울이 떨어진다. 이렇게 물이 떨어지듯 비가 오도록 비는 것으로서 여러 유형이 있다.

기우제의 다섯 가지 유형 가운데 산천기우, 부정화기우, 쇄시기우는 산악 또는 산신제의에 해당하고, 현병기우는 버드나무를 활용한 제의이다. 그러니 기우제도 산과 나무와 관련된 정신적 문화유산이다.

현재 시행되고 있는 산신제례들도 대부분 간소화된 형태이다. 2015년과 2016년의 극심한 가뭄 때에 보았듯이, 옛 임금들의 위국보민의 표현이었던 기우제는 공식적으로는 사라진 지 오래되었다. 그 이유는 종교적 상황의 변화에 기인한 것으로 보인다. 앞으로 다양한 산림 제례문화를 종교적 차원에서 벗어나 전통적인 생활문화, 생활의 지혜, 공동체 활동의 매개체 등으로 인식하여 재조명하고, 계승하는 방안이 적극적으로 모색되어야 할 것이다.

우리 국민들은 오래된 전통문화들을 너무 빨리 버리는 것 같다. 국가 차원에서부터 문화예술, 생활민속, 놀이에 이르기까지 전통문화가 너무 많이 사라져 버렸다. 이것은 문화적 뿌리를 약하게 만드는 것이다. 우리보다 과학기술 측면에서 앞서가고 있는 이웃 나라에서는 첨단과학기술문명과 전통문화가 공존하고 있는 것과 대조적인 현상이다.

외국에서 인기를 모으고 있는 K-pop과 한류 드라마만이 우리가 내세울 문화가 아니다. 문화는 전승되고, 융합되고, 새로 만들어지면서 변화하고, 다양화되는 특성을 가지고 있다. 원종이 없으면 다양한 식물 품종을 만들어 내기 어렵듯이, 유형 · 무형의 전통문화의 뿌리가 약하고 기본 바탕이 없으면, 문화발전과 문화융성이 이루어질 수 없다.

선비들의 더위나기, 탁족濯足

2016년 여름은 무척이나 더웠다. 폭염의 연속이었다. 폭염은 더위가 심하여 일상생활에 지장을 줄 정도가 되는 상태로서 폭서暴暑라고도 하고, 우리말로는 '불볕더위'라고 한다. 높은 온도와 높은 습도가 동시에 어우러지면 온몸의 수분이 땀으로 줄줄 빠져나가기 때문에 푹푹 찐다고 해서 흔히 '찜통더위'라고도 하지만, 국립국어원에서는 불볕더위로 쓰기를 권고하고 있다. 찜질방에 들어가서 땀 빼는 것을 건강관리의 방편으로 좋아하는 우리 국민들도 불볕더위는 참아내기 어렵다. 사계절의 기후변화가 뚜렷한 온대지방에 사는 사람들은 더위에 대한 적응력이 상대적으로 낮기 때문이다.

2016년 여름의 더위를 수치적으로 보면 폭염일수는 24일, 열대야 일수는 32일, 비공식 최고기온은 8월 5일 울산시 삼동면의 자동관측장비가 측정한 40.0℃이다. 이러한 불볕더위의 원인은 일본 동쪽 해상에 있는 북태평양 고기압이 남북으로 길게 발달하면서 한반도 주변 기압계의 흐름을 틀어막았고, 중국 쪽에서 뜨거운 공기가 계속 유입되었기 때문이라고 한다.

기상청에서는 서울을 기준으로 낮 최고기온 33℃ 이상인 날이 2일 이상 지속되면 폭염주의보를 발령하고, 낮 최고기온 35℃ 이상인 날이 2일 이상 지속되면 폭염경보를 발령한다. 열대야(Tropical night)는 오후 6시 1분부터 다음날 오전 9시까지의 기온이 단 한 순간도 25℃ 아래로 내려가지 않는 현상이다. 주로 7월 말부터 8월 중순 사이에 발생한다. 열대야에 대한 이 기준은 2009년부터 도입된 것이다.

2016년에는 7월 22일부터 시작하여 8월 25일까지 단 2일(7월 29일, 8월 3일)을 제외하고 32일 동안 열대야가 지속되었다. 열대야는 숙면을 취할 수 없게 함으로써 수면부족에 따른 피로감, 집중력 저하, 두통, 소화불량, 신경예민 등의 증상을 유발한다.

2016년에는 이러한 불볕더위로 인해 온 국민이 고통을 당하였고, 8월 22일 기준으로 2,029명의 온열질환자가 발생하였으며, 많은 가축과 양식 어류가 죽는 피해를 당하였다. 이 기간에는 비까지 오지 않아 전국에서 작물뿐만 아니라 공원과 숲속의 초목들까지 말라 죽는 피해가 발생하였다.

여름에 이런 무더위를 이기는 방법은 무엇일까? 전통적으로 전해지는 방법이 이열치열以熱治熱이다. 하지만, 이열치열은 체열이 올라가 더욱 탈진에 빠지게 만들고, 심한 경우 온열병이 생길 수도 있기 때문에 좋은 방법이 아니라고 한다. 얼음 · 아이스크림 · 빙과 등을 많이 먹기도 하지만, 전문가들이 추천하는 방법은 아니다. 우리나라에서 의학전문기자로 활동하는 홍혜걸 씨는 더위 이기는 방법으로 다음의 여덟 가지를 추천하고 있다.

첫째, 이수치열以水治熱로서 수시로 물을 마시거나 가벼운 샤워나 등목 등으로 체온을 식히는 게 현명하다. 둘째, 더울 때 땀을 많이 흘려야 한다면 염분을 흡수한다. 셋째, 에어컨이 없으면 선풍기를 활용한다. 넷째, 더위를 이기는 데에 필수적인 단백질과 비타민 B가 풍부한 계란과 옥수수를 자주 먹는다. 다섯째, 단백질은 소량씩 자주, 그리고 저녁에는 많이 먹지 않는다. 여섯째, 습도를 높지 않게 관리한다. 일곱째, 낮에 장시간 저강도의 운동을 해서 적당히 피로물질을 쌓아 둔다. 여덟째, 잠자기 30분 전쯤 약간 차가운 물로 샤워나 등목을 하고, 샤워나 등목 후에는 물이 흘러내리지 않을 정도로만 닦고 물기가 서서히 증발되도록 한다.

홍 기자가 추천하는 방법은 일상생활 속에서 더위를 견뎌내는 방법이다. 그러면 실상은 어떠한가? 며칠 동안 도시의 더위를 피해 산과 계곡, 그리고 바다로 떠나는 피서법이 가장 일반적이다. 숲의 그늘과 계곡의 물, 그리고 바다의 물을 활용하여 더위를 피하는 것이다. 숲에서도 그늘에 텐트를 치거나 돗자리에 앉아 조용히 쉬는 경우도 있지만, 대부분은 그 자리가 물이 있는 계곡 언저리이다. 그러니 계곡에서의 물놀이가 더위를 이기는 가장 흔한 방법이 되고 있다.

그러다보니 물이 조금이라도 있는 산속 계곡은 피서 인파로 발 디딜 틈이 없을 정도이다. 푸른 숲속 계곡은 각양각색의 텐트와 돗자리들로 단풍 든 가을산보다 더 울긋불긋하다. 모여든 사람들은 시간이 지나면 물속에서 한 덩어리로 어우러진다. 북정물이 일어나고, 음식찌꺼기가 떠다니고, 기름기가 뒤섞여 있어도, 물장구와 튜브 놀이는 아랑곳없다.

발달된 SNS가 좋다는 계곡들을 있는 대로 찾아 주니, 전국 방방의 곡곡마다 여름 내내 몸살을 앓고 떠들썩하다. 피서지에서 돌아오면 피해 있던 것보다 더 긴 더위와 맞서야 한다. 이제부터는 일상 속에서 홍 기자의 방법들로 남은 더위를 견뎌야 한다.

그러면 옛날 선비들은 여름철 더위를 어떻게 견뎌냈을까? 생활이 넉넉한 선비들과 그들의 절친한 벗들은 산속 정자나 초당에서 독서와 풍류를 즐기면서 여름을 지냈다. 정자와 초당이 여름나기만을 위한 공간은 아니지만, 피서에도 제격인 공간임은 틀림없다. 불교를 억압했던 조선시대에는 선비들이 명산을 유람하면서 사찰이나 암자에서 유숙하기도 하였다.

조선시대에 은자적인 삶을 살아서 처사로 불리었던 삽교 안석경安錫儆(1718~1774)은 평소 원주의 치악산을 좋아하여 자주 등산하였고, 또 대승암大乘菴에 머물면서 학문을 연마하였다. 그는 이렇게 산사에서 독서하는 일을 세상의 어떤 다른 즐거움과도 바꿀 수 없는 가장 멋진 일(悅樂)이라고 하였다. 피서를 위한 것만은 아니었지만, 이렇게만 할 수 있다면 지금도 최고의 피서 방법이 아닐까? 다음은 그가 30세가 넘어 치악산 대승암을 유람했을 때 쓴 기행문의 일부이다.

옛사람 가운데는 권세에서 전율을 느끼고 이익에서 두려움을 느낀 사람이 있다. 권세에서 남을 이김을 제멋대로 함이 심하면 심할수록 더욱 불쾌해지고, 이욕을 함부로 부림이 심하면 심할수록 더욱 부족해지기 때문이다. 만일 9년 동안 중서부에서 권력을 멋대로 할 수 있다고 하여도, 그것은 내가 알 바 아니다.

대개 국가권력을 쥐고 9년 동안의 치적을 이룬다고 하여도, 9일 동안 산에 있는 즐거움과 바꿀 수는 없다. 하물며 고요하게 독서하고 한가하게 음송하여 깊은 이치를 천천히 찾아나가고 깊은 맛을 상세히 맛봄으로써 이미 책의 정수와 속뜻을 얻을 수 있는데다가, 높은 곳은 높이고 파고 들어간 곳은 깊이 한 것을 보아 그 함축하여 발생시키는 것을 살펴 사람의 정신과 뜻에 보탬을 줌에야 더 말해 무엇 하겠는가?

아아, 사람의 정신과 뜻에 보탬을 주고, 책의 정수와 속뜻을 얻을 수 있다면, 산속의 즐거움이 어찌 크지 않겠는가? 그렇기에 인간세상의 부귀와 구차하게 비교하고 따질 것도 없다는 사실이 분명하다. 아아, 세상의 즐거움 중에 이와 바꿀 것이 있겠는가. 이 산이 이미 깊고 험한데 이 암자는 높고 또 고요하여 옛 책 읽기에 적당하다. 나로 하여금 항상 이곳에 살게 한다면 10년이라도 사양하지 않을 것이지만…….

옛 선비들은 더위나기를 위해서 산속 계곡을 찾아가 조용히 쉬기도 하였다. 김수칠의 〈송계한담도松溪閑談圖〉나 이인상의 〈송하관폭도松下觀瀑圖〉의 광경처럼 노송 아래에 앉아서 비류하는 폭포수를 바라보기도 하고, 바둑을 두기도 하고, 음풍작시吟風作詩를 즐기기도 하였다. 때로는 술, 기생, 악기를 다루는 종들을 동반한 시끌벅적한 피서도 있었다.

옛 선비들의 피서 방법 가운데서 압권은 '탁족濯足'이다. 탁족은 산속 계곡에서 무릎까지 바지를 걷어 올리고, 바위에 걸터앉아 정강이까지 물속에 담그고 있는 것이다. 몸을 노출하는 것을 꺼려서 발만 물에 담그는 것이다. 발은 온도에 민감할 뿐 아니라 발바닥에는 온몸의 신경이 모여 있어서 발만 물에 담가도 전신이 시원해진다. 이렇게 앉아서 경치를 구경하기도 하고, 명상을 하기도 하고, 시를 짓거나 읊기도 하고, 한담을 나누기도 하였다. 혼자이기도 하고 벗들과 함께이기도 하지만, 탁족이야말로 지극히 고요하고 품위 있는 더위나기 방법이다.

탁족은 탁열濯熱이라고도 하며, 정신수양의 한 방법이기도 했다. 맨발을 물에 담근다는 것은 '몸을 닦는다'는 수신의 의미가 내

낙파 이경윤, 〈고사탁족도高士濯足圖〉

포되어 있어서 더위를 피하는 중에도 곧고 맑은 정신을 견지하려는 선비정신을 반영하기 때문이다. 이러한 의미는 탁족의 유래와도 관련이 있다.

탁족이란 말은 중국 전국시대 초나라 시인 굴원屈原이 지은 『초사楚辭』에 수록되어 있는 〈어부사漁父辭〉의 내용에 그 뿌리를 두고 있다. 전국시대 초나라 왕에게 옳은 일을 고하다가 쫓겨나 한탄하는 굴원을 배에 태워 강을 건네준 어부가 부른 노래라고 전한다. 세상이 맑으면 갓을 쓰고 관직에 나아가 꿈을 펼치고, 세상이 혼탁하면 흐린 물에 발이나 씻으며 은둔 자족하라는 뜻으로 쓰인다.

屈原曰, 吾聞之 新沐者 必彈冠 新浴者 必振衣 安能以身之察察 受物之汶汶者乎 寧赴湘流 葬於江魚之腹中 安能以皓皓之白 而蒙世俗之塵埃乎 漁父 莞爾而笑 鼓枻而去 乃歌曰 滄浪之水清兮 可以濯吾纓 滄浪之水濁兮 可以濯吾足 遂去不復與言

굴원이 말하기를, "내가 듣건대 새로 머리를 감은 사람은 반드시 관을 털어서 쓰고, 새로 목욕한 사람은 반드시 옷을 털어서 입는다고 하였소. 어찌 맑고 깨끗한 몸으로 더러운 것을 받아들일 수 있겠소? 차라리 상수에 몸을 던져 물고기 뱃속에 장사를 지낼지언정 어찌 결백한 몸으로서 세속의 티끌과 먼지를 뒤집어 쓸 수 있겠소?" 하였다. 어부는 빙그레 웃으면서 노를 두드리며 노래 부르기를 "창랑의 물이 맑으면 내 갓끈을 씻고 창랑의 물이 흐리면

내 발을 씻으리라." 하고는, 마침내 떠나가고 다시는 대화가 없었다.

탁족으로 더위나기를 할 때에는 물이 조용히 흐르거나 고여 있는 계곡보다는 폭포 주변이나 바위로 낙차가 생겨서 물이 포말과 함께 소리를 내면서 흐르는 계곡이 더 좋다. 계곡물의 시각적인 효과뿐만 아니라 정서 안정에 미치는 청각적인 효과도 크기 때문이다. 그래서 예로부터 "세상 밖에서 만나는 맑은 소리는 바윗돌 위를 흘러내리는 물소리(世外淸音石上泉)"라고 하였다. 지금 유행하고 있는 산림치유에서도 물소리는 중요한 치유 자원으로 인정되고 있다.

조선시대 선비들의 탁족 사례를 보자. 고경명高敬命이 1574년 초여름에 무등산을 등산한 기행문인 「유서석록遊瑞石錄」에는 중심사로 올라가던 중 계곡에서 탁족으로 더위를 식히는 장면이 등장한다. "나는 말에서 내려 옷을 벗어젖히고는 시냇물에 발을 담근 채 그 옛날의 〈창랑가〉를 외우기도 하고 중국 한나라 때 회남소산왕이 지었다는 〈초은招隱〉 시를 읊기도 하였다. 상쾌한 기운이 피부까지 와 닿고 온갖 번뇌가 다 사라지면서 마음이 깨끗해져 세속을 완전히 벗어난 듯한 느낌이 들었다.[『조선선비의 산수기행』(돌베개, 2016)에서 인용]

서하당 김성원의 문집인 『서하당유고棲霞堂遺稿』에는 서하당이 66세 때인 1590년 여름 복날(음력 6월 15일) 그의 주관으로 담

『서하당유고』에 수록된 〈성산계류탁열도〉

양 식영정, 서하당, 환벽당 주위에서 탁족연회를 개최한 내용이 수록되어 있다. 서하당은 조선 중기의 문단을 대표하는 담양의 성산사선星山四仙(임억령, 김성원, 고경명, 정철)의 한 사람이며, 임진왜란이 일어나자 동복 현감으로서 의병활동에 나서기도 하였다.

그의 문집에 수록되어 있는 〈성산계류탁열도星山溪柳濯熱圖〉는 선비들이 모여 탁족 세시풍속을 즐기고 시회를 여는 풍경을 담고 있다. 그림에 등장하는 인물들은 당시 광주 무등산과 담양 성산 일대에 살고 있던 김복억, 최경회, 김부륜, 오운, 양자정 등 열한 명이라고 한다. 이와 같이 조선시대에는 탁족이 선비들의 여름 세시풍속이 될 정도였다.

또 소쇄원의 풍광과 소쇄원에서의 생활을 읊은 하서 김인후의

〈사십팔영四十八詠〉 스물다섯 번째 '조담방욕槽潭放浴'에서도 탁족의 모습을 볼 수 있다. 시에서 목욕을 한 것은 다름 아닌 탁족임이 분명하다. 그리고 이십 영의 '맑은 물가에서 거문고를 비껴 앉아', 이십일 영의 '흐르는 물결 따라 술잔을 돌리다', 이십이 영의 '평상바위 위에서 장기를 두니' 등도 일련의 탁열 과정이라고 할 수 있다.

潭淸深見底 浴罷碧粼粼
不信人間世 炎程脚沒塵
맑은 물 깊어도 바닥이 보이니
목욕을 마치어라 푸른 물무늬
못 믿을 손 인간 세상
열기가 속세의 때를 벗겨 주다니

광주문화재단에서는 2011년부터 매년 초복 무렵에 무등산 자락의 환벽당과 담양의 소쇄원 일대에서 세시문화로 성산계류탁열도 재연행사를 열고 있다.

옛날 선비들이 이런 좋은 장소에서 탁족을 즐기면서도 몰랐던 것이 하나 있다. 그것은 음이온의 효과이다. 당시에 음이온의 효과를 알지는 못하였지만, 결과적으로는 그것을 최대한 만끽하였던 셈이다.

음이온은 공기 중에 마이너스(—) 전기를 띤 미립자인데, 인체의 건강을 유지하기 위해서는 공기 1㎤당 700개 정도의 음이온이 필요하다. 생활공간인 가정에는 0~100개, 도시에서는 80~150개, 공원 분수 주변에서는 2,000~2,500개, 산림지역은 1,500~2,500개, 폭포 주변은 3,000~5,000개로 숲, 폭포 주변, 계곡, 분수대 주변 등에 음이온이 많다.

공기음이온(산소음이온)이 호흡을 통해 헤모글로빈과 반응하여 혈액에 녹아들고, 신체 각 기관으로 운반됨으로써 신진대사를 원활하게 하여 건강을 증진시키고 면역체계를 활성화시키는 데에 기여한다.

프랑스의 메타디에르(Metadier, 1950) 교수는 음이온이 자율신경 진정, 불면증 해소, 신진대사 촉진, 혈액정화(산성 혈액을 저항력 있는 약알칼리성 혈액으로), 세포기능 강화, 얼굴색 개선 등의 효과를 가지고 있다는 것을 입증하였다.

또한, 음이온이 혈중 코티졸, 에피네프린, 노르에피네프린의 농도를 낮추어 스트레스를 경감시키는 효과에 관한 연구들도 있다. 그래서 음이온이 풍부한 공기를 마심으로써 만성관절통·두통·어깨결림·허리통증·손발 저림 등을 해소할 수 있고, 뇌파 가운데 알파(α)파의 증가를 통해 마음을 안정시키는 효과도 있다.

여름은 지내기 힘든 계절이지만, 눈을 돌리면 최고의 녹음을 지닌 숲이 우리를 둘러싸고 있다. 숲의 그늘과 계곡은 더위와 세상살이에 지친 사람들을 그 품안으로 불러들인다. 사람들이 그 안에서 안식을 얻으려면 숲과 계곡은 아늑하고 맑아야 한다. 숲속에서 캠핑을 하더라도, 계곡에서 물놀이를 하더라도, 이런 점을 염두에 두어야 한다. 아이들은 어쩔 수 없다고 하더라도, 어른들은 탁족에 버금가는 방식으로 고요하고 운치 있게 숲속에서 여름을 즐기면 좋겠다.

새겨 보는 숲

지은이 박종민
펴낸이 이남호
펴낸곳 전북대학교출판문화원

초판 1쇄 발행 2017. 2. 10
2판 1쇄 발행 2018. 12. 31

전북대학교출판문화원 전라북도 전주시 완산구 어진길 32 (풍남동2가)
전화 (063) 219-5321~2
FAX (063) 219-5323
출판등록 2012년 8월 20일 제465-2012-000021호

값 16,000원

ISBN 979-11-6372-013-3 03480

이 도서의 국립중앙도서관 출판예정도서목록(CIP)은 서지정보유통지원시스템 홈페이지(http://seoji.nl.go.kr)와 국가자료종합목록시스템(http://www.nl.go.kr/kolisnet)에서 이용하실 수 있습니다. (CIP제어번호 : CIP2018041281)